虚拟现实技术专业新形态教材

VR/AR应用开发

（Unity 3D）

石卉 何玲 黄颖翠 主编

U0293293

清华大学出版社

北京

内 容 简 介

本书按照由浅入深的学习顺序进行编写，具体分为基础篇、基本操作篇、项目开发篇和设备交互篇4大部分共11个项目，专为课堂教学精心打造。基础篇以理论为主，主要介绍了虚拟现实概念和Unity 3D的界面操作；基本操作篇主要讲解了Unity 3D的常用组件、动画系统、物理引擎、粒子系统等内容，并且以实例作为教学支持；项目开发篇用三个真实案例讲解了虚拟仿真、场景搭建、全景制作的实现方法，以项目的方式对教学知识进行综合训练；设备交互篇针对市场主流设备和开发平台，如HTC VIVE、Vuforia、影创MR眼镜，讲解了VR/AR设备交互基础知识和项目开发流程及方法。

本书可作为高等院校、高等职业院校虚拟现实相关专业及培训机构的教材，也可作为想要学习Unity 3D的虚拟现实爱好者和从业者的自学用书。

本书封面贴有清华大学出版社防伪标签，无标签者不得销售。

版权所有，侵权必究。举报：010-62782989，beiqinquan@tup.tsinghua.edu.cn。

图书在版编目（CIP）数据

VR/AR 应用开发：Unity 3D / 石卉，何玲，黄颖翠主编 . — 北京：清华大学出版社，2022.6（2023.8 重印）

虚拟现实技术专业新形态教材

ISBN 978-7-302-60902-5

Ⅰ . ① V… Ⅱ . ①石… ②何… ③黄… Ⅲ . ①游戏程序 – 程序设计 – 教材 Ⅳ . ① TP317.6

中国版本图书馆 CIP 数据核字（2022）第 083315 号

责任编辑：郭丽娜
封面设计：常雪影
责任校对：李 梅
责任印制：杨 艳

出版发行：清华大学出版社
　　　　　网　　　址：http：//www.tup.com.cn，http：//www.wqbook.com
　　　　　地　　　址：北京清华大学学研大厦A座　　　邮　　编：100084
　　　　　社 总 机：010-83470000　　　邮　　购：010-62786544
　　　　　投稿与读者服务：010-62776969，c-service@tup.tsinghua.edu.cn
　　　　　质量反馈：010-62772015，zhiliang@tup.tsinghua.edu.cn
　　　　　课件下载：http：//www.tup.com.cn，010-83470410
印 装 者：三河市龙大印装有限公司
经　　销：全国新华书店
开　　本：185mm×260mm　　印　　张：20.25　　字　　数：465千字
版　　次：2022年8月第1版　　印　　次：2023年8月第2次印刷
定　　价：95.00元

产品编号：096355-01

丛书编委会

顾　　问：周明全

主　　任：胡小强

副 主 任：程明智　汪翠芳　石　卉　罗国亮

委　　员：（按姓氏笔画排列）

　　　　　吕　焜　刘小娟　李华旸　吴聆捷　何　玲

　　　　　张　伟　张芬芬　张泊平　范丽亚　季红芳

　　　　　晏　茗　徐宇玲　唐权华　唐军广　黄晓生

　　　　　黄颖翠　陶黎艳　程金霞

本书编委会

主　　编：石　卉　何　玲　黄颖翠

副 主 编：吴聆捷　范丽亚　唐权华

参　　编：杨　雪　马丽娟　陈　旭　李沅蓉　陶黎艳

丛 书 序

　　近年来信息技术快速发展，云计算、物联网、3D 打印、大数据、虚拟现实、人工智能、区块链、5G 通信、元宇宙等新技术层出不穷。国务院副总理刘鹤在南昌出席 2019 年"世界虚拟现实产业大会"时指出"当前，以数字技术和生命科学为代表的新一轮科技革命和产业变革日新月异，VR 是其中最为活跃的前沿领域之一，呈现出技术发展协同性强、产品应用范围广、产业发展潜力大的鲜明特点。"新的信息技术正处于快速发展时期，虽然总体表现还不够成熟，但同时也提供了很多可能性。最近的数字孪生、元宇宙也是这样，总能给我们惊喜，并提供新的发展机遇。

　　在日新月异的产业发展中，虚拟现实是较为活跃的新技术产业之一。其一，虚拟现实产品应用范围广泛，在科学研究、文化教育以及日常生活中都有很好的应用，有广阔的发展前景；其二，虚拟现实的产业链较长，涉及的行业广泛，可以带动国民经济的许多领域协作开发，驱动多个行业的发展；其三，虚拟现实开发技术复杂，涉及"声光电磁波、数理化机（械）生（命）"多学科，需要多学科共同努力、相互支持，形成综合成果。所以，虚拟现实人才培养就成为有难度、有高度，既迫在眉睫，又错综复杂的任务。

　　虚拟现实一词诞生已近 50 年，在其发展过程中，技术的日积月累，尤其是近年在多模态交互、三维呈现等关键技术的突破，推动了 2016 年"虚拟现实元年"的到来，使虚拟现实被人们所认识，行业发展呈现出前所未有的新气象。在行业的井喷式发展后，新技术跟不上，人才队伍欠缺，使虚拟现实又漠然回落。

　　产业要发展，技术是关键。虚拟现实的发展高潮，是建立在多年的研究基础上和技术成果的长期积累上的，是厚积薄发而致。虚拟现实的人才培养是行业兴旺发达的关键。行业发展离不开技术革新，技术革新来自人才，人才需要培养，人才的水平决定了技术的水平，技术的水平决定了产业的高度。未来虚拟现实发展取决于今天我们人才的培养。只有我们培养出千千万万深耕理论、掌握技术、擅长设计、拥有情怀的虚拟现实人才，我们领跑世界虚拟现实产业的中国梦才可能变为现实！

产业要发展，人才是基础。我们必须协调各方力量，尽快组织建设虚拟现实的专业人才培养体系。今天我们对专业人才培养的认识高度决定了我国未来虚拟现实产业的发展高度，对虚拟现实新技术的人才培养支持的力度也将决定未来我国虚拟现实产业在该领域的影响力。要打造中国的虚拟现实产业，必须要有研究开发虚拟现实技术的关键人才和关键企业。这样的人才要基础好、技术全面，可独当一面，且有全局眼光。目前我国迫切需要建立虚拟现实人才培养的专业体系。这个体系需要有科学的学科布局、完整的知识构成、成熟的研究方法和有效的实验手段，还要符合国家教育方针，在德、智、体、美、劳方面实现完整的培养目标。在这个人才培养体系里，教材建设是基石，专业教材建设尤为重要。虚拟现实的专业教材，是理论与实际相结合的，需要学校和企业联合建设；是科学和艺术融汇的，需要多学科协同合作。

本系列教材以信息技术新工科产学研联盟 2021 年发布的《虚拟现实技术专业建设方案（建议稿）》为基础，围绕高校开设的"虚拟现实技术专业"的人才培养方案和专业设置进行展开，内容覆盖专业基础课、专业核心课及部分专业方向课的知识点和技能点，支撑了虚拟现实专业完整的知识体系，为专业建设服务。本系列教材的编写方式与实际教学相结合，项目式、案例式各具特色，配套丰富的图片、动画、视频、多媒体教学课件、源代码等数字化资源，方式多样，图文并茂。其中的案例大部分由企业工程师与高校教师联合设计，体现了职业性和专业性并重。本系列教材依托于信息技术新工科产学研联盟虚拟现实教育工作委员会诸多专家，由全国多所普通高等教育本科院校和职业高等院校的教育工作者、虚拟现实知名企业的工程师联合编写，感谢同行们的辛勤努力！

虚拟现实技术是一项快速发展、不断迭代的新技术。基于虚拟现实技术，可能还会有更多新技术问世和新行业形成。教材的编写不可能一蹴而就，还需要编者在研发中不断改进，在教学中持续完善。如果我们想要虚拟现实更精彩，就要注重虚拟现实人才培养，这样技术突破才有可能。我们要不忘初心，砥砺前行。初心，就是志存高远，持之以恒，需要我们积跬步，行千里。所以，我们意欲在明天的虚拟现实领域领风骚，必须做好今天的虚拟现实人才培养。

周明全

2022 年 5 月

前　言

　　5G 时代万物互联，随着虚拟现实技术的高速发展，虚拟现实（Virtual Reality，VR）、增强现实（Augmented Reality，AR）和混合现实（Mixed Reality，MR）的探索研究和应用进入了更加广阔的领域，其已被列为数字经济重点产业并进入国家规划布局。虚拟现实技术通过物理世界和数字世界的混合，借助近眼显示、感知交互、渲染处理、网络传输和内容制作等新一代信息技术，构建身临其境与虚实融合沉浸体验所涉及的产品和服务。习近平总书记在党的二十大报告中提出"构建新一代信息技术、人工智能、生物技术、新能源、新材料、高端装备、绿色环保等一批新的增长引擎"，虚拟现实技术是新一代信息技术中的重要的组成部分。VR、AR 和 MR 涉及学科众多，应用领域广泛，产业生态和业务形态丰富多样，其蕴含着巨大的发展潜力，能够带来显著的社会效益，开启了人、计算机和环境之间自然且直观的 3D 交互。这种新的现实基于计算机视觉、图形处理、显示技术、输入系统和云计算的进步，带动了虚拟现实领域人才的需求。目前全国多所院校开设了虚拟现实技术应用专业，人才是产业发展的先行力量，也是行业发展的关键。

　　Unity 3D 是当前业界领先的 VR/AR/MR 内容制作工具，是由 Unity Technologies 公司开发的一款让开发者轻松创建诸如三维视频游戏、建筑可视化、实时三维动画等类型互动内容的多平台综合型游戏开发工具。Unity 3D 开发技术已经逐渐成为虚拟现实、增强现实、游戏开发等相关专业的学生以及从事混合现实开发研究的技术人员必须掌握的技术之一，也成为虚拟现实技术应用专业优选的教学内容。

　　读者能够通过学习本书熟悉基本原理、掌握开发方法、了解实际应用是本书编写的基本思想。本书融合了作者对虚拟现实开发技术研究和教学的经验，能够较好地适应虚拟现实技术应用专业教学改革的规律和 VR/AR/MR 工程应用开发的需要。针对高等院校、高职高专院校虚拟技术专业的课程特征和人才需求，读者只需具备三维建模和面向对象编程的能力，即可通过本书了解虚拟现实技术，并掌握其具体的实现方法，快速打造属于自己的虚拟现实应用。本书结合实战案例，介绍了 Unity 3D 在虚拟仿真、场景搭建、全景制作方面的流程和相关技能，以及使用设备进行 VR/AR/MR 项目开发。结合案例讲解知识点，不仅可以使读者轻松、快速地学习相关知识，还可以帮助读者理解 Unity 3D 开发过程中的重点和难点，并有效提高动手能力。

本书具有以下特色。

（1）更符合学习规律。全书的编写在兼顾学习系统性的同时，按照学习与实践相互促进、由浅入深的规律调整了教学顺序。本书先后介绍了虚拟现实的概念，虚拟现实技术的基本特征，虚拟现实技术的分类，区分 VR、AR、MR 技术，虚拟现实的发展历程，虚拟现实技术的发展趋势和虚拟现实技术研究现状，有利于理论学习和实践教学有机融合，让读者尽早进入虚拟现实项目开发和应用的角色。

（2）更适合实践应用。各章介绍了大量应用 Unity 3D 引擎开发的实例。项目 6~项目 8 介绍了基于三种不同的项目需求而实施的项目内容，也是本书编写者参加完成的实际应用项目，读者可以直接借鉴使用。项目 9~项目 11 介绍了制作 AR、MR、VR 三种不同的项目时，读者应如何开始项目工作并进行项目开发。各项目后面均附有习题，其中部分内容为大赛真题，可以给读者的实践带来很大的帮助。

（3）更注重能力提高。本书以熟悉和掌握 Unity 3D 软件操作、VR/AR/MR 项目开发基本技能为目标，注重理论与实践相结合，并给出了职业素养目标，把项目应用开发的技术过程贯穿在教学始终。突出实践的重要性，强调知识的扩展性，支持学习方法的多样性。通过系统的学习，将有助于 VR、AR、MR 项目开发应用能力的较大提高。

（4）本书附赠配套案例源代码、素材文件和教学视频等教学资源，方便院校教师教学使用。

在本书的编写过程中，编者参阅和引用了大量专家和学者的书籍、文献以及网络资源，在此向所有资源的作者表示衷心的感谢。在本书编写过程中，还得到了江西科技师范大学、江西泰豪动漫职业学院、西安交通大学城市学院等院校师生和泰豪创意科技集团等一些企业的支持，并进行了相关的教学实践和实际应用，为本书的编写提供了丰富的资料和实例。另外，杨雪、马丽娟、陈旭、李沅蓉、陶黎艳等老师在本书的编写过程中也给予了大力协助和支持，在此向他们致以诚挚的谢意。

感谢清华大学出版社的大力支持，他们认真细致的工作保证了本书的出版质量。由于作者水平有限，书中的错误和不足在所难免，恳请广大读者批评和指正。

编　者
2023 年 5 月

目　录

第一篇
基　础　篇

▶ 项目1　认识虚拟现实
▶ 项目2　虚拟现实引擎安装及介绍

博学之，审问之，慎思之，明辨之，笃行之。

——《礼记》

认识虚拟现实

项目导读

虚拟现实技术，是20世纪发展起来的一项全新的实用技术。虚拟现实技术包括计算机技术、电子信息技术和仿真技术，其基本实现方式是计算机模拟虚拟环境从而给人以环境沉浸感。随着社会生产力和科学技术的不断发展，各行各业对虚拟现实技术的需求日益旺盛。虚拟现实技术也取得了巨大进步，并逐步成为一个新的科学技术领域。

虚拟现实技术的根源可以追溯到军事领域，军事应用是推动虚拟现实技术发展的原动力。因为军事和航天领域利用虚拟现实技术可以实现仿真和模拟训练，所以直到现在这两个领域依然是虚拟现实系统最大的应用领域。当前趋势是增加技术复杂性和缩短军用硬件的生命周期，这要求仿真器是灵活的、可升级的和可联网的，并允许远距离仿真，不需要到仿真器现场。仿真过程中也需要网络，它比单用户更真实，要求虚拟现实是可联网的、灵活的和可升级的，满足军事和航天仿真的需要。

结合我国2018年发布的《关于加快推进虚拟现实产业发展的指导意见》以及2021年我国发布的虚拟现实相关政策，总结得出我国"十四五"期间虚拟现实行业发展总体规划，我国虚拟现实基本目标是：到2025年我国虚拟现实产业整体实力进入全球前列，掌握虚拟现实关键核心专利和标准，并且要在虚拟现实与工业制造、学习教育、文娱活动、外贸商务等方面加强融合和应用。

学习目标

- 了解虚拟现实的基本概念及基本特征。
- 了解虚拟现实系统、增强现实系统、混合现实系统的概念及内容。
- 了解虚拟现实的发展历程、技术的发展趋势及技术的研究现状。

职业素养目标

- 增强解决问题时的逆向思维能力。
- 加强自主学习能力以及团结协作意识。
- 提高项目中团队之间的沟通能力。
- 加强对虚拟现实概念的认识及学习。

- 具有一定虚拟现实的基础知识。
- 熟悉虚拟现实、增强现实及混合现实相关知识。

🔍 职业能力要求

- 具有良好的自主学习能力，在工作中能够灵活利用资源查找信息并解决实际问题。
- 具有独立思考的能力，有自己的判断力，不会轻易地被他人所影响。
- 具有团队协作能力、人际交往和善于沟通的能力，在工作中能够协同他人共同完成工作。

📋 项目重难点

项目内容	工作任务	建议学时	技能点	重　难　点	重要程度
认识虚拟现实	任务 1.1　虚拟现实的基本概念	2 学时	虚拟现实的基本概念、特征、分类	虚拟现实的概念	★☆☆☆☆
				虚拟现实技术的基本特征	★★☆☆☆
				虚拟现实技术的分类	★★☆☆☆
				VR、AR、MR 技术的区分与应用领域	★☆☆☆☆
	任务 1.2　虚拟现实的发展	2 学时	虚拟现实发展历程、趋势和现状	虚拟现实的发展历程	★☆☆☆☆
				虚拟现实技术的发展趋势	★★☆☆☆
				虚拟现实技术研究现状	★★☆☆☆

任务 1.1　虚拟现实的基本概念

■ 学习目标

　　知识目标：了解虚拟现实的基本概念、虚拟现实技术的基本特征以及分类，了解 VR、AR、MR 技术及其应用领域。

　　能力目标：学会区分 VR、AR、MR 技术。

■ 建议学时

　　2 学时。

■ 任务要求

　　本任务是学习了解虚拟现实的基本概念、基本特征以及分类，学习 VR、AR、MR 技术并且最终学会区分 VR、AR、MR 技术以及它们之间的关系。

知识归纳

1. 虚拟现实的概念

所谓虚拟现实，就是虚拟和现实相互结合。从理论上来讲，虚拟现实技术是一种可以创建和体验虚拟世界的计算机仿真系统，它利用计算机生成一种模拟环境，使用户沉浸到该环境中。虚拟现实技术就是利用现实生活中的数据，通过计算机技术产生电子信号，将其与各种输出设备结合使其转化为能够让人们感受到的现象，这些现象可以是现实中真真切切的对象，也可以是肉眼所看不到的物质，通过三维模型表现出来。因为这些现象不是直接能看到的，而是通过计算机技术模拟出来的现实中的世界，故称为虚拟现实。

2. 虚拟现实技术的基本特征

虚拟现实技术受到了越来越多人的认可，用户可以在虚拟现实世界体验到最真实的感受，其模拟环境的真实性与现实世界难辨真假，让人有身临其境的感觉；同时，虚拟现实具有一切人类所拥有的感知功能，如听觉、视觉、触觉、味觉、嗅觉等感知系统；它还具有超强的仿真系统，真正实现了人机交互，使人在操作过程中，可以随意操作并且得到环境最真实的反馈。正是虚拟现实技术的沉浸性、交互性、多感知性等特征使它受到许多人的喜爱。

1）沉浸性

沉浸性是虚拟现实技术最主要的特征，让用户成为并感受到自己是计算机系统所创造环境中的一部分。虚拟现实技术的沉浸性取决于用户的感知系统，当使用者感知到虚拟世界的刺激时，包括触觉、味觉、嗅觉、运动感知等，便会产生思维共鸣，造成心理沉浸，感觉如同进入真实世界。

2）交互性

交互性是指用户对虚拟环境内对象的可操作程度和从环境得到反馈的自然程度。使用者进入虚拟空间，相应的技术让使用者与环境产生相互作用。当使用者进行某种操作时，周围的环境也会做出某种反应。如使用者接触到虚拟空间中的对象，那么使用者身体应该能够感受到，若使用者对对象有所动作，对象的位置和状态也应改变。

3）多感知性

多感知性表示虚拟现实技术应该拥有很多感知方式，如听觉，触觉，嗅觉等。理想的虚拟现实技术应该具有一切人所具有的感知功能。由于相关技术，特别是传感技术的限制，目前大多数虚拟现实技术所具有的感知功能仅限于视觉、听觉、触觉、运动等几种。

4）构想性

构想性也称想象性，使用者在虚拟空间中，可以与周围对象进行互动，可以拓宽认知范围，创造客观世界不存在的场景或不可能发生的环境。构想可以理解为使用者进入虚拟空间，根据自己的感觉与认知能力吸收知识，发散拓宽思维，创立新的概念和环境。

5）自主性

自主性是指虚拟环境中对象依据物理定律做出动作的程度。如当受到力的推动时，对象会受力作用移动、翻倒，或从桌面落到地面等。

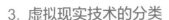

3. 虚拟现实技术的分类

虚拟现实技术分为以下四类。

1）沉浸式虚拟现实系统

沉浸式虚拟现实系统（Immersive VR System）是一种高级的、较理想的虚拟现实系统，它提供一个完全沉浸的体验，使用户有一种仿佛置身于真实世界之中的感觉。它通常采用洞穴式立体显示装置或头盔式显示器等设备，首先把用户的视觉、听觉和其他感觉封闭起来，并提供一个新的、虚拟的感觉空间，利用空间位置跟踪器、数据手套、三维鼠标等输入设备和视觉、听觉等设备，使用户产生一种身临其境、完全投入和沉浸于其中的感觉，如图 1.1 所示。

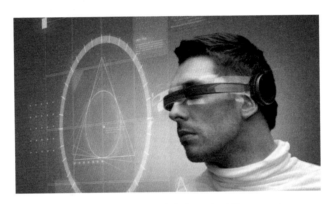

图 1.1　沉浸式虚拟现实系统

2）桌面式虚拟现实系统

桌面式虚拟现实系统（Desktop VR System）也称窗口虚拟现实系统，是利用个人计算机或初级图形工作站等设备，以计算机屏幕作为用户观察虚拟世界的一个窗口，采用立体图形、自然交互等技术，产生三维立体空间的交互场景，通过包括键盘、鼠标和力矩球等各种输入设备操纵虚拟世界，实现与虚拟世界的交互。

使用的硬件设备主要是立体眼镜和一些交互设备（如数据手套和空间跟踪设备等）。立体眼镜用来观看计算机屏幕中的虚拟三维场景的立体效果，它所带来的立体视觉能使用户产生一定程度的沉浸感。有时为了增强桌面虚拟现实系统的效果，在桌面虚拟现实系统中还可以借助于专业的投影设备，达到增大屏幕范围及多人观看的目的，如图 1.2 所示。

3）增强式虚拟现实系统

在沉浸式虚拟现实系统中强调人的沉浸感，即沉浸在虚拟世界中，人所处的虚拟世界与现实世界相隔离，看不到真实的世界也听不到真实的世界。而增强式虚拟现实系统（Augmented VR System）既可以允许用户看到真实世界，同时也可以看到叠加在真实世界上的虚拟对象。它是把真实环境和虚拟环境组合在一起的一种系统，既可减少构成复杂真实环境的开销（因为部分真实环境由虚拟环境取代），又可对实际对象进行操作（因为部分对象是真实环境），真正达到了亦真亦幻的境界。在增强式虚拟现实系统中，虚拟对象所提供的信息往往是用户无法凭借其自身感觉器官直接感知的深层信息，用户可以利用虚拟对象所提供的信息来加强现实世界中的认知，如图 1.3 所示。

图 1.2　桌面式虚拟现实系统

图 1.3　增强式虚拟现实系统

4）分布式虚拟现实系统

近年来，计算机、通信技术的同步发展和相互促进成为全世界信息技术与产业飞速发展的主要特征。特别是网络技术的迅速崛起，使得信息应用系统在深度和广度上发生了本质性的变化，分布式虚拟现实系统（Distributed VR System）是一个较为典型的实例。分布式虚拟现实系统是虚拟现实技术和网络技术发展与结合的产物，是一个在网络的虚拟世界中，位于不同物理位置的多个用户或多个虚拟世界通过网络相连接共享信息的系统。

分布式虚拟现实系统的目标是在"沉浸式"虚拟现实系统的基础上，将分布在不同地理位置上的多个用户或多个虚拟世界通过网络连接在一起，使每个用户同时参与到一个虚拟空间，计算机通过网络与其他用户进行交互，共同体验虚拟经历，以达到协同工作的目的，它将虚拟现实的应用提升到了一个更高的境界。

虚拟现实系统运行在分布式系统下有两方面的原因：一方面是充分利用分布式计算机系统提供的强大计算能力；另一方面是有些应用本身具有分布特性，如多人通过网络进行游戏和虚拟战争模拟等。表 1.1 更加直观地给出了这四种虚拟现实技术的区别。

表1.1　四种虚拟现实技术对比表

对比角度	沉浸式虚拟现实系统	桌面式虚拟现实系统	增强式虚拟现实系统	分布式虚拟现实系统
特征	最能展现虚拟现实效果	全面、小型、经济、适用	具有较大的应用潜力	最具有广泛的应用前景
工作原理	利用头盔显示器把用户的视觉、听觉和其他感觉封闭起来，产生一种身在虚拟环境中的错觉	利用中低端图形工作站及立体显示器，产生虚拟场景	通过计算机技术，将虚拟的信息应用到真实世界，两种信息相互补充、叠加，增强用户对真实环境的理解	通过网络对同一虚拟世界进行观察和操作，以达到协同工作的目的
应用	数据手套、头盔式显示器、洞穴式立体显示装备等	位置跟踪器、数据手套、力反馈器	投影仪、摄像头、移动设备、计算机存储设备等	远程教育、图形显示器、科学计算可视化等

4. VR、AR、MR 技术的区分与应用领域

1）VR、AR、MR 技术介绍

（1）VR 技术。VR 技术用更简单的话来说，就是把完全虚拟的世界通过各种各样的头戴显示器（见图 1.4）呈现给用户，一般是全封闭的，给人一种沉浸感。所以说，在 VR 的世界里所有的东西都是虚拟的、不真实的。

图 1.4　不同种类的头戴显示器

VR 技术应用最多的场景就是游戏。我们在各大展览上看到的需要戴上头戴显示器玩的游戏都是基于 VR 技术的，如图 1.5 所示。

（2）AR 技术。AR 技术是一种利用计算机系统产生三维信息来增强用户对现实世界感知的新技术。一般认为，AR 技术的出现源于 VR 技术的发展，但二者存在明显的差别。传统 VR 技术给予用户一种在虚拟世界中完全沉浸的效果，是另外创造一个世界；而 AR 技术则把计算机带到用户的真实世界中，通过听、看、摸、闻虚拟信息，来增强对现实世界的感知，实现了从"人去适应机器"到"技术以人为本"的转变。

简单来说就是 AR 通过计算机技术，将虚拟的信息应用到真实世界，真实的环境和虚拟的对象实时地叠加到了同一个画面或空间，并同时存在，如图 1.6 所示。

图 1.5　戴上头戴显示器玩游戏

图 1.6　利用增强现实技术的案例

（3）MR 技术。MR 技术包括增强现实技术和增强虚拟技术，指的是合并现实和虚拟世界而产生的新的可视化环境。在新的可视化环境里物理和数字对象共存，并实时互动。AR 是把虚拟的东西叠加到真实世界，而 MR 则是把真实的东西叠加到虚拟世界里。听起来好像是差不多，都是把现实和虚拟互相叠加，但其实差别很大，因为把虚拟叠加到现实里比较容易，只需要将计算机生成的虚拟物体显示在真实的画面上就好了。但要把现实叠加到虚拟里，就比较难了，因为首先得把现实的东西虚拟化。

虚拟化是指使用摄像头来扫描物体以进行三维重建。摄像头拍摄的画面其实是二维的，也就是说画面是扁平的，丢失了深度信息，所以没有立体感。通过算法把摄像头拍摄的二维的视频进行三维重建，生成虚拟的三维物体，称为真实物体的虚拟化。MR 和 AR 最大的区别就是可以把虚拟化的效果呈现给多人，实现多人交互。

现在通过几个例子来更好地了解 MR 技术。例如，家用电器需要维修，传统的方法是打售后电话，消费者把电器送到售后维修点或者厂家提供专门的售后上门服务，这一来一回通常需要很多天，而故障很可能就是一个非常简单的小问题，消费者自己就能解决。如果有了 MR 技术，消费者只需要戴上 MR 设备，通过设备上的摄像头将电路板拍成三维的虚拟图像同步给厂商的售后，售后人员看到的就是非常真实的现场情况，他在判断出问题后直接给出修理建议，而且能在三维的虚拟实体上把每一步都指点出来，消费者只要照着做就可以了。

在教育培训领域 MR 也大有用武之地。现在大部分的培训非常不直观，还是采用语言文字讲述或者二维图形的形式，很难在各种名词术语和真实对象之间建立联系。如果有了 MR 技术，培训老师和学员可以处于不同的地方，只要一起戴上 MR 设备，眼前就可以呈现相同的三维画面，老师在虚拟的三维世界里操作，学生照做就行了，跟真实世界中的操作基本没有区别，而且还能放大局部，培训效率会大大提高。

还有就是装修设计领域。假如要开一家童装店，以前只能在装修结束后才能看到装修后的效果。这样很容易出现装修完的效果不是自己喜欢的风格，如果某个设计环节出了问题想要重新调整将会付出很大代价。有了 MR，店主可以实时看到装修过程中的效果，并且可以和设计师或者朋友一起讨论交流。MR 还可以在医学、工业制造等领域发挥很大的价值。表 1.2 更加直观地给出了 VR、AR 与 MR 技术的区别。

表1.2　VR、AR、MR对比表

对比角度	虚拟现实（VR）	增强现实（AR）	混合现实（MR）	备　　注
定义	全是虚拟的	半真实半虚拟	真实、虚拟难辨	VR 概念最小；AR 概念包含了 VR；MR 概念最大，包含了 VR 和 AR
代表产品	Oculus Rift、HTC Vive、PlayStation VR、三星 Gear VR	Google Glass	Hololens、Magic Leap	
代表游戏	《极乐王国》	《精灵宝可梦 Go》	《超次元 MR》	
使用场景	商场娱乐、游戏、影片等	游戏、移动 APP 等	商业领域	
适用人群	大众消费者	大众消费者	企业工作者	

2）VR、AR、MR 技术的应用领域

（1）VR 技术的应用领域。VR 技术可应用的领域很多，如游戏、医疗、直播、影视、营销、教育、社交等。

① VR 游戏。目前消费水平最高、规模最大的领域当属 VR 游戏。游戏行业竞争者多，产品内容迭代快。目前，游戏的体验感成为游戏用户最迫切的需求，而深度的游戏用户更倾向游戏内容与个人感觉的交互性。过去一些简单的操作玩法和低质的游戏感受已成为游戏用户的痛点。VR 游戏相较于传统游戏最大的优势在于它的沉浸感，更能达到物我两忘的境界。游戏行业需要 VR 这样的技术来改变一下现有体验了。

② VR 教育。VR 教育被认为是最具发展前景的应用领域。由于家庭教师晚间班、周末的培训补习班以及假期的特长班等，教育开支已经是家庭最重要的一部分支出，因此 VR 教育的发展潜力可见一斑。VR 教育或许可实现学生主动地获取知识，保障目前教育的大前提下，增加学习乐趣，保全学生天性，提高学习效率，节约教育成本。

③ VR 医疗。医疗有其本身的独特性，在医疗领域，任何一项失误都可能导致不可挽回的重大后果；任何一项新技术、新发现都有可能挽回数以千计的生命。目前国内出现的 VR 医疗主要集中在医疗培训方面，实习生在 VR 技术构建的虚拟环境中学习相关工作场景的操作，快速走上工作岗位。此外，国外在心理治疗方面有一定的积累，通过 VR 技术

有针对性地创造虚拟场景可以帮助治疗许多心理问题，如自闭症、老年孤独症、幽闭恐惧症、恐高症以及其他心理障碍。

④ 其他领域。VR 技术还可被应用的领域有 VR 直播、VR 视频、VR 看房、VR 社交、VR 军事、VR 工业等，VR 技术在这些领域都有其应用场景和展现舞台。随着 VR 技术发展，其有望成为像互联网一样的基础技术并与他领域相结合，从效率和成本上改善甚至革新行业现状。在这些领域中，VR 技术必将大放异彩。

（2）AR 技术的应用领域。随着 AR 技术的成熟，AR 越来越多地应用于各个行业，如教育、培训、医疗、设计、广告等。

① AR 教育。AR 以其丰富的互动性为儿童教育产品的开发注入了新的活力，儿童的特点是活泼好动，运用 AR 技术开发的教育产品更适合孩子们的生理和心理特性。例如，现在市场上随处可见的 AR 书籍，对于低龄儿童来说，文字描述过于抽象，文字结合动态立体影像会让孩子快速掌握新的知识，丰富的交互方式更符合孩子们活泼好动的特性，提高了孩子们的学习积极性。在学龄教育中 AR 也发挥着越来越多的作用，如一些危险的化学实验和深奥难懂的数学、物理原理都可以通过 AR 使学生快速掌握。

② AR 健康医疗。近年来，AR 技术越来越多地被应用于医学教育、病患分析及临床治疗中，微创手术也越来越多地借助 AR 和 VR 技术来减轻病人的痛苦，降低手术成本和风险。此外，在医疗教学中，AR 与 VR 的技术应用使深奥难懂的医学理论变得形象立体、浅显易懂，大大提高了教学效率和质量。

③ AR 广告购物。AR 技术可帮助消费者在购物时更直观地判断某商品是否适合自己，以做出更满意的选择。用户可以轻松地通过 AR 软件直观地看到不同的家具放置在家中的效果，从而方便用户选择。

④ AR 展示导览。AR 技术被大量应用于博物馆对展品的介绍说明中，通过在展品上叠加虚拟文字、图片、视频等信息为游客提供展品导览介绍。此外，AR 技术还可应用于文物复原展示，即在文物原址或残缺的文物上通过 AR 技术将复原部分与残存部分完美结合，使参观者了解文物原来的模样，达到身临其境的效果。

⑤ AR 应用于信息检索领域。当用户需要清晰地了解某一物品的功能和说明时，增强现实技术会根据用户需要将该物品的相关信息从不同方向汇聚并实时展现在用户的视野内。在未来，人们可以再通过扫描面部，识别出此人的信用和部分公开信息。这些技术的实现很大程度上减少了受骗的概率，方便用户安全高效的工作。

⑥ AR 应用于工业设计交互领域。增强现实技术最特殊的地方就在于其高度交互性，应用于工业设计中，主要表现为虚拟交互。通过手势、点击等识别来实现交互技术，将虚拟的设备、产品展示给设计者和用户，也可以通过部分控制实现虚拟仿真，模仿装配情况或日常维护、拆装等工作。在虚拟中学习，减少了制造浪费以及对人才培训的成本，大大改善了设计的体制，缩短了设计时间从而提高了效率。

（3）MR 技术的主要应用领域如下。

① 虚拟场景的技术培训。传统的培训方法，需要用到大量培训设备，而且设备还存在"保质期"，培训的成本较高。而 MR 技术可以通过虚拟与现实结合的方式进行培训，从而降低培训成本。比如集成 MR 技术的 APP 开发，结合智能穿戴设备，创造虚拟培训室，

无论是企业还是学校培训都可以应用这种技术。这种技术在医学培训、军事培训等领域的APP开发中地位更加突出。

②远程协作APP开发。美国波特兰的一家初创公司曾与微软合作，推出了一款所谓"Mixed Reality"的远程办公软件，旨在帮助企业用户更好地进行远程协作办公。其原理是将远程人员简单地混合现实化，赋予他们特定的视觉元素，如颜色、身高和饰品（如眼镜、安全帽、背心等），本地用户可以迅速地识别远程人员的身份，进行更好的互动和沟通。另外，在医学手术中MR技术能使虚拟影像与真实解剖结构相融合和叠加，达到实时手术引导、多人远程协作的目的。未来MR技术会被广泛应用于各行业的APP开发远程协作领域。

③游戏行业。真正的MR游戏，是可以把现实与虚拟互动展现在玩家眼前的。MR技术能让玩家同时保持与真实世界和虚拟世界的联系，并根据自身的需要及所处情境调整操作。类似超次元MR=VR+AR=真实世界+虚拟世界+数字化信息，简单来说就是AR技术与VR技术的完美融合以及升华，虚拟和现实互动，不再局限于现实，使用户获得前所未有的体验。总之，MR设备给到用户的是一个混沌的世界。正因如此，MR技术更有想象空间，它将物理世界实时并且彻底地比特化了，又同时包含了VR和AR设备的功能。

■ 任务实施

以"区分VR、AR、MR"为主题组织调研报告。请结合自己的专业，思考VR、AR以及MR相对应概念及特征，整理一篇如何区分它们的调研报告，加强对VR、AR、MR的深入了解和客观分析。

步骤1 制订调研计划。根据调研目标，制订切实可行的调研计划，设计调研的途径和内容。

步骤2 开展调研。以区分VR、AR、MR为主题设计题目，通过查找网络资源、访谈熟悉企业、师生讨论，趣味问卷调研等手段开展区分VR、AR、MR调研。

步骤3 撰写调查报告。收集、整理前期调研的数据和资料，最终形成相应的调查报告。

步骤4 交流与汇报。将调研报告在社交媒体或者相关论坛上发布出来，学生之间进行交流讨论，以便在信息技术迅猛发展的背景下启发大家对本领域的探讨。

本次任务实施完成。

任务 1.2　虚拟现实的发展

■ 学习目标

知识目标：了解虚拟现实的发展历程、虚拟现实技术的发展趋势以及虚拟现实技术的研究现状。

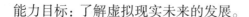

能力目标：了解虚拟现实未来的发展。

■ 建议学时

2 学时。

■ 任务要求

虽然虚拟现实技术经过近几年的快速发展，各类功能逐渐完善，应用前景十分广阔，但还没有大众化。本任务是学习并了解虚拟现实的发展历史、虚拟现实技术的发展趋势以及研究现状。

 知识归纳

1. 虚拟现实的发展历程

虚拟现实技术演变发展史大体上可以分为以下四个阶段。

第一阶段：虚拟现实技术的前身

1963 年以前，蕴涵虚拟现实技术思想的第一阶段。虚拟现实技术是对生物在自然环境中的感官和动作等行为的一种模拟交互技术，它与仿真技术的发展是息息相关的。中国古代战国时期的风筝，就是模拟飞行动物和人之间互动的大自然场景，风筝的拟声以及人与风筝互动的行为是仿真技术在中国的早期应用，它也是中国古代人试验飞行器模型的最早发明。西方人利用中国古代风筝原理发明了飞机，发明家 Edwin A.Link 发明了飞行模拟器，让操作者有乘坐真正飞机的感觉。1962 年，Morton Heilig 发明的"全传感仿真器"，就蕴涵了虚拟现实技术的思想理论。这三个较典型的发明，都蕴涵了虚拟现实技术的思想，是虚拟现实技术的前身。

第二阶段：虚拟现实技术的萌芽阶段

1963—1972 年，虚拟现实技术的萌芽阶段。1965 年，"虚拟现实之父"Ivan Sutherland 提出感觉真实、交互真实的人机协作新理论，并研发出 Sutherland 头盔显示器，如图 1.7 所示。由于当时硬件技术限制，Sutherland 相当沉重，人们根本无法独立穿戴，必须在天花板上搭建支撑杆，否则无法正常使用，如图 1.8 所示。在 1968 年 Ivan Sutherlan 开发了第一个计算机图形驱动的头盔显示器（Helmet-Mounted Display，HMD）及头部位置跟踪系统，是虚拟现实技术发展史上一个重要的里程碑。此阶段也是虚拟现实技术的探索阶段，为虚拟现实技术的基本思想产生和理论发展奠定了基础。

第三阶段：虚拟现实技术概念和理论产生的初步阶段

1973—1989 年，虚拟现实技术概念和理论产生的初步阶段。这一时期出现了 VIDEOPLACE 与 VIEW 两个比较典型的虚拟现实系统。由 M.W.Krueger 设计的 VIDEOPLACE 系统，将产生一个虚拟图形环境，使参与者的图像投影能实时地响应参与者的活动。由 M.MGreevy 领导完成的 VIEW 系统，在装备了数据手套和头部跟踪器后，通过语言、手势等交互方式，形成虚拟现实系统。

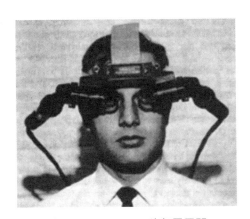

图1.7　Sutherland 头盔显示器

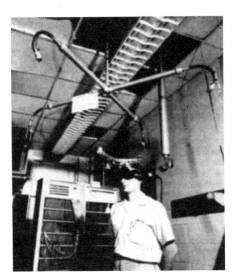

图1.8　Sutherland 头盔显示器的搭建

第四阶段：虚拟现实技术理论的完善和应用阶段

1990年至今，虚拟现实技术理论的完善和应用阶段。在这一阶段虚拟现实技术从研究型阶段转向为应用型阶段，广泛运用到了科研、航空、医学、军事等各个领域中，如美军开发的空军任务支援系统和海军特种作战部队计划和演习系统，对虚拟的军事演习也能达到真实军事演习的效果。1994年，日本游戏公司Sega和任天堂分别针对游戏产业而推出Sega VR-1和Virtual Boy，但是由于设备成本较高等问题，以至于最后使VR的这次现身如昙花一现。2012年Oculus公司用众筹的方式将VR设备的价格降低到了300美元，这使得VR向大众视野走近了一步。2014年谷歌发布了Google CardBoard，三星发布Gear VR，2016年苹果发布了名为View-Master的VR头盔，售价29.95美元，另外HTC的HTC Vive、索尼的PlayStation VR也相继出现。另外在这一阶段虚拟现实技术从研究型阶段转向为应用型阶段，广泛运用到了科研、航空、医学、军事等领域。目前，国内的VR市场也是如火如荼，普通民众能在各种VR线下体验店感受VR带给我们的惊艳与刺激。

此阶段VR虚拟现实技术的概念逐渐形成和完善，开始出现了一些比较典型的虚拟现实应用系统。

2. 虚拟现实技术的发展趋势

随着虚拟现实技术在城市规划等应用的不断深入，建模与绘制方法、交互方式和系统构建方法等方面，对虚拟现实技术都提出了更高的需求。为了满足这些新的需求，近年来，虚拟现实相关技术研究遵循"低成本、高性能"原则取得了快速发展，表现出一些新的特点和发展趋势。主要表现在以下方面。

1）动态环境建模技术

虚拟环境的建立是虚拟现实技术的核心内容，动态环境建模技术的目的是获取实际环境的三维数据，从而建立对应的虚拟环境模型，创建出虚拟环境。

2）实时三维图形生成和显示技术

在生成三维图形方面，目前的技术已经比较成熟，而关键是如何"实时生成"。在不降低图形的质量和复杂程度的前提下，如何提高刷新频率将是今后重要的研究内容。另外，虚拟现实技术还依赖于传感器技术和立体显示技术的发展，现有的虚拟设备还不能够让系统的需要得到充分的满足，故需要开发全新的三维图形生成和显示技术。

3）媒介与人的融合

可以设想，依赖于智能技术的发展，人们终将摆脱程序化的管理方式，使自己的心力和智力在更大的空间里得到提升，创造乐趣和才能全面发展的要求得到满足。可以说，虚拟现实技术，正是人类进入高度文明社会前的必然的，也是必需的技术发展背景和条件。数字化时代，虚拟现实技术将越来越人性化。有一天，人们会发现所面对的计算机和网络，将不再是一堆单调和呆板的硬件，而是会说话、根据人的语言、表情和手势能做出相应反应的智能化器件。同计算机和网络打交道，将会如同和人打交道一样方便。对于普通大众而言，虚拟现实这一数字媒介将不再是神秘的、不可捉摸的事物，而是善解人意的精灵。它了解人对信息的特殊需求，在人们需要它的时候，适时为人们送来信息。虚拟现实技术的人性化，最终将体现出自然性，达到"天人合一"的完美境界。

4）分布式虚拟现实技术的展望

分布式虚拟现实是今后虚拟现实技术发展的重要方向。随着众多 DVE（Digital Video Effect，数字视频特效）开发工具及其系统的出现，DVE 本身的应用也将渗透到各行各业，包括医疗、工程、训练与教学以及协同设计。近年来，随着 Internet 应用的普及，一些面向 Internet 的 DVE 应用使得位于世界各地多个用户可以进行协同工作。将分散的虚拟现实系统或仿真器通过网络联结起来，采用协调一致的结构、标准、协议和数据库，形成一个在时间和空间上互相耦合的虚拟合成环境，参与者可自由地进行交互作用。特别是在航空航天中应用价值极为明显，因为国际空间站的参与国分布在世界不同区域，分布式 VR 训练环境不再需要在各国重建仿真系统，这样不仅减少了研制费和设备费用，而且减少了人员出差的费用以及异地生活的不适。

3. 虚拟现实技术研究现状

虚拟现实技术是一门新兴边缘的技术，研究内容涉及多个领域，应用十分广泛，被公认为是 21 世纪重要的发展学科以及影响人们生活的重要技术之一。这里我们来了解一下虚拟现实技术的国内外的研究现状。

1）国内 VR 技术研究现状

VR 技术是一项投资大、难度高的科技领域。同一些发达国家相比，我国在 VR 技术上的研究起步较晚，和一些发达国家相比还有很大的一段距离。随着计算机图形学、计算机系统工程等技术的高速发展，VR 技术已经得到了相当的重视，引起我国各界人士的兴趣和关注。研究与应用 VR，建立虚拟环境，虚拟场景模型分布式 VR 系统的开发正朝着深度和广度发展。国家科委国防科工委部已将虚拟现实技术的研究列为重点攻关项目，国内许多研究机构和高校也都在进行虚拟现实的研究和应用并取得了一些不错的研究成果。北京航空航天大学计算机系是国内最早进行 VR 研究、最有权威的单位之一，其虚拟实现与可视化新技术研究室集成了分布式虚拟环境，可以提供实时三维动态数据库、虚拟现实演示环境、用于飞行员训练的虚拟现实系统、虚拟现实应用系统的开发平台等，并在以下方面取得进展：着重研究了虚拟环境中对象物理特性的表示与处理；在虚拟现实中的视觉接口方面开发出部分硬件，并提出有关算法及实现方法。清华大学国家光盘工程研究中心制作的"布达拉宫"，采用了 QuickTime 技术，实现大全景 VR。浙江大学 AD&CG 国家重点实验室开发了一套桌面虚拟建筑环境实时漫游系统。哈尔滨工业大学计算机系已经成功地合成了人的高级行为中的特定人脸图像，解决了表情的合成和唇动合成技术问题，并正在研究人说话时手势和头势的动作、语音和语调的同步等。

2）国外虚拟现实技术研究现状

美国是虚拟现实技术的发源地，对于虚拟现实技术的研究最早是在 20 世纪 40 年代。一开始用于美国军方对宇航员和飞行驾驶员的模拟训练。随着科技和社会的不断发展，虚拟现实技术也逐渐转为民用，集中在用户界面、感知、硬件和后台软件四个方面。20 世纪 80 年代，美国国防部和美国宇航局组织了一系列对于虚拟现实技术的研究，研究成果惊人，现在，已经建立了空间站、航空、卫星维护的 VR 训练系统，也建立了可供全国使用的 VR 教育系统。乔治梅森大学研制出了一套在动态虚拟环境中的流体实时仿真系统。波音公司利用了虚拟现实技术在真实的环境上叠加了虚拟环境，让工件的加工过程得到有效的简化。施乐公司主要将虚拟现实技术用于未来办公上，为此设计了一项基于 VR 的窗口系统。传感器技术和图形图像处理技术是上述虚拟现实项目的主要技术，从目前来看，时间的实时性和空间的动态性是虚拟现实技术的主要焦点。

英国在辅助设备设计、分布并行处理和应用研究方面是领先的，在硬件和软件的领域处于领先地位。欧洲其他一些比较发达的国家，如德国以及瑞典等也积极进行了虚拟现实技术的研究和应用。德国将虚拟现实技术应用在了对传统产业的改造、产品的演示以及培训三个方面，可以降低成本，吸引客户等；瑞典的 DIVE 分布式虚拟交互环境是一个在不同节点上的多个进程可以在同一个时间中工作的分布式系统。

■ 任务实施

本次任务实施以新型热门概念"元宇宙"开始。2021 年 12 月 30 日，《上海市电子信息产业发展"十四五"规划》出台。元宇宙作为前沿新兴领域，被上海列入电子信息产业的发展重点，这也是元宇宙首次被写入地方"十四五"产业规划。该规划提出，加强元宇宙底层核心技术基础能力的前瞻研发，推进深化感知交互的新型终端研制和系统化的虚拟内容建设，探索行业应用。这里请读者了解元宇宙的概念以及元宇宙的关键技术。

步骤 1 利用互联网等渠道查找元宇宙相关的概念解说。

步骤 2 整理元宇宙相关的知识点，学习了解元宇宙的概念以及关键技术，并形成文档。

步骤 3 交流各自的学习心得。

本次任务实施完成。

■ 项目小结

本项目通过对虚拟现实基础知识的介绍，读者可以了解到虚拟现实的基本特征、四种分类、发展历史以及未来的发展趋势。本项目还介绍了 VR、AR 和 MR 技术的概念及特点，以及 VR、AR 和 MR 技术在各个领域上的应用。读者通过对上面内容的学习，可以清楚地知道在 VR 中，用户看到的场景和人物全是虚拟的，它是把使用者的感知代入一个虚拟的世界中。在 AR 中，用户看到的场景和人物一部分是真实的，一部分是虚拟的，AR 是把虚拟的信息带到现实世界中。简单来说 VR 全部是虚拟的；AR 是一半真实的一半虚拟的；而 MR 是真实、虚拟很难分辨出来的。至此可以初步了解它们之间的差异，学会更准确地区分 VR、AR 和 MR。

然后通过对虚拟现实的前身、虚拟现实的萌芽期、虚拟现实技术概念和理论产生的初步阶段以及虚拟现实理论的完善和应用这四个发展阶段的介绍，让读者了解虚拟现实的发展过程以及未来的发展趋势。

项目自测

1. 什么是 VR？什么是 AR？什么是 MR？
2. VR、AR 和 MR 各有什么特点？
3. 简述 VR、AR 和 MR 的辨别方式。
4. 简述 VR、AR 和 MR 之间的关系。
5. 试评论元宇宙概念对虚拟现实的发展有哪些意义。

项目2

虚拟现实引擎安装及介绍

项目导读

　　工业 VR/AR 的应用场景就是构建在数字世界与物理世界融合的基础之上，Unity 3D 作为衔接虚拟产品和真实产品实物之间的一个不错的桥梁。

　　全世界所有 VR 和 AR 内容中 60% 均为 Unity 3D 开发。Unity 3D 实时渲染技术可以被广泛应用到汽车的设计、制造人员培训、制造流水线的实际操作、无人驾驶模拟训练、市场推广展示等各个环节。Unity 3D 最新的实时光线追踪技术可以创造出更加逼真的可交互虚拟环境，让参与者身临其境，感受虚拟现实的真实体验。Unity 3D 针对 ATM 领域的工业解决方案包括 INTERACT 工业 VR/AR 场景开发工具、Prespective 数字孪生软件等。

　　Unity 3D 的 AEC 产品 Unity Reflect 已正式发布，这款插件可以将 VR 和 AR 实时 3D 体验带到建筑、工程和施工（AEC）行业中。美国纽约的建筑公司 SHoP Architects 通过 Reflect 和 Unity 3D 编辑器创造各种定制 AR 和 VR 应用，其代表作是在布鲁克林的最高建筑 9 Dekalb Avenue 项目中使用的增强现实程序。

　　目前，全球排名前 1000 位的免费游戏有 34% 是使用 Unity 3D 开发的。同时 Unity 3D 也位于日益增长的虚拟现实市场的前沿，大约有 90% 的三星 Gear VR 游戏、86% 的 HTC VIVE 应用和 53% 的 Oculus Rift 使用 Unity 3D 制作。本书也是基于 Unity 3D 引擎作为虚拟现实开发的引擎。

学习目标

- 掌握 Unity 3D 引擎的安装及环境配置。
- 掌握 Unity 3D 引擎各个视口的功能及使用。
- 掌握 Unity 3D 引擎常用函数的功能及使用。

职业素养目标

- 通过虚拟引擎项目培养当代大学生在制作项目上的工匠精神。
- 培养学生具备掌握虚拟引擎在虚拟开发方向的专业技能。
- 利用所学专业知识能够独立创作出新世界的创新能力。

🔍 职业能力要求

- 具有清晰的虚拟现实项目开发思路。
- 学会虚拟现实引擎中各项技术的使用方法。
- 加强自主学习能力以及团结协作意识。

📑 项目重难点

项目内容	工作任务	建议学时	技能点	重难点	重要程度
虚拟现实引擎入门	任务 2.1 Unity 3D 软件安装	2 学时	Unity 3D 引擎特点与安装	Unity 3D 引擎特点	★☆☆☆☆
				Unity 3D 引擎安装步骤	★★☆☆☆
	任务 2.2 Unity 3D 编辑器视图与脚本	2 学时	Unity 3D 引擎的简单使用、视图与脚本	Unity 启动方法	★☆☆☆☆
				Unity 3D 编辑器的常用窗口	★★☆☆☆
				Unity 3D 资源商城	★☆☆☆☆
				MonoBehaviour 的生命周期	★★☆☆☆
				特定事件的相应函数	★★☆☆☆
				简单地获取游戏对象组件	★★☆☆☆

任务 2.1　Unity 3D 软件安装

■ 学习目标

知识目标：认识 Unity 3D 引擎。

能力目标：了解 Unity 3D 引擎进化史、Unity 3D 安装与环境。

■ 建议学时

2 学时。

■ 任务要求

本任务会带领读者走进 Unity 3D 引擎的世界，让读者了解引擎特点、安装与简单使用。

知识归纳

Unity 3D 可以运行在 Windows 和 MacOS X 下，可发布游戏至 Windows、Mac、Wii、iPhone、WebGL（需要 HTML5）、Windows Phone 8 和 Android 平台。也可以利用 Unity Web Player 插件发布网页游戏，支持 Mac 和 Windows 平台的网页浏览，是一个全面整合的专业 3D 开发引擎。Unity 3D 的中文意思为"团结"，其核心含义是想告诉大家，游戏开发需要在团队合作基础上相互配合完成。时至今日，游戏市场上出现了众多种类的游戏，它们是由不同的游戏引擎开发的，而 Unity 3D 以其强大的跨平台特性与绚丽的 3D 渲染效果而闻名于世，现在很多商业游戏及虚拟现实产品都采用 Unity 3D 引擎来开发。

1. Unity 3D 引擎特点

Unity 3D 开发引擎目前之所以炙手可热，与其完善的技术以及丰富的个性化功能密不可分。Unity 3D 开发引擎易于上手，降低了对游戏开发人员的要求。下面对 Unity 3D 开发引擎的特色进行阐述。

1）跨平台

游戏开发者可以通过不同的平台进行开发。游戏制作完成后，游戏无须任何修改即可直接一键发布到常用的主流平台上。Unity 3D 游戏可发布的平台包括 Windows、Linux、MacOS X、iOS、Android、Xbox360、PS3 以及 Web GL 等。跨平台开发可以为游戏开发者节省大量时间。以往游戏开发中，开发者要考虑平台之间的差异，如屏幕尺寸、操作方式、硬件条件等，这样会影响到开发进度，给开发者造成巨大的麻烦，Unity 3D 几乎为开发者完美地解决了这一难题，将大幅度减少移植过程中的麻烦。

2）综合编辑

Unity 3D 的用户界面具备视觉化编辑、详细的属性编辑器和动态游戏预览特性。Unity 3D 创新的可视化模式让游戏开发者能够轻松构建互动体验，当游戏运行时可以实时修改参数值，方便开发，为游戏开发节省大量时间。

3）资源导入

项目可以自动导入资源，并根据资源的改动自动更新。Unity 3D 支持几乎所有主流的三维格式，如 3DMax、Maya、Blender 等。贴图材质自动转换为 Unity 3D 格式，并能和大部分相关应用程序协调工作。

4）一键部署

Unity 3D 只需一键即可完成作品的多平台部署，让开发者的作品在多平台呈现。

5）脚本语言

Unity 3D 集成了 MonoDevelop 编译平台，支持 C# 脚本语言。

6）联网

Unity 3D 支持从单机应用到大型多人联网游戏的开发。

7）着色器

Unity 3D 着色器系统具有易用性、灵活性、高性能等特点。

8）地形编辑器

Unity 3D 内置强大的地形编辑系统，该系统可使游戏开发者实现游戏中任何复杂的地形，支持地形创建和树木与植被贴片、自动的地形 LOD、水面特效，尤其是低端硬件也可流畅运行广阔茂盛的植被景观，能够方便地创建游戏场景中所用到的各种地形。

9）物理特效

物理引擎是模拟牛顿力学模型的计算机程序，其中使用了质量、速度、摩擦力和空气阻力等变量。Unity 3D 内置 NVIDIA 的 PhysX 物理引擎，游戏开发者可以用高效、逼真、生动的方式复原和模拟真实世界中的物理效果，如碰撞检测、弹簧效果、布料效果、重力效果等。

10）光影

Unity 3D 提供了具有柔和阴影以及高度完善的烘焙效果的光影渲染系统。业界现有的商用游戏引擎和免费游戏引擎数不胜数，其中最具代表性的商用游戏引擎有 UnReal、CryENGINE、Havok Physics、Game Bryo、Source Engine 等，但是这些游戏引擎价格昂贵，使游戏开发成本大大增加。而 Unity 公司提出了"大众游戏开发"（Democratizing Development）的口号，发布了任何人都可以轻松开发的优秀游戏引擎，使开发人员不再顾虑价格。

2. Unity 3D 的发展史

2004 年，Unity 3D 诞生于丹麦的阿姆斯特丹。

2005 年，Unity 1.0 版本诞生，此版本只能应用于 Mac 平台，主要针对 Web 项目和 VR 的开发。

2008 年，推出 Windows 版本，并开始支持 iOS 和 Wii，从众多的游戏引擎中脱颖而出。

2009 年，荣登 2009 年游戏引擎排名的前五，此时 Unity 3D 的注册人数已经达到了 3.5 万。

2010 年，Unity 3D 开始支持 Android，继续扩大影响力。

2011 年，开始支持 PS3 和 XBox360，此时全平台的构建完成。

2012 年，Unity Technologies 公司正式推出 Unity 4.0 版本，新加入对 DirectX 11 的支持和 Mecanim 动画工具，以及为用户提供了 Linux 及 Adobe Flash Player 的部署预览功能。

2013 年，Unity 3D 引擎覆盖了越来越多的国家，全球用户已经超过 150 万，引擎已经能够支持在包括 MacOS X、Android、iOS、Windows 等在内的十个平台上发布游戏。同时，Unity Technologies 公司 CEO David Helgason 发布消息称，游戏引擎 Unity 3D 今后将不再支持 Flash 平台，且不再销售针对 Flash 开发者的软件授权。

2014 年，发布 Unity 4.6 版本，更新了屏幕自动旋转等功能。

2016 年，发布 Unity 5.4 版本，专注于新的视觉功能，为开发人员提供了最新的理想实验和原型功能模式，极大地提高了其在 VR 画面展现上的性能。

2017 年，发布 Unity 2017 是 Unity 5 的继任者，它进行了大范围的优化，并增加了更多的功能，支持新的 XR 平台。受益于 Unity 和 Autodesk 之间的独家合作，可以更快地在 Maya/3DS Max 和 Unity 之间进行数据的导入和导出。并且普通用户可以激活个人版使用免费版本。

之后 Unity 都以年号为版本号，不断迭代新的版本。

3. Unity 3D 在游戏中的应用

Unity 3D 是目前主流的游戏开发引擎，有数据显示，全球最赚钱的 1000 款手机游戏中，有 30% 是使用 Unity 3D 开发出来的。尤其在 VR 设备中，Unity 3D 开发引擎具有统治地位。Unity 3D 能够创建实时、可视化的 2D 和 3D 动画、游戏，被誉为 3D 手游的传奇，孕育了成千上万款高质、超酷炫的神作，如《炉石传说》《神庙逃亡 2》《我叫 MT2》等。Unity 3D 行业前景广泛，在游戏开发、虚拟仿真、动漫、教育、建筑、电影等多个行业中得到广泛运用。

4. Unity 3D 在虚拟仿真教育中的应用

Unity 3D应用于虚拟仿真教育是教育技术发展的一个飞跃。它营造了自主学习的环境，由传统的"以教促学"的学习方式变为学习者通过自身与信息环境的相互作用来得到知识、技能的新型学习方式。

5. Unity 3D 在军事与航天工业中的应用

模拟训练一直是军事与航天工业中的一个重要课题，这为 Unity 3D 提供了广阔的应用前景。美国国防部高级研究计划局（DARPA）自 20 世纪 80 年代起一直致力于 SIMNET 的虚拟战场系统的研究，以提供坦克协同训练，该系统可连接 200 多台模拟器。另外，该系统利用 VR 技术，可模拟零重力环境，以代替现在非标准的水下训练宇航员的方法。

Unity 3D 分为 Personal（个人版）、Plus（加强版）、Pro（专业版）与 Enterprise（企业定制版）。其中，个人版为免费版本，加强版每月需花费 35 美元，专业版每月需花费 125 美元。如果公司的年收入或启动资金超过 10 万美金，则不能使用个人版；如果公司的年收入或启动资金超过 20 万美元，则不能使用加强版。而 Pro 版本可以不受年收入或启动资金的限制。其中的详细对比如图 2.1 所示。

图 2.1　Unity 3D 的三种版本

了解了 Unity 3D 的特点后，Unity 3D 具体安装步骤将通过任务实施指导读者完成。

Unity 3D
软件安装

■ **任务实施**

步骤 1 登录 Unity 3D 的官方下载地址，选择自己需要的版本，在此以 Unity Personal 版本为例进行介绍。选择订阅 Personal 版本，然后选择从 Hub 下载，如图 2.2 所示。

步骤2 登录注册好的 Unity 3D 账号就可以下载并安装 Hub，如图 2.3 所示。

图 2.2　下载 Hub

图 2.3　登录 Unity 3D 账号下载 Hub

步骤3 在 Hub 中单击安装，选择需要的 Unity 3D 版本，如图 2.4 所示

图 2.4　选择需要的 Unity 3D 版本

步骤4 选择开发所需要的组件，如图 2.5 所示。

步骤5 安装完成后在许可证管理中依次单击"激活新许可证→Unity 个人版→我不以专业身份使用 Unity →完成"，如图 2.6 所示。

本次任务实施完成，读者可以自行运行并检查效果。

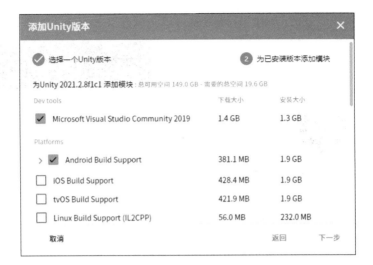

图 2.5　选择开发所需要的组件

图 2.6　激活 Unity 3D 个人版

任务 2.2　**Unity 3D 编辑器视图与脚本**

■ 学习目标

　　知识目标：熟悉 Unity 3D 各个视图窗口。
　　能力目标：了解 Unity 3D 各个视图窗口的常用功能及使用。

■ 建议学时

2 学时。

■ 任务要求

本任务会带领大家了解 Unity 3D 编辑器的常用功能、使用方法及如何访问游戏对象和组件。

 知识归纳

1. Unity 启动方法

启动 Unity 3D 后，会让用户选择打开已有的项目工程或者创建一个新的项目工程。如果列表中没有创建好的项目，可以单击界面右上方的"添加"按钮，选择需要打开的工程文件夹路径，如图 2.7 所示。

图 2.7　选择项目工程

当然，也可以新建一个空的项目工程，单击图 2.7 中的"新建"按钮，跳转到新建工程界面，在该界面输入项目的名称及项目工程文件的路径。需要注意的是，项目工程最好存放到非中文路径中。单击"创建"按钮即可创建一个项目工程文件，如图 2.8 所示。

2. Unity 3D 界面布局

当项目工程文件创建完成之后，Unity 3D 会自动打开这个工程。可以看到，Unity 3D 界面分为五大窗口和视图，分别为 Hierarchy 层级窗口、Scene 场景视图、Inspector 检视窗口、Project 项目窗口和 Game 游戏视图，如图 2.9 所示。

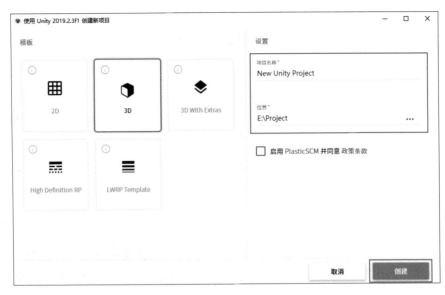

图 2.8　创建新工程项目

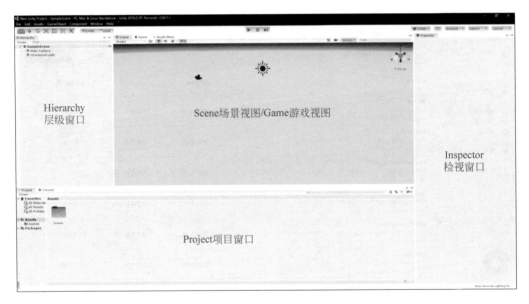

图 2.9　Unity 3D 界面布局

1）Hierarchy 层级窗口

Hierarchy 层级窗口包含当前场景中的所有对象，如模型、摄像机、界面、灯光、粒子等，这些将构成项目场景。可以在层级窗口中创建一些基本的模型，如立方体、球体、胶囊体、地形等，也可以创建灯光、声音、界面等。

下面学习如何创建一个立方体。单击层级窗口右上方的 Create 按钮或在层级窗口内右击，从弹出的快捷菜单中选择 3D Object，再选择子菜单中的 Cube 命令即可完成创建，如图 2.10 所示。

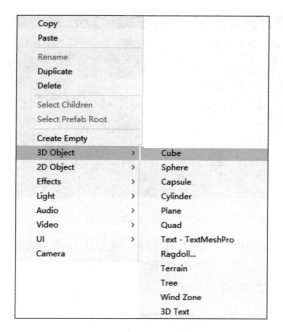

图 2.10　创建 3D 对象

　　还可以在层级窗口中改变对象的父子层级，如选中 A 对象，将其拖曳到 B 对象上，此时 A 对象就变成了 B 对象的子对象，如图 2.11（a）所示，而图 2.11（b）中的两个对象就不是父子关系了。

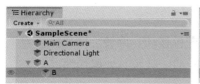
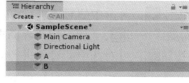

(a) 父子关系　　　　　　　　　　　　　　(b) 平级关系

图 2.11　层级窗口中对象之间的关系

2）Scene 场景视图

　　Scene 场景视图用于显示项目中的场景信息，在这个窗口中可以对项目场景中的组件进行调整，如图 2.12 所示。我们将使用场景视图来选择和定位玩家、敌人以及其他游戏对象。在场景视图中操作对象是最重要的功能之一，所以需要能够快速掌握这个功能。Unity 3D 提供了常用的按键操作。

　　（1）按住鼠标右键进入飞行模式，进入第一人称预览导航。其中按 W、A、S、D 键为前、后、左、右控制，按 Q、E 键为上、下控制。

　　（2）选择任意游戏对象后按 F 键，这会让选择的对象最大化显示在场景视图中心。按 Alt 键并单击拖曳，围绕当前轴心点动态观察。

　　（3）按 Alt 键并单击鼠标中键拖曳来平移观察场景视图。

　　（4）按 Alt 键并右击拖曳来缩放场景视图，和鼠标滚轮滚动作用相同。

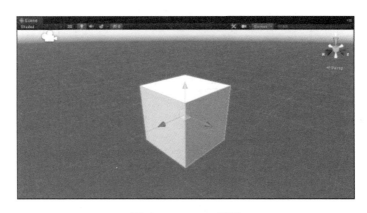

图 2.12　Scene 视图

以上是对 Scene 视图的操作，那么在 Scene 视图中如何完成对模型的移动、旋转、缩放等操作呢？这就用到了变换工具栏，分别为平移视角、对象移动、对象旋转、对象缩放、对 UI 界面的操作，如图 2.13 所示。

图 2.13　变换工具栏

平移视角按钮，在 Scene 视图中平移视角，不对模型等产生影响。

对象移动按钮，对选中的对象进行移动。

对象旋转按钮，对选中的对象进行旋转。

对象缩放按钮，对选中的对象进行缩放。

对 UI 界面操作按钮，仅针对 UI 界面进行移动、旋转、缩放操作。

对象复合按钮，可对选中的对象进行移动、旋转、缩放操作。

用户自定义按钮，用户可以自行设置操作。

3）Inspector 检视窗口

在 Inspector 检视窗口中可以查看和修改 Hierarchy 面板中的对象。在检视窗口中显示当前选中的对象，包括所有的附加组件和属性的详细信息。显示在检视窗口的任何属性都可以直接修改，即使脚本变量也可以修改，而无须修改脚本本身。

每个对象或者每类对象在检视窗口中显示的内容都不尽相同，下面以一个 Cube 为例来学习检视窗口，图 2.14 中的内容从上到下依次如下。

（1）当前选中对象（Cube）的名称。

（2）当前选中对象（Cube）的标签和所在层级。

（3）Transform：用于修改模型的位置、角度、比例信息。

（4）Cube（Mesh Filter）：模型的网格信息。

（5）Mesh Renderer：模型网格渲染器，可以控制对象是否接受或者产生阴影、指定模型材质球等功能。

（6）Box Collider：模型的碰撞体。

图 2.14 检视窗口

（7）Material：模型所使用的材质球。

在每一个组件右上方均有一个问号图标，单击这个问号可以链接到官方网站的用户手册中，其中详细地介绍了该组件。问号右边有一个齿轮状的图标，单击这个图标之后弹出一个菜单，可以对这个组件进行操作。以 Transform 组件为例进行介绍，如图 2.15 所示。

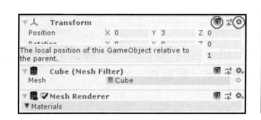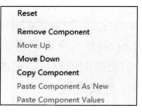

图 2.15 对"Transform"组件进行操作

齿轮状的图标中对应选项如下。

（1）Reset：重置这个组件。

（2）Remove Component：将这个组件移除。

（3）Move Up：将这个组件在检视窗口中上移，以提高执行顺序。

（4）Move Down：将这个组件在检视窗口中下移。

（5）Copy Component：复制这个组件。

（6）Paste Component As New：粘贴复制的组件。

（7）Paste Component Values：粘贴复制的组件中的值，只对同一类组件有效。

4）Project 项目窗口

在 Project 项目窗口的左侧显示作为层级列表的项目文件夹结构。通过单击从列表中选择一个文件夹，其内容会显示在窗口右侧。以标示资源类型的图标来显示各个资源（脚本、材质、子文件夹等），图标可以使用窗口底部的滑动条来调节大小，如果滑块移动到最左边，将重置为层级列表显示。滑动条左侧的窗口显示当前选择的项，如果是正在执行的搜索，将显示选择项的完整路径，如图 2.16 所示。

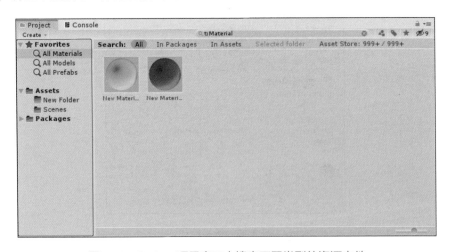

图 2.16　Project 项目窗口中搜索不同类型的资源文件

项目窗口中常见的资源有模型、材质球、贴图、脚本、动画、字体等。在项目窗口的左上角单击 Create 按钮，会出现一个下拉菜单，可以创建项目的相关资源，如图 2.17 所示。下面介绍其中一些比较常用的命令。

（1）Folder：创建一个文件夹，用于资源分类。

（2）C# Script：创建 C# 的脚本。

（3）Shader：创建一个着色器，专门用来渲染 3D 图形的一种技术。通过 Shader 可以自己编写显卡渲染画面的算法，使画面更漂亮、更逼真。

（4）Scene：游戏场景。

（5）Prefab Varian：预制体，场景中对象的克隆体。

（6）Audio Mixer：声音混合器。

（7）Material：材质球。

（8）Lens Flare：镜头光晕效果。

（9）Render Texture：渲染贴图。

（10）Lightmap Parameters：灯光贴图参数设置。

（11）Sprites：用于 UI 的精灵图。

（12）Animator Controller：动作控制器。

在项目窗口的右侧右击，会弹出如图 2.18 所示的快捷菜单。下面介绍其中一些比较常用的命令。

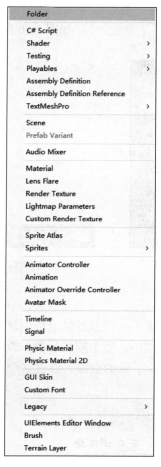

图 2.17　Create 下拉菜单　　　　　　　图 2.18　项目窗口的快捷菜单

（1）Create：创建资源。

（2）Show in Explorer：打开当前资源的文件夹。

（3）Open：打开当前选择的文件。

（4）Delete：删除当前选择的文件。

（5）Import New Asset...：导入新的资源，资源格式不限。

（6）Import Package：导入一个 Unity 包，格式为 ".unitypackage"。

（7）Export Package...：导出选择的 Unity 包。

（8）Select Dependencies：选择与当前文件有依赖的内容。

（9）Refresh：刷新窗口。

5）Game 游戏视图

Game 游戏视图是从相机渲染的，表示最终的、发布的项目，当用户运行项目时，必须使用一个或多个相机来控制。可以在 Game 游戏视图中选中相机进行移动、旋转或者控制视角来修改 Game 游戏视图中显示的内容，也可以选中相机在其 Inspector 中修改 Transform 属性来修改显示的内容，实际看到的是如图 2.19 所示的效果。

在 Game 游戏视图上方有三个控制按钮，分别为开始程序、暂停程序和逐帧运行游戏按钮，分别表示：开始当前程序、暂停已开始的程序、每单击一下播放一帧，如图 2.20 所示。

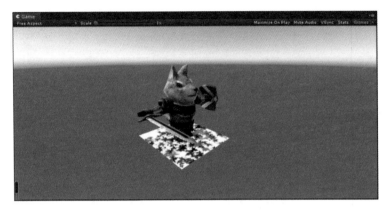

图 2.19　Game 游戏视图　　　　　　　　　　　图 2.20　控制按钮

3. Unity 3D 资源商城

Unity Asset Store 是一个资源库，其中包含 Unity Technologies 以及社区成员创建的免费资源和商业资源。这里提供各种资源，包括纹理、模型、动画、整个项目示例、教程和 Editor 扩展。可以从 Unity Editor 中内置的界面访问已购买和下载的资源，通过这个界面可直接将资源下载和导入项目中，如图 2.21 所示。

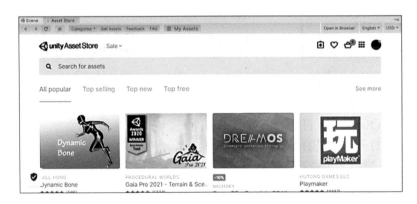

图 2.21　Unity 3D 资源商店

4. 脚本概述

本部分将介绍如何通过脚本控制 Unity Editor 中创建的对象，并详细说明 Unity 3D 的游戏功能与 Mono 运行时之间的关系。

1）MonoBehaviour 的生命周期

了解脚本第一件事就是要知道脚本的生命周期及 MonoBehaviour 的生命周期。Unity

3D 中创建的脚本默认都是继承自 MonoBehaviour 的九大生命周期，如表 2.1 所示。

表2.1　MonoBehaviour的九大生命周期

函 数 名	含　　义
Awake 函数	通常在加载场景时运行，游戏开始之前初始化或者是处在游戏状态（只执行一次）
OnEnable 函数	在激活脚本时调用（每次激活调用一次）
Start 函数	在第一次启动时执行，用于初始化游戏对象，在 Awake 函数之后执行（只执行一次）
FixedUpdate 函数	固定帧，频率调用，一般用于物理引擎，与硬件无关，可以在 Edit → Project Setting → Time → Fixed TimeStep 处修改
Update 函数	每一帧都在调用，跟计算机的硬件相关，不稳定。一般用于游戏行为
LateUpdate 函数	每帧 Update 调用之后，一般用于摄像机的跟随
OnGUI 函数	绘制 GUI 时调用，调用速度是上面的两倍
OnDisable 函数	和 OnEnable 函数成对出现，只要代码从激活状态变为取消激活状态就会执行一次，和 OnEnable 互斥
OnDestroy 函数	游戏对象，游戏组件销毁时调用

2）简单地获取游戏对象组件

在 Unity 3D 中，脚本可以被认为是由用户自定义的组件，并且可以添加到游戏对象上来控制游戏对象的行为，而游戏对象则可以被视为容纳各种组件的容器。

一个游戏对象可能由多个组件构成，这些组件相互协作我们才能在场景中看到游戏对象应有的效果。而编写脚本的目的就是用来定义游戏对象的行为，因此我们会经常需要访问游戏对象的各种组件并设置组件参数。对于系统内置的常用组件，Unity 3D 提供了非常便利的访问方式，只需要在脚本里直接访问组件对应的成员变量即可，这些成员变量定义在 MonoBehavior 中并被脚本继承。

如果游戏对象身上不存在某组件，那么该组件对应的变量值为空值（null）。

如果要访问的组件不属于上面常用的组件，或者访问的是游戏对象上的脚本（脚本属于自定义组件），可以通过下表 2.2 中的函数来获取组件的引用。

表2.2　获取组件的函数

函 数 名	含　　义
GetComponent	获取组件
GetComponents	获取组件列表，返回的是一个数组
GetComponentInChildren	获取对象或对象子对象上的组件
GetComponentsInChildren	获取对象或对象子对象上的组件列表

■ 任务实施

步骤 1　创建平面对象 Plane。依次执行 GameObject → 3D Object → Plane 命令，此时在 Scene 视图中出现了一个平面，在右侧的 Inspector 窗口中设置平面位置 Position（0，0，0）。

Unity 3D
编辑器视
图与脚本

步骤2 创建立方体对象 Cube。执行菜单栏中的 GameObject → 3D Object → Cube 命令，创建一个立方体盒子，在右侧的 Inspector 窗口中设置立方体盒子的位置 Position（0，3，0），如图 2.22 所示。

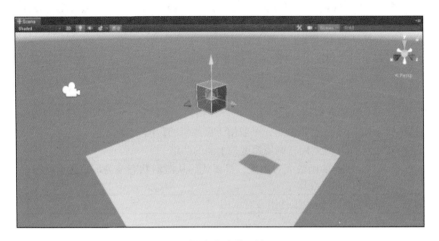

图 2.22　创建立方体对象 Cube

步骤3 添加脚本。在 Hierarchy 中单击立方体对象 Cube，在右侧出现的 Inspector 窗口中依次单击 Add Component → New script → Create and Add 命令，添加一个脚本，如图 2.23 所示。

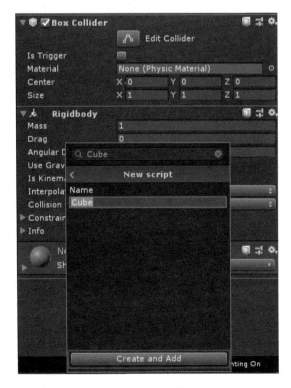

图 2.23　添加脚本

步骤4　添加刚体组件。在 Hierarchy 中单击 Cube，在右侧的 Inspector 窗口中依次单击 Add Component→Rigidbody 命令，然后将 Rigidbody 中的 Use Gravity 后面的勾选去掉，如图 2.24 所示。

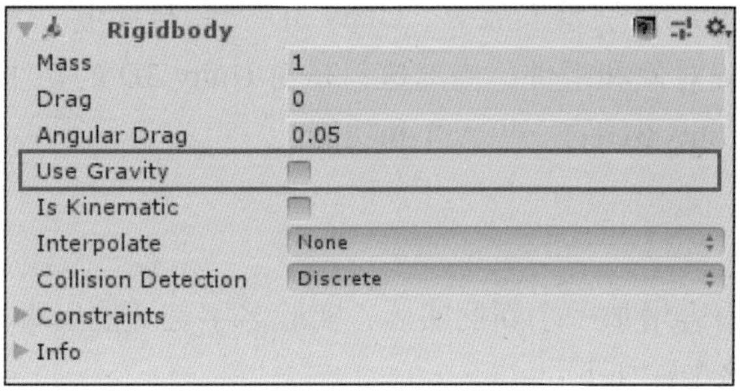

Rigidbody	
Mass	1
Drag	0
Angular Drag	0.05
Use Gravity	☐
Is Kinematic	☐
Interpolate	None
Collision Detection	Discrete
▶ Constraints	
▶ Info	

图 2.24　添加刚体组件

步骤5　双击打开脚本，输入下列代码。

【代码】

```
public class NewBehaviourScript : MonoBehaviour{
    GameObject cube;
    void Start(){
        cube = GameObject.Find("Cube") as GameObject;
    }
    void Update(){
        if (Input.GetMouseButton(0)) {
            cube.GetComponent<Rigidbody>().useGravity = true;
        }
    }
}
```

步骤6　单击 Play 按钮进行测试，单击 Cube 从空中下落。运行效果如图 2.25 所示。

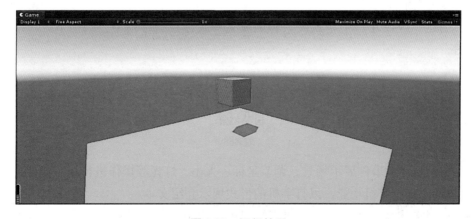

图 2.25　运行效果

35

本次任务实施完成，读者可以运行检查效果。

■ 项目小结

本项目学习了 Unity 3D 引擎发展史、Unity 3D 安装与环境、Unity 3D 编辑器的界面布局以及如何访问游戏对象和组件。当然这只是对 Unity 3D 的初步了解，后期可以通过各色项目来逐步了解 Unity 3D 的一些 API 和功能。

项目自测

1. 基于以上项目内容增加一个新的实验，实验名字是"使用脚本获取游戏组件"，请实现该实验功能。实验步骤如下：

```
public class NewBehaviourScript : MonoBehaviour{
    GameObject cube;
    void Start() {
        cube = GameObject.Find("Cube") as GameObject;
    }
    void Update() {
        if (Input.GetMouseButton(0)){
            cube.GetComponent<Rigidbody>().useGravity = true;
        }
    }
}
```

2. 赛题：百年光辉历程，百年丰功伟绩，2021 年是中国共产党成立一百周年。中国共产党创建于 1921 年，是中国工人阶级的先锋队，同时是中国人民和中华民族的先锋队，是中国特色社会主义事业的领导核心，代表中国先进生产力的发展要求，代表中国先进文化的前进方向,代表中国最广大人民的根本利益,是中国的唯一执政党。此案例主要围绕"红色中国，建党百年，璀璨党史"为主题制作一个讲述中国共产党建党 100 周年内所发生的关键性的转折大事件。

（1）创建"1949 年—中华人民共和国成立—底盘"三维模型，扫描下方二维码，参考效果图。

效果图

（2）构建百年大事件展示场景，调节坐标、大小、灯光等操作进行场景集成。为导引提示 UI 界面添加打字机功能，以打字机的形式展示介绍文本。

（3）通过单击按钮或模型（如使用按钮可自行添加，使用模型可单击场景内事件名称模型对象），单击（模型或按钮）后打开菜单栏窗口，菜单栏窗口需要以下功能：①文本介绍功能（以文本信息的形式介绍当前事件的背景意义等信息）；②视频介绍功能（以视频的形式介绍当前事件的背景）；③控制背景音效开关功能（可控制项目背景音效是否播放）。

（4）添加模型交互功能。对集成场景内的事件标志性对象模型添加交互功能，功能包括（模型拖曳、模型放大缩小、模型旋转等功能）。

第二篇
基本操作篇

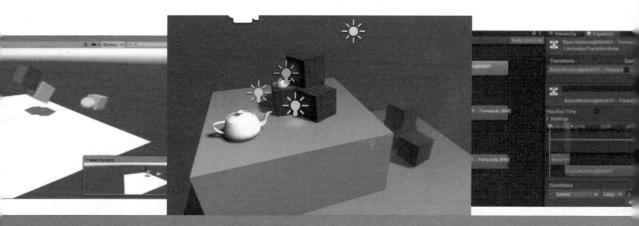

故不积跬步，无以至千里；不积小流，无以成江海。

——战国 荀子

项目3

使用Unity 3D进行虚拟现实的基本开发

项目导读

Unity 3D 让虚拟现实开发变得简单。使用 Unity 3D 时，不需要有多年的技术积累，也不需要有任何艺术方面的技能，只需要学习和掌握一些基本的概念和工作流程，就可以使用 Unity 3D 进行虚拟现实开发了。当然，学习的过程少不了实践和练习，要想用好 Unity 3D，需要花费时间对引擎功能和相关技术有深入的理解。而 Unity 3D 作为一种虚拟现实引擎，很多功能的使用还是离不开编写脚本的，所以本章也会介绍脚本开发的相关内容。

学习 Unity 3D 最大的好处是不需要等完全学会了所有功能以后才能进行虚拟现实开发，完全可以在掌握了最基本的概念和使用方法之后，就可以尝试虚拟现实开发。刚开始制作的原型可能会比较简单，但随着学习的深入，会发现项目功能和效果越来越丰富，可以解决的问题也越来越多。通过这种方式,还会发现学习 Unity 3D 是一件非常自然的事情，随着时间的推移和经验的积累，开发技术也会越来越成熟。

在项目 2 学习了 Unity 3D 的基础操作，对引擎界面已经有了大致的了解。本项目开始正式学习 Unity 3D 虚拟现实开发，首先将从解释 Unity 3D 的核心概念开始，逐步介绍虚拟现实开发中常用到的知识和基本操作，同时还会学习脚本的基础知识。

本项目作为整本书的核心基础，建议在学习时一边阅读，一边练习。读者只要好好理解本章，就可以在较短时间内学会 Unity 3D 的大部分使用方法，实现事半功倍的效果。

学习目标

- 熟悉 Unity 3D 虚拟现实开发的概念与工作流程。
- 了解 Unity 3D 软件基本操作及使用方法。

职业素养目标

- 解决问题时的逆向思维能力。
- 加强自主学习能力以及团结协作意识。
- 提高项目中团队之间的沟通能力。
- 熟练掌握虚拟现实开发的功能实现与关键技术能力。

职业能力要求

- 具有一定的开发引擎功能和关键技术的基础知识。
- 熟练掌握虚拟现实开发相关软件的使用。
- 具有一定的项目开发能力，能够独立完成项目中的功能需求。
- 具有良好的自学能力，在工作中能够灵活利用互联网查找信息并解决实际问题。
- 具有团队协作能力、人际交往和善于沟通的能力，在工作中能够协同他人共同完成工作。

项目重难点

项目内容	工作任务	建议学时	技 能 点	重 难 点	重要程度
使用 Unity 3D 进行虚拟现实的基本开发	任务 3.1 对象操控与场景保存	1	学习对象操控与场景保存	了解 3D 坐标系	★★★★☆
				世界坐标系与本地坐标系	★★★★☆
				对象的操作	★★★★☆
				场景的概念	★★★★☆
	任务 3.2 组件与脚本使用	3	学习基础组件与对应函数的使用	组件概念	★★☆☆☆
				变换组件	★★★★☆
				使用、添加、编辑组件与组件选项菜单	★★★☆☆
				测试属性	★★☆☆☆
				创建和使用脚本	★★★★☆
				常用的事件函数	★★★★☆
				特定事件的相应函数	★★★★☆
	任务 3.3 标签与预制体	2	了解标签与预制体的作用	标签概念与使用方法	★★★☆☆
				预制体念与使用方法	★★★★☆
	任务 3.4 设备的输入	2	常用设备输入的获取和使用	输入的基本概念	★★☆☆☆
				传统输入设备与虚拟输入轴	★★★★☆
				移动设备的输入	★★★★☆
	任务 3.5 灯光设置	2	灯光的种类和使用	灯光的种类	★★★☆☆
				灯光设置详解	★★★☆☆
				灯光的使用	★★★★☆

任务 3.1 　 对象操控与场景保存

■ 学习目标

知识目标：了解 Unity 3D 坐标系以及世界坐标系与本地坐标系的区别之处，了解 Unity 3D 游戏开发场景的概念。

能力目标：学会 Unity 3D 中对象的创建，掌握对象的相关平移、旋转、缩放等操作，学会场景的保存及开发。

■ 建议学时

1 学时。

■ 任务要求

本任务是学习 Unity 3D 的世界坐标系、屏幕坐标系、视口坐标系、GUI 坐标系，Unity 3D 虚拟现实开发场景的概念。Unity 3D 虚拟现实开发需要使用场景。一个项目可以有多个场景，每个场景负责一个地图或者一片区域、项目界面的显示，因此场景非常重要。这里读者需要学会对象的基本操作，在 Unity 3D 内对象的平移、旋转、缩放以及矩形变换的变换操作，也要学会场景的保存及开发。

知识归纳

1．了解 3D 坐标系

1）3D 坐标系的概念

无论是 2D 还是 3D 游戏开发，图形学都是基础，解析几何的基本思想是将几何图形抽象成点的运动轨迹。点可以作为组成图形的基本元素，而描述一个点的位置首先需要建立合适的坐标系，再从代码层面来理解。在调用任何需要设置位置的函数，或从函数获取位置信息前，必须要明确这个函数使用哪个坐标系。有了清晰的坐标系认识，才能帮助使用者更顺畅地理解虚拟世界。

2）Unity 3D 的四种坐标系

（1）世界坐标系。世界坐标系是按照笛卡儿坐标系定义出来的绝对坐标系，下面的各种坐标系都建立在世界坐标系的基础上。我们知道二维平面内任意一个点可以用二维坐标 (x, y) 来表示，如果将这个概念延伸到三维空间内，那么三维空间内任意一个点都可以用三维坐标 (x, y, z) 来表示。Unity 3D 采用的是左手笛卡儿坐标系。在 Unity 3D 中我们可以使用 transform.position 来获取场景中一个对象的世界坐标系，通常情况下编辑器中的 Inspector 窗口是以世界坐标系来描述一个 3D 对象的位置的，而当一个 3D 对象存在父对象的时候，它会以相对坐标来描述其位置。

（2）屏幕坐标系。屏幕坐标系是以像素来定义的，它的范围是以左下角为（0，0），右上角为（Screen.width，Screen.height）定义的这样一个矩形。屏幕坐标是一个 3D 坐标，Z 轴是以相机的世界单位来衡量的。屏幕坐标和相机之间满足：Screen.width=Camera.pixelWidth 和 Screen.height=Camera.pixelHeight 这两个条件。例如，我们将相机正对着场景中的原点（0，0，0），相机的 Z 轴分量为 –10，按照屏幕坐标的定义，假设屏幕为 800 像素 ×640 像素的大小，则此时原点转化为屏幕坐标后应该是（400，320，10）。在 Unity 3D 中我们可以使用 WorldToScreenPoint 来将一个世界坐标转换为屏幕坐标，而鼠标位置 Input.mousePosition 获取的是屏幕坐标。例如，一个场景中分辨率为 1024 像素 ×768 像素，如果屏幕被缩小至 100 像素 ×100 像素，那么窗体中的场景大小被更改为 100 像素 ×100 像素，而不是分辨率的 1024 像素 ×768 像素保持不变。

（3）视口坐标系。视口坐标系是标准化后的屏幕坐标。标准化的概念我们可以引申到向量的标准化中，比如一个向量（x，y）将过标准化后可以得到一个单位向量（x'，y'）。类似地，视口坐标是以 0 到 1 间的数字来表示的，它的范围是以左下角为（0，0），右上角为（1，1）定义的这样一个矩形。视口坐标是一个 3D 坐标，Z 轴是以相机的世界单位来衡量的。通过对比可以发现视口坐标和屏幕坐标特别的相似，所以这里大家可以对比着来学习。例如，我们将相机正对着场景中的原点（0，0，0），相机的 Z 轴分量为 –10，按照屏幕坐标的定义，假设屏幕为 800 像素 ×640 像素的大小，则此时原点转化为视口坐标后应该是（0.5，0.5，10）。

（4）GUI 坐标系。GUI 坐标是指通过 OnGUI 方法绘制 UI 时使用的坐标。这个坐标系和屏幕坐标类似，它同样是以像素来定义的，其范围是以左上角为（0,0），右下角为（Screen.width，Screen.height）定义的一个矩形。GUI 坐标是一个 2D 坐标（绝对坐标）。使用绝对坐标来布局是没有办法做自适应的，UI 自适应的一个主要观点就是不要使用绝对坐标。

2. 世界坐标系与本地坐标系

1）世界坐标系

原点：世界的中心。

轴向：世界坐标系的三个轴向是固定的。

相关 API 如下。

- transform.position：位置坐标。
- transform.rotation：四元数。
- transform.eulerAngles：欧拉角。
- transform.lossyScale：有损缩放。

对象根据世界坐标系移动，如图 3.1 所示。

2）本地坐标系

原点：对象的中心点（建模时决定，一般都是对象的中心点）。

轴向：对象右方为 X 轴正方向、对象上方为 Y 轴正方向、对象前方为 Z 轴正方向。

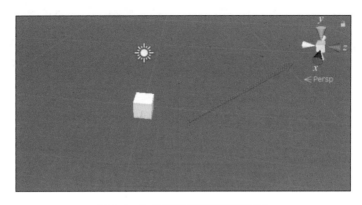

图 3.1　对象根据世界坐标系移动

相关 API 如下。

- transform.localPosition：本地坐标。
- transform.localRotation：本地四元数。
- transform.localEulerAngles：本地欧拉角。
- transform.localScale：本地尺寸。

对象根据自己的父对象决定，如图 3.2 所示。

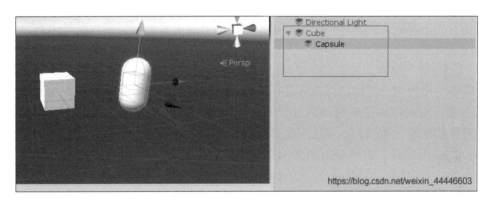

图 3.2　对象根据父对象移动

3）世界坐标系与本地坐标系相互转换的 API

- transform.localToWorldMatrix：本地坐标转世界坐标的矩阵信息。
- transform.worldToLocalMatrix：世界坐标转本地坐标的矩阵信息。
- transform.TransformDirection：将方向从本地坐标转换为世界坐标，不受缩放影响。
- transform.InverseTransformDirection：将方向从世界坐标转换为本地坐标，不受缩放影响。
- transform.TransformPoint：将位置从本地坐标转换为世界坐标，受缩放影响。
- transform.InverseTransformPoint：将位置从世界坐标转换为本地坐标，受缩放影响。
- transform.TransformVector：将坐标点从本地坐标转换为世界坐标，不受位置影响但受缩放影响。

- transform.InverseTransformVector：将坐标点从世界坐标转换为本地坐标，不受位置影响但受缩放影响。

3. 对象的操作

1）移动、旋转、缩放以及矩形变换

如图 3.3 所示的前 5 个图标对应了键盘上的 QWERTY 键位，可以直接使用快捷键进行操作。

图 3.3　移动、旋转、缩放等快捷键图标

（1）移动。可移动的图标在场景中以三个箭头表示，既可以分别拖曳三个独立的箭头来修改对象在 X 轴、Y 轴、Z 轴的位置，也可以拖曳三个箭头两两之间的小平面让对象在该平面上移动。

还有一种有用的操作方法：按住 Shift 键时，图标会变成一个扁平的方块。这个扁平方块表示这时拖曳对象会让对象在垂直于当前视线的平面上移动。

（2）旋转。选中旋转工具后，就可以拖曳窗口中对象中间表示旋转的图标。旋转轴分为红、绿、蓝三种颜色，X 轴、Y 轴、Z 轴分别与之对应，以三个轴为中心进行旋转。最后，最外面还有一个两层大的圆球，可以用来让对象沿着从屏幕外到屏幕内的轴进行旋转，可以理解为当前屏幕空间的 Z 轴。

（3）缩放。缩放工具用来改变对象的比例，可以同时沿 X 轴、Y 轴、Z 轴放大，也可以只缩放一个方向。具体的操作方法可以尝试拖曳红、绿、蓝三个轴的方块，还有中间白色的方块。需要特别注意的是，由于 Unity 3D 的对象具有层级关系，父对象的缩放会影响子对象的缩放。所以，不等比缩放可能会让子对象处于一个奇怪的状态。

（4）矩形变换。矩形变换通常用来给 2D 元素定位，但是在给 3D 对象定位时，它也是有用的。它把旋转、位移、缩放的操作统一为一种图标。

- 在矩形范围内单击并拖曳，可以让对象在该矩形的平面上移动。
- 单击并拖曳矩形的一条边，可以沿一个轴缩放对象的大小。
- 单击并拖曳矩形的一个角，可以沿两个轴缩放对象的大小。
- 当把鼠标光标放在靠近矩形的点的位置，但又不过于靠近时，鼠标指针会变成可旋转的标识，这时拖曳鼠标就可以沿着矩形的法线旋转对象。

注意：在 2D 模式下，无法将对象沿两个轴方向同时进行旋转、位移和缩放。这种限制其实是很有用的，矩形变换工具一次只能在一个平面上进行操作，将场景视图的当前视角转到另一个侧面，就可以看到矩形图标出现在另一个方向，这时就可以操作另一个平面。

2）具体的操作说明

（1）按 W 键进入移动操作。立方体内的三个平面（红、蓝、绿）选中后可以在对应的平面范围内移动，选中轴以后可以在对应轴上移动，如图 3.4 所示。

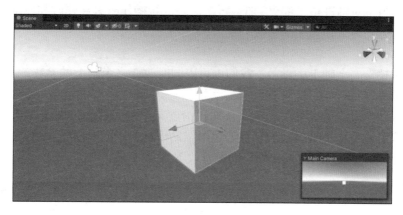

图 3.4　进行移动操作

（2）按 E 键进入旋转操作。选中对应圆圈即可进行相应操作，如图 3.5 所示。

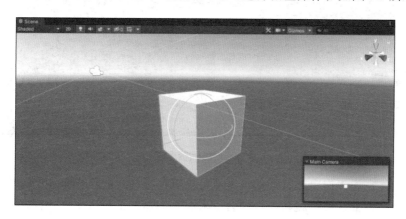

图 3.5　进行旋转操作

（3）按 R 键进入缩放操作。拖曳边缘三个小方块则沿轴缩放，拖曳中间的白色方块等比例缩放，如图 3.6 所示。

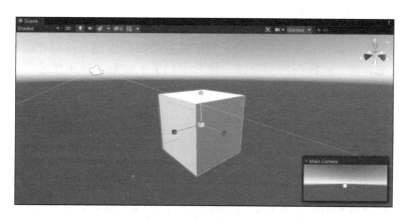

图 3.6　进行缩放操作

进行拖曳时，被选择的轴会变成黄色呈现出激活的状态，而且旋转和缩放的情况也是如此。这样相当于对轴进行了约束，那么再对对象进行操作时只会修改和该轴有关的参数，而不会影响到另外两个轴相关的参数。

3）特殊的操作

除了只调整某一个轴上的参数，我们也可以同时改变多个轴上的参数，如图 3.7 所示。但是改变多个值时，三种工具（位移、旋转、缩放）的具体操作略有区别。对于移动操作来说，可以同时修改两个轴上的位置，也就是让对象沿着某个平面移动。例如，沿着 XZ 平面移动，具体做法是拖曳两个轴之间的平行四边形辅助线框，一共有 XY、YZ、XZ 三个平面。拖曳图 3.7 中圆圈所标注的区域，即可同时修改 X 轴和 Z 轴的位置。

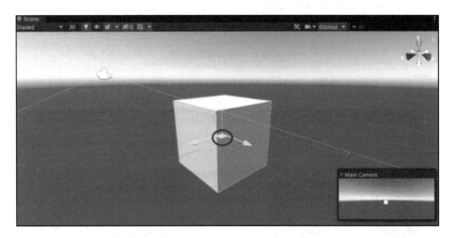

图 3.7　激活多个轴

对旋转操作来说，拖曳非轴线的位置就可以自由旋转对象。但是在实际操作中，建议还是尽可能沿一个轴线进行旋转，否则会带来混乱。缩放工具也不太一样，因为等比例缩放可能比沿某一个轴缩放更为常用，所以缩放工具的辅助线框提供了可操纵四个点的辅助框，分别是周围的红色、绿色、蓝色方块以及中央的白色方块。拖曳三个轴上的方块可以让对象只沿一个轴缩放。当需要等比例缩放对象，选择激活中央白色的方块进行放大和缩小物体。如图 3.8 所示。

4）追踪对象

具体观察一个对象时，如果需要将它置于视野范围的中间，可以在层级窗口中选中该对象，然后按 F 键，这样视野就会以对象为中心了；如果对象正在运动，使用 Shift+F 组合键就可以一直跟踪对象。这两种功能分别对应主菜单中的 Edit → Frame Selected 和 Edit → Lock View to Selected 命令。

4. 场景的概念

场景包含了游戏的环境、菜单、角色和 UI 元素。在设计游戏时，通常会把游戏划分为多个场景来分别实现。可将每个唯一场景文件视为一个唯一关卡。在每个场景中，都可以放置环境、障碍物和装饰（如花、草、树木等），实际上就是以碎片化的方式设计和构建游戏。在设计游戏时，可以将游戏划分为多个场景来分别实现。

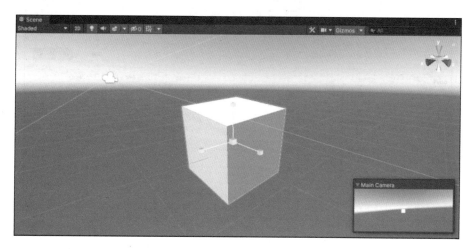

图 3.8 等比例缩放对象

图 3.9 是一个新建的空白场景，默认带有一个主摄像机（Main Camera）和一个方向光源（Directional Light）。

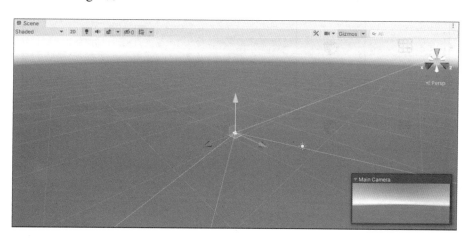

图 3.9 Unity 3D 空白场景

创建新的 Unity 3D 项目时，Scene 视图将显示一个新场景。除了主摄像机（称为 Main Camera）和方向光源（称为 Directional Light）外，此场景没有其他对象。

━━━

■ 任务实施

步骤1 打开 UnityHub，如图 3.10 所示。

步骤2 单击新建按钮，创建一个新的工程，对其命名并保存到本地，如图 3.11 所示。

步骤3 单击图 3.11 中的"创建"按钮，打开了一个默认场景，如图 3.12 所示。

对象操控与场景保存

49

图 3.10　打开 UnityHub

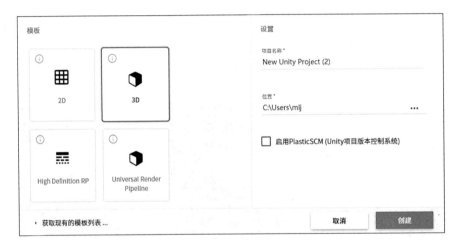

图 3.11　创建新场景

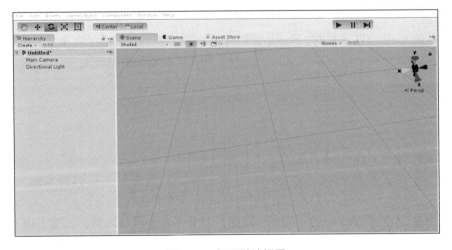

图 3.12　打开默认场景

步骤4 在场景中创建一个正方体，如图 3.13 所示。

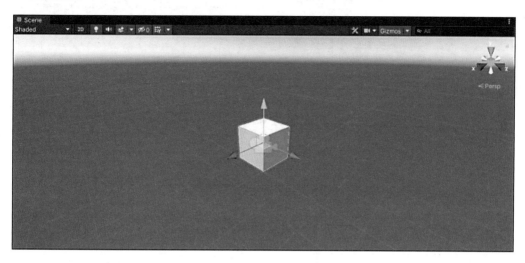

图 3.13 创建 Cube

步骤5 观察对象中心点，以及 Inspector 窗口上 Position 成员中 $x=0$、$y=0$、$z=-10$ 就是对象的位置坐标，即 Position 值为（0，0，-10），如图 3.14 所示。

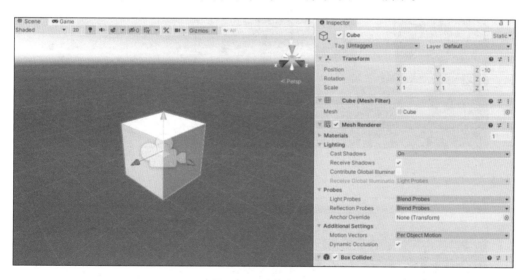

图 3.14 对象中心点

步骤6 在 Inspector 窗口中修改位置（Position）坐标为（5，5，5），也可以选中 Cube 按下 W 键在 Scene 中拖曳箭头修改坐标，如图 3.15 所示。

步骤7 在 Inspector 窗口中修改旋转（Rotation）坐标为（45，45，45），也可以选中 Cube 按下 E 键在 Scene 中拖曳对应的弧线进行旋转，如图 3.16 所示。

步骤8 在 Inspector 窗口中修改缩放（Scale）坐标为（45，45，45），也可以选中 Cube 按下 R 键在 Scene 中拖曳方块修改比例大小，如图 3.17 所示。

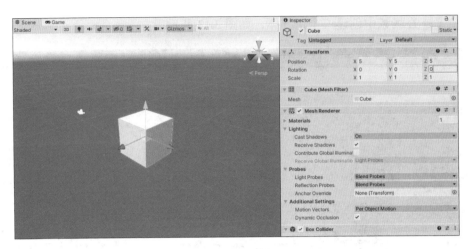

图 3.15　移动对象

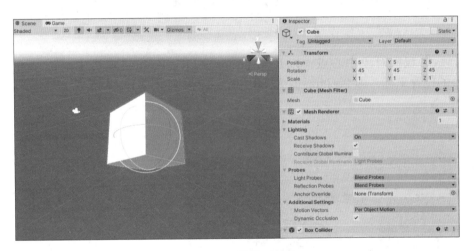

图 3.16　旋转对象

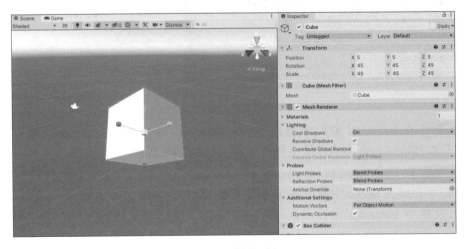

图 3.17　缩放对象

步骤9 要保存当前正在处理的场景，在主菜单中依次选择 File → Save Scene 命令，或者按下 Ctrl+S 组合键，会弹出一个对话框要求为需要保存的场景命名，如图 3.18 所示，这里命名为 test。

图 3.18　保存场景

步骤10 将场景作为资源以 ".unity" 为后缀保存在项目的 Assets 文件夹中。这意味着它们将与其余的资源一起出现在 Project 窗口中，如图 3.19 所示。

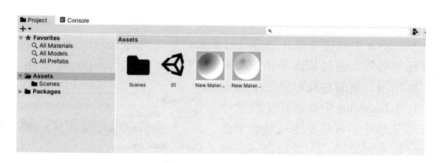

图 3.19　Project 窗口

本次任务实施完成，读者可以运行检查效果。

任务 3.2 组件与脚本使用

■ 学习目标

知识目标：掌握 Unity 3D 中变换组件和其他组件的概念；掌握 Unity 3D 中脚本的概念以及常用的事件函数（常规更新事件和初始化事件）。

能力目标：学会如何添加组件、编辑组件以及编辑变换组件的关键技术；学会 Unity

3D 中脚本的创建及使用、如何用变量引用游戏对象、查找游戏对象的方式。

 建议学时

3 学时。

 任务要求

在游戏开发中，脚本的学习是必不可少的。本任务就是了解组件的基本概念，包括变换组件和其他组件的相关知识，学会添加组件、编辑组件以及编辑变换组件。同时还需要学习 Unity 3D 中脚本的概念以及常用的事件函数，并且学会在 Unity 3D 中创建和使用脚本、用变量引用游戏对象、查找游戏对象的方法。

知识归纳

1. 组件

组件是在游戏对象（Game Object）中实现某些功能的集合，一个游戏对象包含多个组件。无论是模型、GUI、灯光还是摄像机，所有游戏对象本质上都是一个空对象，挂载了不同类别的组件，从而让游戏对象拥有不同的功能。

下面通过最常见的组件，即变换组件（Transform），来举例说明游戏对象和组件之间的关系。

可以在 Inspector 中通过查看新的游戏对象来查看变换组件：在 Unity Editor 中的任何项目中打开任何场景，通过依次单击菜单 Game Object → Create Empty 创建新的游戏对象，如图 3.20 所示。新的游戏对象处于预先选中状态，并在 Inspector 中显示其变换组件（注：如果未预先选中，可单击游戏对象来查看其 Inspector）。新的空游戏对象包含一个名称（默认值为 Game Object）、一个 Tag（默认值为 Untagged）和一个 Layer（默认值为 Default），以及一个变换组件。

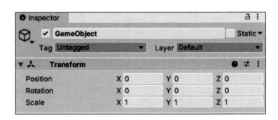

图 3.20　游戏对象处于预先选中状态

　1）变换组件

变换组件确定场景中每个对象的 Position、Rotation 和 Scale。每一个游戏对象都有一个变换组件。在 Editor 中无法创建不含变换组件的游戏对象。

变换组件还支持名为"父子化"的概念，这一概念对于使用游戏对象很重要。要详细了解变换组件和父子化，请参阅后面变换组件的属性列表。

　2）其他组件

变换组件对于所有游戏对象都至关重要，每个游戏对象都有一个变换组件，但游戏对象还可以包含其他组件，每一种组件都有相对应的功能。部分类型的组件和变换组件一样，每个游戏对象只允许有一个，但可以同时包含多个其他组件。

默认情况下，每个场景都有一个主摄像机（Main Camera）游戏对象。主摄像机具有若干组件，如图 3.21 所示。

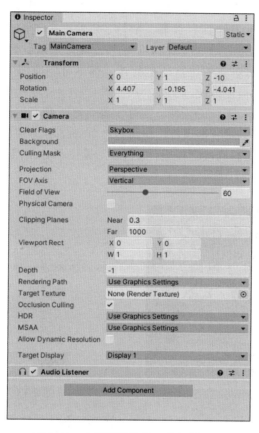

图 3.21 主摄像机的若干个组件显示

通过查看主摄像机游戏对象的 Inspector，可以看到部分其他组件：Camera 组件、GUILayer、Flare Layer 和 Audio Listener。所有这些组件都为此游戏对象提供功能，它们的组成实现了一个功能较为完整的主摄像机。

还可以向游戏对象中添加刚体组件（Rigidbody）、碰撞体组件（Collider）、粒子系统（Particle System）和音频组件（Audio）等各种不同的组件。

2. 最基本的组件——变换组件

1）属性列表

每个对象都有一个变换（Transform）属性，如表 3.1 所示。

表3.1 变换组件的属性列表

属　性	功　能
位置（Position）	X、Y 和 Z 坐标中变换（Transform）的位置
旋转（Rotation）	变换（Transform）围绕 X、Y 和 Z 轴的旋转，以度计量
缩放（Scale）	变换（Transform）沿 X、Y 和 Z 轴的缩放。"1"是原始大小（对象被导入时的大小）

变换组件的所有属性（位置、旋转和缩放）都是参照它的父级进行测量的。如果变换组件无父级，则参照世界坐标空间（World Space）测量属性。

2）编辑变换组件

在三维空间中，变换组件具有 X 轴、Y 轴、Z 轴三个轴的参数，而 2D 空间中只有 X 轴和 Y 轴的参数。在 Unity 中的 X 轴、Y 轴、Z 轴分别以红色、绿色和蓝色表示，如图 3.22 所示，不论是表示对象的位置还是旋转，都尽可能地用同样的颜色来展示，这样使用者在熟悉之后就会觉得很方便。

修改对象位置、旋转、缩放的操作，实际上就是修改变换组件的参数。

可以在 Scene 视图中编辑变换组件，也可以在 Inspector 中更改其属性。在场景中，可以使用移动、旋转和缩放工具修改变换组件。这些工具位于 Unity Editor 的左上角，如图 3.23 所示。

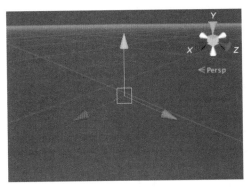

图 3.22　一个用颜色标示不同轴的变换组件

图 3.23　变换组件工具

变换组件工具可用于场景中的任何对象。单击对象时，对象中将出现工具辅助图标，其外观取决于选择的工具，如图 3.24 所示。

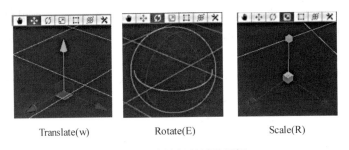

Translate(w)　　　　　Rotate(E)　　　　　Scale(R)

图 3.24　变换组件辅助图标

单击并拖曳三个辅助图标轴的其中一个轴时，该轴的颜色变为黄色；拖曳鼠标时，对象将沿选定轴移动、旋转或缩放；松开鼠标按键时，该轴保持选中状态，如图 3.25 所示。

在移动模式中还有一个附加选项可以锁定面向特定平面的移动（即允许在两个轴上拖曳的同时保持第三个轴不变）。围绕移动辅助图标中心的三个小彩色方块（蓝色、红色、黄色）可激活每个平面的锁定功能。这些小彩色方块对应于单击方块时将锁定的轴（如蓝色锁定 Z 轴、黄色锁定 Y 轴、红色锁定 X 轴）。

3）父子关系

所有游戏对象的 Transform 组件中的 position、rotation 和 Scale 属性都是相对于父对象而言的。通过右击 Inspector 窗口名称来选择 Debug 模式进行查看，如图 3.26 和图 3.27 所示。

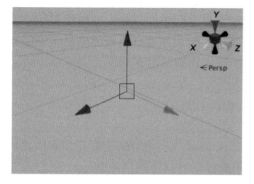

图 3.25 一个已选中（黄色高亮）X 轴的变换组件

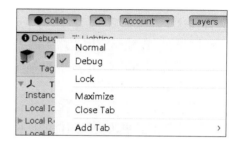

图 3.26 右击 Inspector 窗口

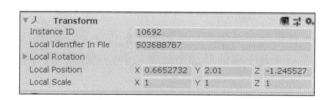

图 3.27 选择 Debug 模式进行查看

父子关系是 Unity 3D 中重要的基本概念之一。在 Hierachy 窗口中将一个游戏对象拖曳另一个游戏对象的下面时，这两个对象就组成了父子对象；当一个对象是另一个对象的父对象时，子对象会严格地随着父对象一起移动、旋转、缩放。也就是说，子对象会随着父对象的变化而变化，但是子对象发生变化时，父对象不动。一个父对象可以有多个子对象，但是一个子对象只能有一个父对象，这种父子关系组成一个树状的层级结构，最基层的那个对象是唯一不具有父对象的对象被称为根节点。

在 Unity 3D 中，由于对象的移动、旋转、缩放与父子关系密切相关，所以游戏对象的层级结构完全可以理解为变换组件的层级结构。由于游戏对象和变换组件是一一对应的，所以这两种理解方式相对来说是等价的。

4）非一致缩放的限制

非一致缩放是指变换组件中的 Scale 属性具有不同的 X、Y 和 Z 值；例如（2，4，2）。相反，一致缩放则具有相同 X、Y 和 Z 值，如（3，3，3）。在一些特殊情况下，非一致缩放可能很有用，但这种缩放方式会导致一致缩放所没有的一些奇怪现象，具体如下。

（1）某些组件不完全支持非一致缩放。例如，有些组件具有由 radius（半径）属性定义的圆形或球形元素，这些组件包括球形碰撞体（Sphere Collider）、胶囊碰撞体（Capsule Collider）、光源（Light）和音频源（Audio Source）。在这种情况下，圆形形状不会像预期的那样在非一致缩放下变成椭圆形，而是仍然保持圆形。

（2）当子对象具有非一致缩放的父项并且相对于该父项旋转时，子对象可能看起来是倾斜或"截断"的。例如，倾斜的盒形碰撞体（Box Collider）无法准确匹配渲染网格的形状。

5）缩放比例的重要性

变换组件的缩放比例决定了网格在建模应用程序中的大小与该网格在 Unity 3D 中的大小之间的差异。Unity 3D 中的网格大小（也是变换组件的缩放比例）非常重要，尤其是在物理模拟过程中。默认情况下，物理引擎假定世界空间中的一个长度单位对应一米，如果一个对象非常大，可能会出现"慢动作"问题。模拟实际上自生效以来是正确的，但用户会看到这个对象滞后很远的距离。影响对象缩放比例的因素有如下三个：

- 网格在 3D 建模应用程序中的大小；
- 对象的 Import Settings 中的 Mesh Scale Factor 设置；
- 变换组件的 Scale 值。

理想情况下，不应在变换组件中调整对象的 Scale 设置。最好的选择是以真实比例创建模型，这样就不必更改变换组件的比例。次好的选择是在具体网格的 Import Settings 中调整导入网格时的比例。有些优化是基于导入大小进行的，因此实例化调整了比例值的对象可能会降低性能。如想了解更多信息，请参阅刚体组件参考页面上关于优化缩放比例的内容。

6）使用变换组件的注意事项

（1）在设置变换组件的父子关系时，一种有用的做法是在添加子项之前将父项的位置设置为（0，0，0）。这意味着子项的局部坐标将与全局坐标相同，因此更容易确保子项处于正确位置。

（2）如果使用刚体进行物理模拟，请务必阅读刚体组件参考页面上的 Scale 属性。

（3）可通过依次单击菜单中的 Unity → Preferences 选项，然后选择 Colors & keys 窗口进行偏好设置，来更改变换轴和其他 UI 元素的颜色。

（4）更改缩放比例会影响子项转换组件的位置。

3. 使用组件

组件是游戏中对象和行为的基本要素，它们是每个游戏对象的功能单元。换句话说，游戏对象是许多不同组件的容器。在默认情况下，所有游戏对象都自动拥有变换组件，这是因为变换组件可指示游戏对象的位置以及是如何旋转和缩放的。如果没有变换组件，游戏对象将在世界中没有位置。

依次单击菜单中的 Game Object → 3D Object → Cube 菜单项，选中该游戏对象，然后在 Inspector 窗口中进行查看，如图 3.28 所示，即可完成一个空游戏对象。

4. 添加组件

添加组件的方式有两种。一种是通过 Component 菜单将组件添加到选定的游戏对象。现在通过在刚创建的 Cube 上添加刚体来尝试该操作。首先需要选择游戏对象，然后从菜单栏中依次选择 Component → Physics → Rigidbody 选项，如图 3.29（a）所示，这时就为对象成功添加了刚体组件。执行此操作，刚体的属性就出现在 Inspector 中。如果在仍然选中空游戏对象时单击 Play 按钮，可能会感到有点意外。尝试一下该操作，注意刚体为空游戏对象带来了什么功能。

图 3.28 Inspector 窗口

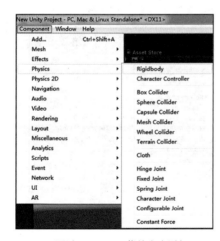

(a) 通过Component菜单命令添加

(b) 通过组件浏览器添加

图 3.29 添加刚体

还有一种方式是使用组件浏览器（Component Browser）添加组件。可以使用对象 Inspector 中的 Add Component 按钮来添加该组件，如图 3.29（b）所示。

利用组件浏览器，可以按类别方便地导航组件，也可以分组查看所有组件的名称。为了提高效率，组件浏览器还具有一个内置的搜索框，任意搜索组件名称的一部分就可以快速地查找到该组件，然后把该组件添加到游戏对象中。

一个游戏对象可以附加任意数量的组件或组件的组合，某些组件往往与其他组件结合使用效果最佳。例如，刚体可与任何碰撞体配合使用，刚体通过 NVIDIA PhysX 物理引擎来控制变换组件，而碰撞体允许刚体与其他碰撞体碰撞和交互。

5. 编辑组件

组件的一个重要优点是灵活性。将组件附加到游戏对象时，组件中有不同的值或属性，可以在构建游戏时在 Editor 中对它们进行调整，也可以在运行游戏时通过脚本进行调整。组件有两种主要类型的属性：值和引用。

如图 3.30 所示，该空游戏对象带有一个音频源（Audio Source）组件。在 Inspector 中，Audio Source 的所有值都是默认值。此组件包含一个引用属性和七个值属性。Audio Clip 是引用属性，当此音频源开始播放时，它将尝试播放 Audio Clip 属性中引用的音频文件。如果未进行引用，即没有可播的音频，则会发生错误。需要注意的是，必须在 Inspector 的 Audio Clip 成员中引用需要播放的音频文件，即将音频文件从 Project 视图拖曳到该引用属性上或使用对象选择器（Object Selector）即可，如图 3.31 所示。

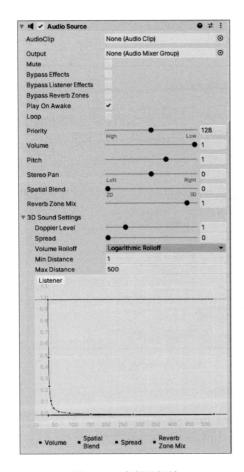

图 3.30　音频源组件

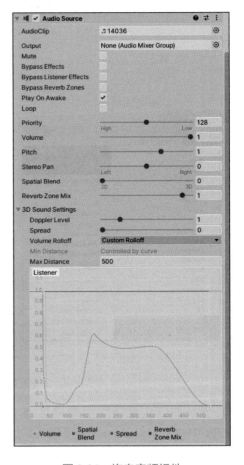

图 3.31　拖曳音频组件

6. 组件选项菜单

单击组件名称就可以看到菜单里面包含的一些常用命令，如图 3.32 所示。

1）复位（Reset）

恢复组件属性在新添加组件之前所具有的值。

2）删除组件（Remove Component）

如果不再需要附加到游戏对象的组件，可使用 Remove Component 命令。但需要注意的是，某些组合的组件相互

图 3.32　组件选项菜单常用命令

依赖，如物理关节组件要求必须有刚体组件才能工作，当删除其他组件依赖的组件，则会显示一条警告消息。

3）上移 / 下移（Move Up/Down）

将组件向上或向下移动。这个功能不仅影响界面上的外观，也会影响组件挂载的顺序，这个顺序在某些情况下对运行结果有影响。

4）复制 / 粘贴组件（Copy/Paste Component）

Copy Component 命令可保存组件的类型和当前属性设置。使用粘贴组件（Paste Component Values）可将它们粘贴到相同类型的另一个组件中，还可以使用新建并粘贴参数（Paste Component As New）在对象上创建具有复制值的新组件。

通过 Inspector 中的组件窗口右上角的 ⋮ 图标也可以打开常用命令，如图 3.33 所示。

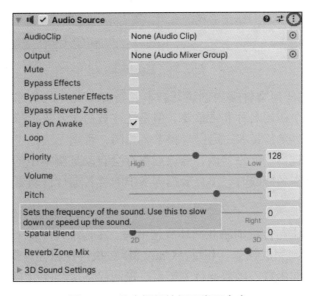

图 3.33　单击标红处打开常用命令

7. 测试属性

当游戏处于运行模式时，依然可以自由更改属性。例如，有时可能需要去调整跳跃的高度。如果在脚本中创建了 Jump Height 属性，可以进入运行模式，更改属性的值，然后单击 Jump 查看发生的情况。可以一边测试观察跳跃的情况，一边修改参数的值，直到确定合

适的值为止。退出播放模式时，属性将恢复为播放模式之前的值，因此不会丢失任何工作。

> 注意：在运行期间得到合适的值之后，一旦退出，所有的参数会回到播放之前的状态。所以，在得到合适的值后务必要记录参数，退出之后再进行修改。

8. 创建和使用脚本

游戏对象的行为由附加的组件控制。虽然 Unity 3D 的内置组件可以实现很多种功能，用途很广泛，但是在开发游戏的时候，开发者想要实现自己的游戏功能必须超越组件可提供的功能。Unity 3D 可以使用脚本来自行创建组件。脚本可以用来处理游戏事件以及修改组件属性，并以用户所需的任何方式进行输入，满足开发游戏所有必要的功能。

Unity 3D 本身支持 C# 编程语言。与大多数其他资源不同，脚本通常直接在 Unity 3D 中创建。可以从 Project 窗口的 Create 菜单新建脚本，也可以通过从主菜单依次选择 Assets → Create → C# Script 选项来新建脚本，如图 3.34 所示。

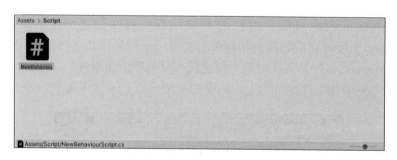

图 3.34　新建脚本

在 Project 窗口中任何文件夹内创建新脚本。新脚本文件的名称将处于选中状态，并提示输入新名称。这个初始名称非常重要，但是往往被初学者忽视掉。

因为 C# 脚本中的类名要求一定要与脚本名相同，否则无法拖曳到游戏对象中，因此在这里初始名称可以进行一次性修改，修改后保存会自动把脚本中的类名自动修改。而创建完成后，再次对脚本名修改时，不再会把脚本中的类名进行自动更新。

9. 常用的事件函数

Unity 3D 中的脚本与传统的游戏循环概念不同。在传统程序中，代码在循环中连续运行处理游戏逻辑，直到完成任务。相反，Unity 3D 在执行逻辑任务提交给脚本函数之前，会先调用脚本中特定的函数，函数执行完毕后，控制权将重新还给 Unity 3D。这些函数由 Unity 3D 激活，以响应游戏中发生的事件，因此这些函数通常称为事件函数。

Unity 3D 使用一种命名方案来标识要对特定事件调用的函数。例如，Update 函数（在帧更新发生之前调用）和 Start 函数（在对象的第一次帧更新之前立即调用）就是比较常用的时间函数。Unity 3D 中提供了大量其他事件函数。可在 MonoBehaviour 类的脚本参考页面中找到事件函数的完整列表以及详细的事件函数用法说明，以下是一些最常见和最重要的事件函数。

1）常规更新事件（Update 函数）

游戏很像动画，其中动画的动画帧是预先生成的，并且固定的一帧一帧地进行，而对于游戏来说未来的帧还没有出来，需要一边测试一边计算。游戏编程中的一个关键概念是在渲染每帧之前改变游戏对象的位置、状态和行为。Update 函数就是最常用来完成这个功能的事件函数。在渲染帧之前以及计算动画之前都会调用 Update 函数。如代码 3.1 所示。

【代码 3.1】

```
void Update(){
    float distance = speed * Time.deltaTime * Input.GetAxis
    ("Horizortal");
    transform.Translate(Vector3.right * distance);
}
```

物理引擎也会按照物理帧更新，可以采用与帧渲染类似的方式进行，但是更新的时机完全不同。程序运行时，每帧物理更新之前都会调用一个单独事件函数及 FixedUpdate 函数。由于物理更新和帧更新不会以相同频率进行，是相互独立的，所以如果想让游戏效果尽可能准确，最好是将物理代码放在 FixedUpdate 函数而不是 Update 函数中。如代码 3.2 所示。

【代码 3.2】

```
void FixedUpdate(){
    Vector3 force = transform.forward * driveForce * Input.GetAxis
    ("Vertical");
    rigidbody.AddForce(force);
}
```

如果需要为场景中的所有对象调用 Update 和 FixedUpdate 函数以及计算所有动画，例如摄像机应该聚焦于目标对象，必须在目标对象移动后才能调整摄像机的方向。如代码 3.3 所示。

【代码 3.3】

```
void LateUpdate(){
    Camera.main.transform.LookAt(target.transform);
}
```

2）初始化事件（Start 函数）

在第一帧之前或开始对象的物理更新之前，程序会自动调用 Start 函数。场景加载时会为场景中的每个对象会自动调用 Awake 函数。注意，虽然各种对象的 Start 函数和 Awake 函数的调用顺序是任意的，但在调用第一个 Start 函数之前，所有 Awake 函数都要完成。这意味着 Start 函数中的代码可以利用先前在 Awake 阶段执行的其他初始化。

3）鼠标事件

场景中出现的游戏对象上发生的鼠标事件也可以被检测出来。使用此功能可以定位游戏中的武器或显示当前在鼠标指针下角色的相关信息。借助一系列 OnMouse×××事件函数（如 OnMouseOver、OnMouseDown）可以让脚本对用户的鼠标操作做出反应。

4）物理事件

物理引擎将通过调用该对象脚本上的事件函数来报告对象的碰撞情况。在进行接触、保持接触和中断接触时，将调用 OnCollisionEnter 函数、OnCollisionStay 函数和 OnCollisionExit 函数。对象的碰撞体配置为触发器，即碰撞体只检测某物何时进入而不进行物理反应时，将调用相应的 OnTriggerEnter 函数、OnTriggerStay 函数和 OnTriggerExit 函数。如果在物理更新期间检测到多次接触，可能连续多次调用这些函数，因此会将一个参数传递给函数，从而提供碰撞的详细信息（位置、进入对象标识等）。如代码 3.4 所示。

【代码 3.4】

```
void OnCollisionEnter(Collision otherObj){
    if (otherObj.transform.tag=="Arrow"){
        ApplyDamage(10);
    }
}
```

10. 特定事件的相应函数

Unity 3D 中的脚本都是继承 Monobehaviour 类，Monobehaviour 类定义了脚本的基本行为。因此必然也继承我们之前所熟知的 Monobehaviour 生命周期函数。除了必然事件，还定义了对各种特定事件的相应函数，均以"On"开头，如表 3.2 所示。

表3.2　特定事件的相应函数

事　　件	函　　数
OnMouseEnter	鼠标移入 GUI 控件或者碰撞体时调用
OnMouseOver	鼠标停留在 GUI 控件或者碰撞体时调用
OnMouseExit	鼠标离开 GUI 控件或者碰撞体时调用
OnMouseDown	鼠标离开 GUI 控件或者碰撞体上按下时调用
OnMouseUp	鼠标按键释放时调用
OnMouseDrag	当鼠标拖曳的时候调用
OnMouseUpAsButton	当单击鼠标并释放一次的时候
OnBecameVisible	对于任意一个相机可见时调用
OnBecameInvisible	对于任意一个相机不可见时调用
OnEnable	对象启用或者激活的时候调用
OnDisable	对象禁用或者取消激活的时候调用
OnDestroy	脚本销毁时调用
OnGUI	渲染 GUI 和处理 GUI 消息时调用

任务实施

步骤 1 打开 Unity 3D，如图 3.35 所示。

组件与脚本使用

图 3.35 打开 Unity 3D

步骤 2 创一个工程，设置项目名称及存储位置，如图 3.36 所示。

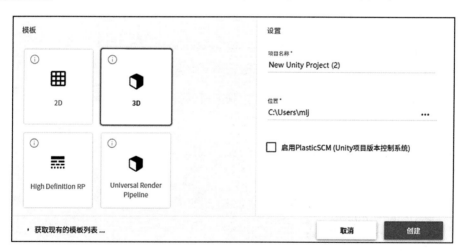

图 3.36 创建工程

步骤 3 创建一个 Scene 视图，如图 3.9 所示。

步骤 4 创建游戏对象。依次执行菜单栏中的 GameObject → 3D Object → Cube 命令，创建两个 Cube，在右侧的 Inspector 窗口中分别设置两个立方体盒子的位置（0，0，0）、（0，0，6），分别给两个 Cube 添加红色和绿色的材质球，如图 3.37 所示。

步骤 5 选中绿色 Cube，依次执行菜单栏中的 Component → Physics → Rigidbody 命令，为球体和立方体添加刚体属性，将 Rigidbody 组件中的属性 Use Gravity 使用重力勾选去掉，如图 3.38 所示。

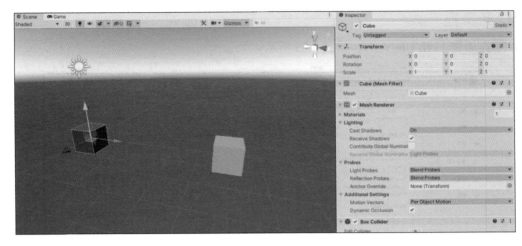

图 3.37　创建游戏对象

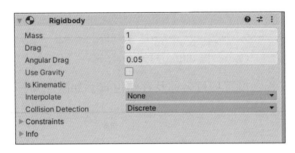

图 3.38　设置刚体组件属性

步骤6　创建一个脚本，取名为 aaa 。双击将其打开，输入代码，如代码 3.5 所示。

【代码 3.5】

```
using System.Collections;
using System.Collections.Generic;
using UnityEngine;
public class aaa : MonoBehaviour{
    GameObject cube;
    bool IsMove = false;
    AudioSource audiosource;  // 音频组件
    void Start(){
        audiosource = GameObject.Find("GameObject").GetComponent
<AudioSource>();// 获取 GameObjectg 对象并获取身上的音频组件
    }
    void Update(){
        if (IsMove){
            transform.Translate(Vector3.forward * Time.deltaTime *
10f);// 控制 Cube 朝 Z 轴方向移动
        }
        if (Input.GetMouseButton(0))          // 获取鼠标左键
        {
```

```
            IsMove = true;
            Debug.Log("点击");
        }
    }
    private void OnCollisionEnter(Collision otherObj)    //碰撞检测
    {
        if (otherObj.transform.tag =="cube")// 如果碰到的对象标签是否是 cube
        {
            Destroy(otherObj.gameObject);  // 销毁碰到的 Cube
        }
        audiosource.Play();// 播放声音
    }
}
```

步骤7　将代码拖曳到绿色 Cube 的游戏对象上，如图 3.39 所示。

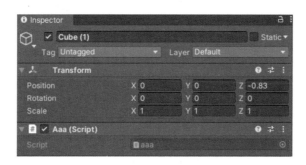

图 3.39　赋予对象相应的代码

步骤8　选中 GameObject 对象添加 Audio Source 音频组件，然后在 AudioClip 中添加音频文件，如图 3.40 所示。

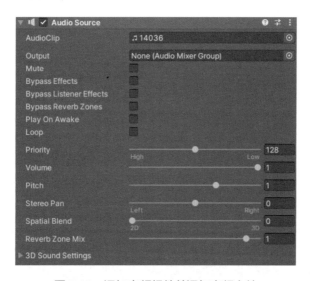

图 3.40　添加音频组件并添加音频文件

步骤9 单击 Play 按钮进行测试。当单击 Play 按钮后，单击绿色 Cube，它开始朝红色 Cube 移动，撞击后销毁红色 Cube，并播放音频文件，如图 3.41 所示。

图 3.41　运行效果

本次任务实施完成，读者可以自行运行检查效果。

任务 3.3　标签与预制体

■ 学习目标

知识目标：了解 Unity 3D 中标签的概念及优势；了解 Unity 3D 虚拟现实开发预制体的概念。

能力目标：学会在项目中为对象设置标签、创建新的标签以及正确使用预置标签；学会预制体的使用、通过游戏对象实例修改预制体、在运行时实例化预制体。

■ 建议学时

2 学时。

■ 任务要求

标签的概念不仅存在 Unity 3D 游戏开发项目当中，在现实生活中也频繁使用。当 Unity 3D 场景中用到很多相同的 NPC、障碍物或机关时，一个个去设置属性是一个很大的工程量，而预制体的使用，就可以解决这个问题。这里读者需要学会标签的设置和创建，在 Unity 3D 中正确使用预置标签，预制体的使用以及相关的知识点和关键技术。

 知识归纳

1. 标签的概念

标签（Tag）是可分配给一个或多个游戏对象的参考词，一般是一个简单的单词。例如，可为游戏玩家的角色定义"Player"标签，为非玩家控制的角色定义"Enemy"标签，还可以为地图上的道具添加一个"Collectable"标签来定义玩家可在场景中收集的物品。

标签有助于识别游戏对象以便于编写脚本，在脚本中查找和指定对象时，使用标签是一种非常好的方法。通过使用标签，可以避免总是采用某个公开变量的方式来指定游戏对象，而不是通过拖曳的操作才能给变量赋初值。因此，可以节省在多个游戏对象中使用相同脚本代码的时间。

处理碰撞时，标签是特别适合的功能。例如，当游戏人物与其他对象发生碰撞时，可以通过判断碰到的对象是敌人、道具还是其他东西，来进行下一步处理。

2. 预制体的概念

在场景中创建对象、添加组件并设置合适参数的操作一开始会令人觉得方便，但是当场景中用到大量同样的NPC、障碍物或机关时，创建以及设置属性的操作就会带来巨大的麻烦。单纯复制这些对象看似可以解决问题，但由于这些对象都是独立的，所以还需要一个一个单独修改它们。通常，我们希望所有这些对象会引用某一个模板对象，这样只要修改了模板对象或其中一个对象的实例，就可以同时修改所有相关的对象。

Unity 3D提供的预制体专门用来实现这一重要功能。它允许事先保存一个游戏对象，包括该对象上挂载的组件与设置的参数。这样预制体就成为一个模板，可以用这个模板在场景中创建对象。一方面，对预制体文件的任何修改可以立即影响所有相关联的对象；另一方面，每个对象还可以重载（override）一些组件和参数，以实现与模板有所区别的设置。

> 注意：当拖曳一个资源文件（如一个模型）到场景中时，Unity 3D会自动创建一个新的游戏对象，原始资源的修改也会影响到这些相关的游戏对象。这种对象看起来像是预制体，但是和预制体是完全不同的，所以不适用下面介绍的预制体的特性。这种"引用关系"仅仅是与预制体有相似之处。

3. 为对象设置标签

检视窗口的上方显示了标签（Tag）和层级（Layer）的下拉菜单，如图3.42所示。

图3.42 标签和层级

在标签的下拉菜单中单击任意一个标签名称，就可以为对象指定该标签了。对象的默认标签为 Untagged（意为"未指定标签"）。

4. 创建新的标签

要创建一个新的标签，需要在标签下拉菜单中选择 Add Tag，之后检视窗口会切换到标签与层级管理器（Tag and Layer Manager）。

层级与标签类似，都用来标记对象，但是层级有一些非常灵活的用途，例如，层级可以用来定义游戏对象在场景中如何被渲染，以及限定哪些碰撞会发生，哪些碰撞会被忽略。后续会再次用到层级的概念。

> 注意：（1）标签一旦创建就不可以再被修改，只能删除并重新创建。
> （2）一个游戏对象只能被指定一个标签。Unity 3D 预置了一些常用的标签，在标签管理器中不能被修改：Untagged（没有标签）、Respawn（出生）、Finish（完成）、EditorOnly（编辑器专用）、MainCamera（主摄像机）、Player（玩家）、GameController（游戏控制器）。使用者也可以自定义标签，可以使用任何喜欢的词作为标签，甚至可以使用句子（但可能需要增加 Inspector 窗口的宽度才能看到标签的全名，否则在界面中看不到完整的名字）。

5. 使用预制体

创建预制体有两种常用方法：一种是在工程窗口中的某个文件夹内右击，选择 Create → Prefab 命令创建一个空白预制体，然后将场景中制作好的某个游戏对象拖曳到空白预制体上；另一种是直接将某个游戏对象从场景拖曳到文件夹中。在创建好预制体以后，将另一个游戏对象拖曳到预制体文件上，系统会提示是否替换预制体。

预制体是一个后缀为 .prefab 的资源文件。在层级视图中，所有与预制体关联的游戏对象的名称，都会以蓝色显示（普通对象的名称是以黑色显示的）。

一方面，修改预制体可以影响所有相关的对象，另一方面，对象又可以单独修改一些属性而不影响预制体。在实际使用时，可以创建很多相似的 NPC 角色，但是每个角色的参数又略有不同，以满足游戏丰富性的要求。为了更清楚地显示哪些参数和预制体一致，哪些参数是独特的，在检视窗口中，系统会将独特的参数以粗体显示，特别是当为对象加上一个新的组件时，整个新组件的文本都会以粗体显示。如图 3.43 所示，是某个关联了预制体的游戏对象修改网格渲染器的产生阴影（Cast Shadows）选项。

6. 通过游戏对象实例修改预制体

与预制体关联的游戏对象，会在检视窗口的上方多出三个按钮：选择（Select）、回滚（Revert）与应用（Apply）。

选择按钮会选中与对象相关联的预制体，单击后，在工程窗口中会高亮显示该预制体，这有助于迅速找到相关的预制体。

应用按钮可以将本对象上修改的那些组件和参数写回到原始的预制体中（但是变换组件的位置信息不会写回预制体）。这个设计可以方便我们通过任何一个对象修改预制体，特别是在某些预制体只有一个实例的时候。

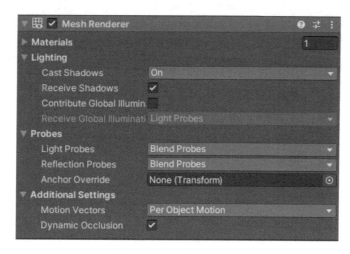

图 3.43　产生阴影选项

回滚按钮会将游戏对象修改过的组件和属性恢复到和预制体一致。这个功能用于试验性地修改某些参数以后,将对象恢复到原始状态。

预制体简单来说就是一个事先定义好的游戏对象,之后可以在游戏中反复使用。在游戏运行时,通过脚本创建游戏对象非常方便,无论游戏对象多么复杂,操作都非常简单。

■ 任务实施

步骤 1 在场景中创建一个3D方块。右击层级窗口,依次选择3D Object→Cube命令,添加绿色材质球,如图 3.44 所示。

标签与预制体

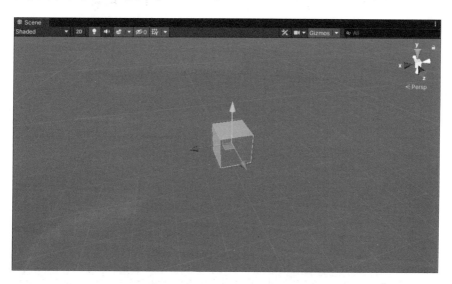

图 3.44　创建方块并赋予绿色材质球

步骤2 单击 Inspector 窗口中的 Tag → Add Tag 命令，单击加号添加标签，在 New Tag Name 文本框中输入新标签的名字，然后单击 Save 命令保存，如图 3.45 所示。

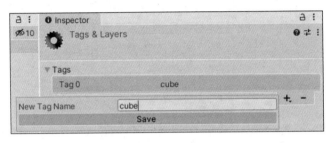

图 3.45　添加新标签

步骤3 然后重新选择 Cube，在标签列表中选择刚才添加的标签将游戏对象和标签关联起来，如图 3.46 所示。

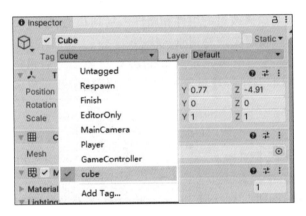

图 3.46　选择标签

步骤4 将 Cube 拖曳到 Project 窗口中的 Prefabs 文件夹中作为预制对象，然后删除 Hierarchy 中的 Cube，如图 3.47 所示。

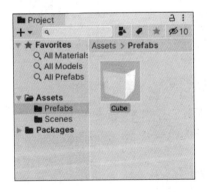

图 3.47　将对象做成预制对象

步骤5 创建一个 Plane 对象，将 Scale 属性设置成（3，1，3），如图 3.48 所示。

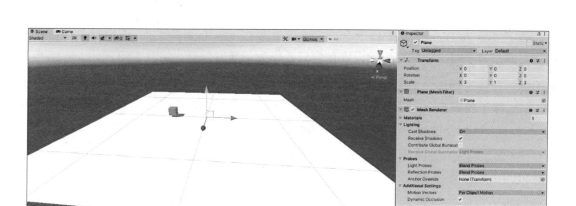

图 3.48　添加 Plane 对象并设置缩放比例

步骤6 将以下代码挂载在 Plane 对象上,代码动态实现建造多堵墙,如代码 3.6 所示。

【代码 3.6】

```
using UnityEngine;
public class Cube: MonoBehaviour{
    public Transform box;
    void Start(){
        for (int y = 0; y < 5; y++){
            for (int x = 0; x < 5; x++){
                Instantiate(box, new Vector3(x, y, 0), Quaternion.
identity);
            }
        }
    }
}
```

步骤7 创建一个 Cube 作为火箭筒, 将 Position 属性和 Rotation 属性分别设置为
(1.95, 1.33, 12.79)、(0, 90, 18.936),并设置成红色, 如图 3.49 所示。

图 3.49　创建火箭筒

步骤8 在 Hierarchy 窗口中右击，然后单击 Create Empty 创建一个空对象，放在火箭筒上面作为子对象，并将位置设置在炮口处作为子弹发射点。如图 3.50 所示。

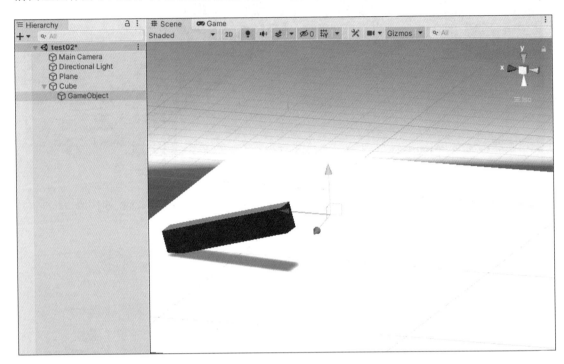

图 3.50　设置子弹发射点

步骤9 创建一个游戏对象（球体）作为子弹，然后添加 Rigidbody 组件，如图 3.51 所示。

图 3.51　创建子弹

步骤 10 将子弹拖入 Project 窗口的 Prefabs 文件夹中作为预制对象，然后删除 Hierarchy 窗口中的 Sphere，如图 3.52 所示。

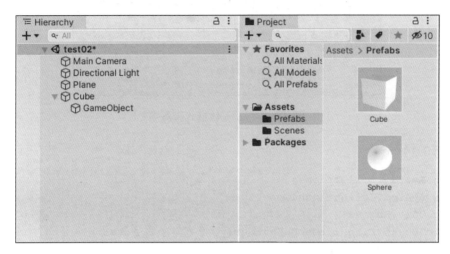

图 3.52　将子弹拖入 Prefabs 文件夹中并且删除 Sphere

步骤 11 将以下代码挂载在火箭炮 Cube 上，实现子弹发射的功能，如代码 3.7 所示。

【代码 3.7】

```
using System.Collections;
using System.Collections.Generic;
using UnityEngine;
public class rocket : MonoBehaviour{
    public GameObject fire;
    public Transform firePoint;
    float fireTime = 1.5f;
    void Update(){
        fireTime += Time.deltaTime;
        if (Input.GetMouseButton(0) && fireTime>1.5f){
            GameObject temp = Instantiate(fire, firePoint.position,
Quaternion.identity);
            temp.GetComponent<Rigidbody>().AddForce(transform.right *
800f);
            fireTime = 0;
        }
    }
}
```

步骤 12 在 Inspector 窗口中，把子弹和子弹发射点的预制体拖入 Rocket 脚本中，如图 3.53 所示。

步骤 13 创建脚本 fire.cs，输入代码内容，并挂载在子弹 Sphere 的预制体上，如代码 3.8 所示。

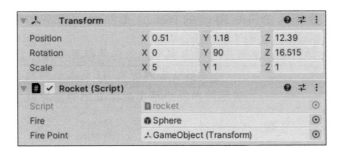

图 3.53　把预制体拖入脚本中

【代码 3.8】

```
using System.Collections;
using System.Collections.Generic;
using UnityEngine;
public class fire : MonoBehaviour{
    private void OnCollisionEnter(Collision collision){
        if (collision.transform.tag== "cube"){
            Debug.Log("击中对象");
            collision.gameObject.AddComponent<Rigidbody>();
        }
    }
}
```

步骤 14　单击 Play 按钮进行测试，单击发射子弹 Sphere，当子弹碰撞到 Cube 墙后检测 Cube 标签为 "cube"，在 Console 窗口中打印出击中对象的信息，并且 Cube 会被击飞，如图 3.54 所示。

本次任务实施完成，读者可以自行运行并检查效果。

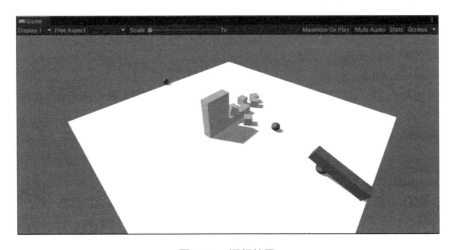

图 3.54　运行效果

任务 3.4　设备的输入

■ 学习目标

知识目标：了解 Unity 3D 中输入的基本概念、传统输入设备与虚拟输入轴以及移动设备的输入。

能力目标：学会设备输入的相关技术。

■ 建议学时

2 学时。

■ 任务要求

设备的输入是做 Unity 3D 项目开发中必不可少的一部分，这里的任务是学习传统输入设备与虚拟输入轴。学会编辑和添加虚拟输入轴以及在脚本中处理输入，同时也要学会移动设备的输入。

 知识归纳

1. 输入的基本概念

输入操作是游戏的基础操作之一。Unity 3D 不仅支持绝大部分传统的操作方式，如手柄、鼠标、键盘等，而且还支持触屏操作、重力传感器、手势等移动平台上的操作方式。此外，Unity 3D 对新出现的 VR、AR 系统也有完善的支持，而且仍然在不断进步之中（实际上，主流的 VR、AR 设备都会很好地支持 Unity 3D，因为这样才能方便开发者制作出大量优秀的作品）。

此外，Unity 3D 还会利用手机或 PC 的麦克风、摄像头作为特殊的输入设备。

2. 传统输入设备与虚拟输入轴

Unity 3D 为了支持键盘、手柄、鼠标和摇杆等传统输入设备，Unity 3D 设计了一些概念。其中一个概念叫作虚拟控制轴（Virtual axes），虚拟控制轴将不同的输入设备，如键盘和摇杆的按键，都归纳到一个统一的虚拟控制系统中。例如，键盘的 W、S 键以及手柄摇杆的上下运动，默认都统一映射到纵向（Vertical）输入轴上，这样就屏蔽了不同设备之间的差异，让开发者可以用一套非常简单的输入逻辑，同时兼容多种输入设备；鼠标左键和键盘的 Ctrl 键都默认映射到 Fire1 这个虚拟轴上，这样无论是用键盘还是用鼠标都可以实现开火操作了，而且所有这些设置都可以删除或者修改，也可以添加新的虚拟轴。

使用输入管理器（Input Manager）可以查看、修改或增删虚拟轴，且操作方法易掌握。

由于现代游戏允许玩家自定义按键，所以使用 Unity 3D 的输入管理器就更必要了。通过一层虚拟轴间接操作，可以避免在代码中直接固定操作按钮，而且能通过动态修改虚拟轴的设置来改变键位的功能。

关于虚拟输入轴，还需要了解以下内容。

（1）脚本可以直接通过名称访问所有虚拟轴。

（2）创建 Unity 3D 工程时，每个项目在创建时都具有以下默认输入轴：

- 横向输入（Horizontal）和纵向输入（Vertical）被映射在键盘的 W、A、S、D 键以及方向键上。
- Fire1、Fire2、Fire3 分别映射到了鼠标的左、中、右键以及键盘的 Ctrl、Alt 等键位上。
- 鼠标移动可以模拟摇杆输入（和鼠标光标在屏幕上的位置无关），且被映射在专门的鼠标偏移轴上。
- 其他常用虚拟轴，如跳跃（Jump）、确认（Submit）和取消（Cancel）等。

（3）编辑和添加虚拟输入轴。单击主菜单的 Edit → Project Settings → Input 选项，在检视窗口中会显示一个输入管理器，在其可以修改或添加虚拟轴，如图 3.55 所示。

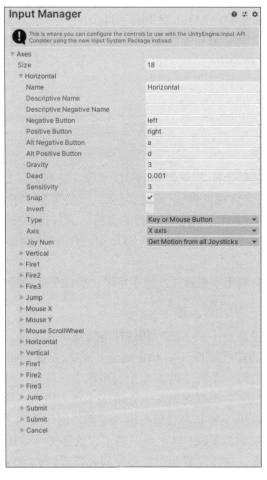

图 3.55　修改或添加虚拟轴

> **注意：** 虚拟轴具有正、负两个方向，分别记作 Positive、Negative。某些相反的动作可以只用一个轴来表示，例如，如果摇杆向上为正，那么向下就是同一个轴的负方向。

每个虚拟轴可以映射两个按键，第二个按键作为备用（Alternative），功能一样。表 3.3 为虚拟轴的相关属性成员，其中，Alt Negative Button 和 Alt Positive Button 就是备用键。

表3.3　Input Manager中Horizontal的属性及功能

属　　性	功　　能
Name	用于从脚本中检查此轴的字符串名称
Descriptive Name	独立构建的 Configuration 对话框的 Input 选项卡中显示的正值名称
Descriptive Negative Name	独立构建的 Configuration 对话框的 Input 选项卡中显示的负值名称
Negative Button	用于向负方向推动轴的按钮
Positive Button	用于向正方向推动轴的按钮
Alt Negative Button	用于向负方向推动轴的替代按钮
Alt Positive Button	用于向正方向推动轴的替代按钮
Gravity	未按下按钮的情况下，轴下降到中性点的速度（以单位 / 秒表示）
Dead	模拟盲区的大小。此范围内的所有模拟设备值都会映射到中性点
Sensitivity	轴向目标值移动的速度（以单位 / 秒表示）。仅用于数字设备
Snap	如果启用，按下相反方向的按钮时，轴值将重置为零
Invert	如果启用，则负按钮（Negative Buttons）将提供正值，反之亦然
Type	将控制此轴的输入类型
Axis	将控制此轴的已连接设备的轴
Joy Num	将控制此轴的已连接游戏杆

注：使用这些属性设置可以微调输入的外观。所有这些在 Editor 中的工具提示中也有说明。

现代游戏的方向输入和早期游戏的方向输入不太一样。在早期游戏中，上、中、下都是离散的状态，可以直接用 1、0、–1 来表示。而现代游戏输入往往具有中间状态，比如 0、0.35、0.5、0.7、1 是带有多级梯度的，轻推摇杆代表走路，推到底就是跑步。所以现代游戏的输入默认都是采用多梯度的模式。

虽然键盘没有多级输入的功能，但 Unity 3D 依然会模拟这个功能，也就是说当按住 W 键时，这个轴的值会以很快的速度逐渐从 0 增加到 1。例如，表 3.3 中 Gravity 和 Sensitivity 影响着虚拟轴从 1 到 0、从 0 到 1 的速度以及敏感度。具体调试方法这里不再介绍，建议使用默认值。

由于实体手柄、摇杆会有一些误差，如手柄放着不动时，某些手柄的输出值可能会在 –0.05～0.08 浮动。这个误差有必要在程序中排除。所以 Unity 3D 设计了死区的功能，在该值范围内的抖动被忽略为 0，这样就可以过滤掉输入设备的误差。

（4）在脚本中处理输入。读取输入轴的方法很简单，如代码 3.9 所示。

【代码 3.9】

```
float value = Input.GetAxis（"Horizontal"）;
```

Input.GetAxis（"Horizontal"）得到的值的范围为 –1 ~ 1，默认位置为 0。这个读取虚拟轴的方法与具体控制器是键盘还是手柄无关。也有一些特例，例如，如果用鼠标控制虚拟轴，就有可能由于移动过快导致值超出 –1 ~ 1 的范围。

> 注意：可以创建多个相同名字的虚拟轴。Unity 3D 可以同时管理多个同名的轴，最终结果以变化最大的轴为准。这样做的原因是很多游戏可以同时用多种设备进行操作，如 PC 游戏可以用键盘、鼠标或手柄进行操作，手机游戏可以用重力感应器或手柄进行操作。这种设计有助于用户在多种操作设备之间切换，且不用在脚本中关心这一点。

（5）按键名称。要映射按键到轴上，需要在正方向输入框或负方向输入框中，输入正确的按键名称。按键名称的规则和实例如下。

① 普通按键：A、B、C……

② 数字键：1、2、3……

③ 箭头键：Up、Down、Left、Right……

④ 键盘键：[1]、[2]、[3]、[+]、[equals]……

⑤ 修饰键：Right+Shift、Left+Shift、Right+Ctrl、Left+Ctrl、Right+Alt、Left+ Alt、Right+ Cmd、Left+Cmd……

⑥ 鼠标按键：mouse 0、mouse 1、mouse 2……

⑦ 手柄按键（不指定具体的手柄序号）：joystick button 0、joystick button 1、joystick button2……

⑧ 手柄按键（指定具体的手柄序号）：joystick 1 button 0、joystick 1 button 1、joystiok 2 button0……

⑨ 特殊键：Backspace、Tab、Return、Escape、Space、Delete、Enter、Insert、Home、End、Page Up、Page Down……

⑩ 功能键：F1、F2、F3……

另外，可以使用 KeyCode 枚举类型来指定按键，这与用字符串的效果是一样的。

3. 移动设备的输入

对于移动设备来说，Input 类还提供了触屏、加速度计以及访问地理位置的功能。此外，移动设备上还经常会用到虚拟键盘，即在屏幕上操作的键盘，Unity 3D 中也有相应的访问方法。

移动设备有别于其他设备，最具代表的输入方式就是多点触摸。iPhone、iPad 和 iPod Touch 设备可以同时捕捉多个手指触摸的功能，最多可跟踪五根手指同时触摸屏幕。可通过访问 Input.touches 属性数组来获取在最后一帧期间触摸屏幕的每根手指的状态。

Android 设备对其跟踪的手指数量没有统一限制，多点触摸的规范相对灵活，不同的设备能捕捉的多点触摸操作的数量不尽相同。较老的设备可能只支持 1 到 2 个点同时触摸的操作，新的设备可能会支持 5 个点同时触摸的操作。如表 3.4 和表 3.5 所示。

表3.4 Input.Touch数据结构表示

属　性	功　能
FingerID	该触摸的序号
Position	触摸在屏幕上的位置
DeltaPosition	当前触摸位置和前一个触摸位置的差距
DeltaTime	最近两次改变触摸位置之间的操作时间的间隔
TapCount	iPhone/iPad 设备会记录用户短时间内单击屏幕的次数，它表示用户多次单击操作且没有将手拿开的次数。安卓设备没有这个功能，该值保持为 1
Phase	触摸的阶段，可以用它来判断是刚开始触摸、触摸时移动，还是手指刚刚离开屏幕

表3.5 Phase的取值

属　性	功　能
Began	手指刚接触到屏幕
Moved	手指在屏幕上滑动
Stationary	手指接触到屏幕但未滑动
Ended	手指离开了屏幕。这个状态代表这一次触摸操作的结束
Canceled	系统取消了这次触屏操作。例如，当用户拿起手机进行通话，或者触摸点多于 5 个的时候，这次触摸操作会被取消。这个状态也代表这次触摸操作结束

■ 任务实施

步骤1 创建脚本，名为 Touch.cs，如代码 3.10 所示，可以挂载到主摄像机 Main Camera 上面。

设备的
输入

【代码 3.10】

```
using UnityEngine;
public class Touch: MonoBehaviour{
    public GameObject prefab;
    private void Update(){
        foreach (var touch in Input.touches){
            // 如果某个手指刚开始触摸
            if (touch.phase == TouchPhase.Began){
                // 常用方法：利用相机和屏幕上的点，可以确定出一条从手指到场景内的
                    射线
```

```
                    var ray = Camera.main.ScreenPointToRay(touch.position);
                    // 常用方法：用物理引擎发射这条射线，如果碰到对象则返回 true
                    RaycastHit hitInfo;
                    if (Physics.Raycast(ray, out hitInfo)){
                            // 如果成功碰到对象，则碰撞信息保存至 hitInfo 中
                            //hitInfo.point 代表碰撞点的位置
                            Instantiate(prefab, hitInfo.point, Quaternion.
identity);
                    }
                }
            }
        }
    }
```

步骤 2 但是如果在 PC 上测试，用户会发现并没有产生效果。这是因为触摸操作只能在移动设备上起作用，要想测试代码，必须发布到手机上才可以。也可以将触摸控制修改为鼠标控制，只需要修改 touch 相关的部分，如代码 3.11 所示。

【代码 3.11】

```
using UnityEngine;
public class Touch: MonoBehaviour{
    public GameObject prefab;
    private void Update(){
            // 如果某个手指刚开始触摸
            if (Input.GetMouseButtonDown(0)){
                // 常用方法：利用相机和屏幕上的点，可以确定出一条从手指到场景内的射线
                var ray = Camera.main.ScreenPointToRay(Input.mousePosition);
                // 常用方法：用物理引擎发射这条射线，如果碰到对象则返回 true
                RaycastHit hitInfo;
                if (Physics.Raycast(ray, out hitInfo)){
                    // 如果成功碰到对象，则碰撞信息保存至 hitInfo 中
                    //hitInfo.point 代表碰撞点的位置
                    Instantiate(prefab, hitInfo.point, Quaternion.identity);
                }
            }
        }
    }
```

步骤 3 在场景中的（0，0，0）点放置一个平面，以便让射线碰撞到具体的对象，如图 3.56 所示。

步骤 4 创建一个预制体，拖曳到脚本的 prefab 变量上进行赋值，然后在 Hierarchy 窗口中删除预制体，如图 3.57 所示。

步骤 5 运行游戏，在用户单击屏幕时，发射一条射线，在射线碰触到对象以后，实例化一个预制体，如图 3.58 所示。

本次任务实施完成，读者可以自行运行并检查效果。

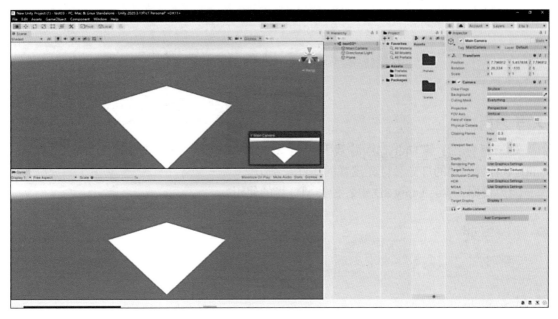

图 3.56　创建 Plane 并设置位置

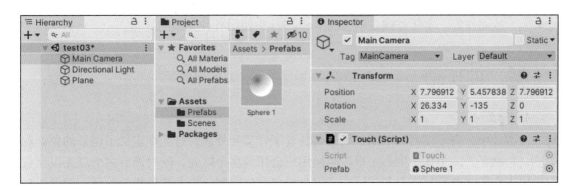

图 3.57　创建预制体并在脚本的 prefab 变量上进行赋值

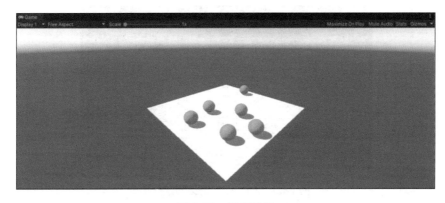

图 3.58　运行效果

任务 3.5 灯 光 设 置

■ **学习目标**

知识目标：了解 Unity 3D 游戏开发灯光的基本概念，学习 Unity 3D 的渲染路径、Unity 中各种类型的灯光、灯光设置的属性及细节。

能力目标：学会 Unity 3D 中各种类型灯光的使用。

■ **建议学时**

2 学时。

■ **任务要求**

在游戏场景当中，灯光是一种不可或缺的元素，灯光给游戏带来个性和味道。用灯光来照亮场景和对象，创造完美视觉的气氛。灯光可以用来模拟太阳，燃烧的火柴，手电筒，枪火光，或爆炸等。本任务就是学会在 Unity 3D 中使用各种类型的灯光。

💻 **知识归纳**

1. 灯光

在游戏中，有了模型和贴图，场景就具备了骨架和外表，灯光则定义了场景的色调和情感，它赋予了一个场景生命。很多时候用户会用到多个灯光，同时调节多个灯光以让它们协同工作是需要反复练习和尝试的，但是最终可以得到一个非常理想的效果。如图 3.59 所示，是用侧光源表现出来的场景。

图 3.59 使用侧光源表现的场景

添加灯光的方法和创建方块的方法类似，在层级窗口中依次执行 Light → Directional

Light 命令即可。灯光也分很多类型，Directional Light 是方向光源，最适合作为室外场景的整体光源。灯光本质上是一个组件，所以对灯光进行移动、旋转等操作的方法和对其他对象进行相应的操作并没有区别，甚至还可以把灯光组件直接添加到游戏对象上。灯光组件位于 Rendering 分类中，如图 3.60 所示。

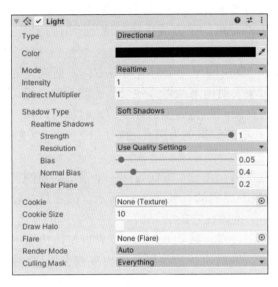

图 3.60　灯光组件

只要稍微改动灯光的颜色，就可以得到完全不同的场景氛围。偏黄、红色的光源则使场景显得温暖，暗绿色的光源则使场景显得潮湿、阴暗。

2. 渲染路径

Unity 3D 支持不同的渲染路径。不同的渲染路径影响的主要是光照和阴影，选择哪种渲染路径主要取决于游戏本身的需求，选择合适的渲染路径有助于提高游戏的性能。

3. 灯光的种类

Unity 3D 中有各种类型的灯光。在合适的地方使用合适的灯光，再配合阴影效果，可以极大提升游戏的表现力。

1）点光源

点光源从一个位置向四面八方射出光线，影响其范围（Range）内的所有对象，类似灯泡的照明效果，如图 3.61 所示，球形的小图示代表光的"范围"，光线到达此范围时会"衰减"到 0，但如果有间接光源或反射光则会继续投射。

点光源开启阴影运算是很耗效能的，因此必须谨慎使用。点光源的阴影为了要给六个不同的世界方向运算六次，在比较差的硬件开启此功能会造成较大的效能负担。在场景中加入点光源时，由于它们目前不

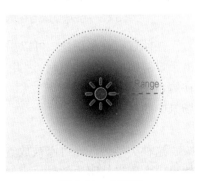

图 3.61　点光源

支持阴影的间接反射，所以由点光源产生的光线，只要在范围内就有可能会穿过对象反射到另外一面，这可能会导致墙壁或地板漏光，因此放置点光源要格外注意。但如果是采用Backed GI 的话，就不会有这类的问题产生。

在只有一个点光源的场景中，直接照射某个对象的一条光线，一定是从点光源中心发射到被照射位置的。点光源的亮度从中心最强一直到范围属性设定的距离递减到 0 为止。某处光的强度与光源到该处距离的平方成反比，这是所谓的"平方反比定律"，类似光在现实世界的行为。

点光源可以想象是在 3D 空间里一个对着所有方向发射光线的点，很适合用来制作诸如灯泡、武器发光或从对象发射出来的爆炸效果。一般开枪时枪口闪光的效果是用粒子实现的，但是枪口的火焰会在瞬间照亮周围的环境，这时就可以用一个短时间出现的点光源来模拟这个效果，以使得开枪的效果更为逼真。如图 3.62 所示，点光源运用在场景中的效果。

2）探照灯

探照灯的灯光从一点发出，在一个方向按照一个锥形的范围照射，该锥形是由聚光灯的角度（Spot Angle）和范围界定的，如图 3.63 所示。探照灯是较耗费图形处理器资源的光源类型。探照灯投射一个锥体在它的 Z 轴前方，这个锥体的宽度由投射角度属性控制着。光线会从源头到设定的范围慢慢衰减到 0，同时越靠近锥体边缘也会衰减，把投射角度的值加大会让锥体宽度加大，同时也让边缘淡化的力度变大，这种现象叫作"半影"。探照灯发射的光线会在锥形侧边缘处截止。扩大发射角度可以增大锥形的范围，但是会影响光线的汇聚效果，这和现实中的探照灯或手电筒的光线特征是一致的。

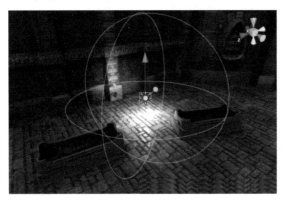

图 3.62　点光源运用在场景中的效果

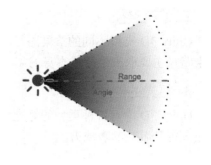

图 3.63　探照灯

探照灯有许多用途，可以用来模拟路灯、壁灯，或许多创意用法。例如，模拟手电筒，由于投射区域能精确控制，因此很适合用来模拟打在角色身上的光或模拟舞台灯光效果等。在脚本中控制对象的旋转，就可以控制探照灯的方向。如图 3.64 所示，是探照灯运用在场景中的效果。

3）定向光

这种类型的灯光可以被放置在无穷远处，可以影响场景中的一切游戏对象，类似于自然界中太阳光的照明效果。定向光非常适合用来模拟阳光，它的特性就像是个太阳。定向

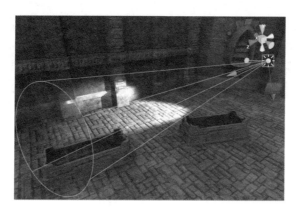

图 3.64   探照灯运用在场景中的效果

光能从无限远的距离投射光源到场景，它发出来的光线是互相平行的，不会像其他种光源会分岔，结果就是不管对象离定向光源多远，投射出来的阴影看起来都一样，这其实对户外场景的照明很有利。

定向光没有真正的光源坐标，放置在场景任何地点都不会影响光的效果，只有旋转会影响定向光的照射结果。其他有光源坐标的灯光类型，如投射灯（Spotlights），角色阴影会因为接近或远离光源而改变，这也许在照亮室内环境时会是个问题。一般来说，避免角色太接近隐形的光源，我们会建立一个亮点来假装光源。使用定向光不用考虑距离，不管多远它都会影响场景所有的表面（除非被剔除），当使用延迟（Deferred）着色时会造成一些效能损耗，使用延迟着色时，光的效能代价和它影响的像素数目是成正比的。但虽然需要消耗效能，起码结果较为统一，因此比较容易调整平衡。

在预设情况下，新的场景都会附带一盏定向光。在 Unity 3D 里定向光还会与天空盒系统关联。用户也可以删除预设的定向光并创建一个新的光源，然后从 Sun 这个属性重新指定。旋转预设的定向光会导致天空盒也跟着更新；如果光的角度和地面平行，就可以做出日落的效果；把光源转到天空导致变黑，就能做出夜晚的效果；从上往下照就会模拟日间的效果。如果天空盒有指定为环境光源（Ambient Source），那么天空盒的颜色就会影响环境里面的对象。

通过倾斜方向光源，可以让定向光接近平行于地面，营造出一种日出或日落的效果。如果让定向光向斜上方照射，不仅整体环境会暗下来，天空盒也会暗下来，就和晚上一样。而当定向光向下照射时，天空盒也会变得明亮，就像又回到了白天。通过修改天空盒的设置，或者方向光的颜色，可以给整体环境笼罩上不同的色彩。

4）区域光源

区域光源在空间是一个矩形，光线从矩形的表面均匀地向四周发散，但是光线只会来自矩形的一面，而不会出现在另一面。该类型的光源能从各方向照射一个平面的矩形截面的一侧，无法应用于实时光照，仅适用于光照贴图烘焙（Lightmap Baking）。区域光可以当作摄影用的柔光灯，在 Unity 3D 里面被定义为单面往 Z 轴发射光线的矩形，目前只能和烘焙 GI 一起使用。区域光会均匀地照亮作用区域，虽然区域光没有范围属性可以调整，但是光的强度会随着距离光源越远而递减。

区域光照亮表面并在区间产生漫反射与柔和的阴影，用在建立柔和的照明效果非常有用。光线在任何方向穿过光的表面时，会产生不同方向的折射——在对象上产生漫反射，常见的用途是拿来当作天花板壁灯或是背光灯。为了实现这功能，用户必须从每个光照贴图像素上发射一定数量的光线，背对着区域光以确保光有能见度。这代表区域光的计算是消耗很大的，而且会延长烘焙的时间，但如果运用得宜可以增加场景光的深度，那么消耗就很值得。值得注意的是区域光只能用在烘焙，因此不影响游戏性能。

5）发光材质

与区域光源类似，发光材质也可以从对象的表面发射出光线。它们会发射出散射式的光线到场景中，引起场景中其他对象的颜色和亮度发生变化。前面说到区域光照不支持实时渲染，相对地，发光材质支持实时计算。

"发射（Emission）"是一个标准着色器的属性，允许场景中的静态对象发射光。但是默认"Emisson"的值是 0，这意味着使用标准着色器的对象不会发射光。使用 HDR 颜色选择器选择超出 0 ~ 1 的色彩，可以创建类似于区域光源的亮光效果。

> **注意：**这种方式发射的光线只会影响场景中的静态对象。

6）环境光

场景的整体外观和亮度主要依靠环境照明（Ambient Lighting）。环境照明是从各个方面来影响对象的，它会对整个场景提供照明，但这个光照不来自任何一个具体的光源。它为整个场景增加基础亮度，影响整体效果。在很多情况下，环境光都是必要的。例如，明亮的卡通风格的场景要避免浓重的阴影，甚至很多影子也是手绘到场景中的，所以用环境光来代替普通的灯光会更合适。当需要整体提高场景的亮度（包括阴影处的亮度）时，也可以用环境光来实现。

环境光的一个重要的优点在于它渲染的成本很低，对移动应用很有用，往往被认为是小场景中最理想的灯光效果。环境照明可以在 Light 窗口的 Environment Lighting 中被修改和控制。

和其他类型的灯光不同，环境光不属于组件，可以在光照窗口的 Scene → Environment Lighting 一栏中进行调节。如图 3.65 所示是光照窗口，默认环境光是以 Skybox 为基础，并可以在此基础上调节亮度。

环境照明默认是值 Skybox，主要提供一些蓝色色调给场景中的环境照明使用。此外，环境照明的选项还包括纯色（Solid color）或渐变（Gradient）。

另外，修改环境照明的颜色并不会影响 Skybox 的可视性，仅会影响场景中光的颜色。

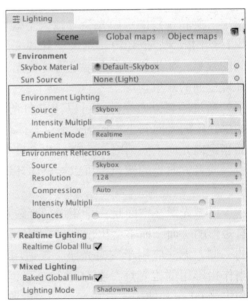

图 3.65　光照窗口

4. 灯光设置详解

1）灯光属性

灯光决定了对象的着色效果，以及对象的阴影效果。因此，灯光和摄像机一样都是图像渲染中非常基础的部分。灯光的属性和功能如表 3.6 所示。

表3.6　灯光的属性及功能

属　　　性	功　　　能
Type	灯光类型。可能的类型有定向光、点光源、探照灯和区域光源
Range	指定光线照射的最远距离。只有某些光源有这个属性
Spot Angle	探照灯光源的照射角度
Color	指定光的基本颜色
Mode	灯光的渲染模式。有 Realtime、Mixed 和 Baked 三种选项，分别是实时光照、混合光照和预先烘焙
Intensity	调节光照强度
Indirect Multiplier	反射系数。反射（间接光照）就是从对象表面反射的光线，反射系数会影响反射光衰减的比例，一般这个值小于 1。随着反射次数的增加，光线强度越来越低。但也可以取大于 1 的值，让每次反射光线都会变强。这种方法用于一些特殊的情况，如需要看清阴影处的细节的时候。也可以将此值设置为 0，即只有直射光没有反射光，用来表现一些非常特殊的环境（如恐怖的氛围）
Shadow Type	设置光线产生硬的阴影（Hard Shadows）、软的阴影（Soft Shadows）或是没有阴影（No Shadows）
Baked Shadow Angle	当对方向光源选择产生软的阴影时，这个选项用来柔化阴影的边界以获得更自然的效果
Baked Shadow Radius	当对点光源或探照灯光源选择产生软的阴影时，这个选项用来柔化阴影的边界以获得更自然的效果
Realtime Shadows	当选择产生硬的阴影或软阴影时，这一项的几个属性用来控制实时阴影的效果
Strength	用滑动条控制阴影的黑暗程度，取值范围为 0~1，默认为 1
Resolution	控制阴影的解析度，较高的解析度让阴影边缘更准确，但是需要消耗更多的 GPU 和内存资源
Bias	用滑动条来调整阴影离开对象的偏移量，取值范围为 –2~0，默认值为 0.5。这个选项常用来避免错误的自阴影问题
Normal Bias	用滑动条来让产生阴影的表面沿法线方向收缩。取值范围为 0~3。这个选项也用来避免错误的自阴影问题
Near Plane	这个选项用来调节最近产生的阴影的平面，取值范围为 0.1~10。它的值和灯光的距离相关，是一个比例，默认值为 0.2
Cookie	指定一张贴图，来模拟灯光投射过网格状对象的效果（如灯光投射过格子状的窗户以后，呈现出窗格的阴影）
Draw Halo	灯光光晕。由于灯光附近灰尘、气体的影响而让光源附近出现一个团状区域，Unity 3D 还提供了专门的光晕组件，可以和灯光的光晕同时使用
Flare	和灯光光晕不同，镜头光晕是模拟摄像机镜头内光线反射而出现的一种效果。在这个选项中可以指定镜头光晕的贴图
Render Mode	使用下拉菜单设置灯光渲染的优先级，这会影响到灯光的真实度和性能
Auto	运行时自动确定，和品质设置（Quality Settings）有关

续表

属　　性	功　　能
Important	总是以像素级精度渲染，由于性能消耗更大，适用于屏幕中特别显眼的地方
Not Important	总是以较快的方式渲染
Culling Mask	剔除遮罩，用来指定只有某些层会被这个灯光所影响

2）细节

在 Unity 3D 中光有三种基本类型，各类型可以定制。用户可以创建一个包含 Alpha 通道的纹理，并将其赋予光线的 Cookie 变量。Cookie 会被光线投影，其 Alpha 遮罩调节光量，可以在表面产生亮点和黑点。它们是往场景加入大量复杂的东西或气氛的一种很好的方法。

Unity 3D 里所有内置的着色器（Built-in Shaders）全都可用于任何类型的灯光。然而，VertexLit 着色器不能显示 Cookie 或者阴影。

在 Unity 3D 专业版，编译目标为网页版或单机版，所有的灯光可以选择性地投射阴影。这是通过选择每个灯光阴影类型（Shadow Type）属性为"硬阴影或软阴影"来完成的。

5. 灯光的使用

创建并放置光源的方法和创建一个立方体并没有什么区别。例如，可以通过在检视窗口中右击，依次选择 Create → Light → Directional Light 选项创建一个方向光源。在选中一个灯光对象时，可以看到它的辅助框线，不同的灯光有不同的框线。在场景视图窗口中可以开启和关闭光照效果。图 3.66 中的太阳图标即是开关按钮。

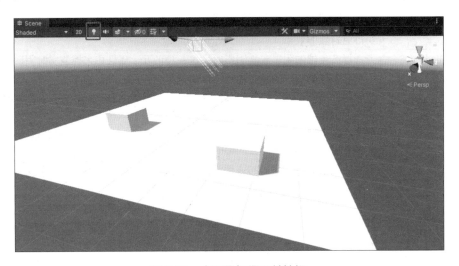

图 3.66　太阳图标是开关按钮

如前所述，定向光的位置不重要（除非使用了 Cookie 的情况），角度很重要。修改点光源、探照灯光源的位置和方向都可以在场景中立即看到效果。此外，这些光源的辅助框线也清晰地展示了光源的影响范围。

图 3.67 给出了探照灯以及辅助框线，注意圆锥形的黄色线条。

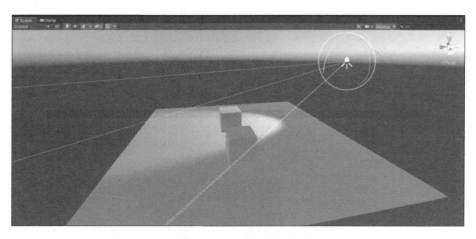

图 3.67　探照灯以及辅助框线

　　方向光源通常用来表现日光下的效果。一般日光的方向是斜向下方的，如果用垂直地面照射的光，则会显得很死板。例如，当一个角色跳入场景的时候，如果方向光源是正射而不是一定角度的话，立体感和表现力就会差很多。

　　探照灯和点光源通常用来表现人造光源。刚开始将它们加入场景时，往往看不到什么效果，只有将光线的范围调整到合适的比例时，才能看到明显的变化。当探照灯只是射向地面时，只能感受到一个 V 形的照高范围。只有当探照灯前有一个角色或者对象经过时，才会体会到探照灯特有的效果。

　　灯光具有默认的光照强度和颜色（白色），用于大多数正常的场景。但是当用户想要个性化的场景氛围时，调整它们可以立即得到完全不同的效果。例如，一个闪耀着绿光的灯光将周围的对象照亮成绿色，汽车的大灯带有一些黄色而不是白色等。

■ 任务实施

　　步骤 1　新建场景命名为 Light，如图 3.68 所示。

灯光设置

图 3.68　新建场景

步骤2 创建地面。在 Hierarchy 窗口依次选择 3D Object → Plane 命令，如图 3.69 所示。

步骤3 可以创建几个对象。在 Hierarchy 窗口依次选择 3D Object → Cube、Sphere、Capsule 命令等对象，如图 3.70 所示。

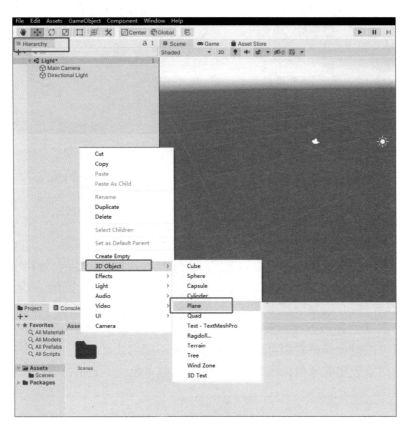

图 3.69　创建地面

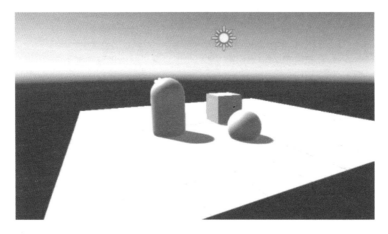

图 3.70　创建几何体

步骤4 添加点光源。在 Hierarchy 窗口依次选择 Light → Point Light 命令，如图 3.71 所示。

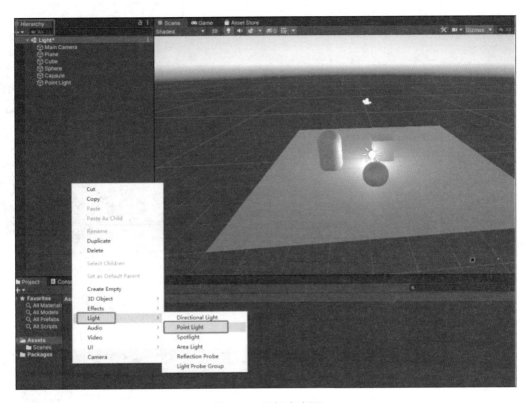

图 3.71　添加点光源

步骤5 将点光源颜色修改为红色。选择点光源，在 Inspector 窗口单击 Light 下的 Color 的颜色条，在取色器上将颜色改为红色，如图 3.72 所示。

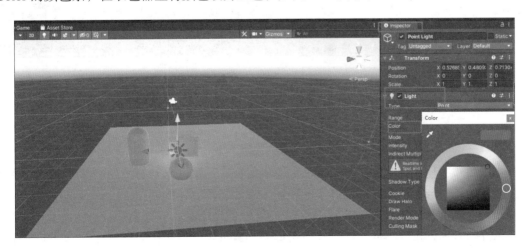

图 3.72　修改颜色

步骤6 修改点光源强度。选择点光源，在 Inspector 窗口单击 Light 下将 Intensity 参数改为 6，如图 3.73 所示。

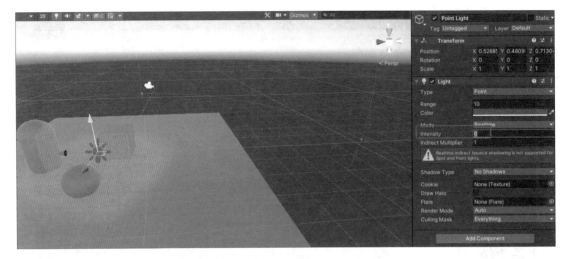

图 3.73　修改点光源强度

步骤7 修改点光源范围。选择点光源，在 Inspector 窗口单击 Light 下将 Range 参数改为 4，如图 3.74 所示。

图 3.74　修改点光源范围

本次任务实施完成，读者可以自行运行并检查效果。

■ 项目小结

本项目中我们主要是学习虚拟现实的基础操作，从最开始对对象的平移、旋转以及缩放到场景的创建与保存、组件与脚本的使用、标签与预制体的使用、设备的输入到最后的灯光使用。如前所述，学习 Unity 3D 最大的好处就是不需要等完全学会了所有功能以后，再尝试虚拟现实开发。掌握了本项目所讲内容，就可以开始制作简单的开发项目了，开始时会有一些简陋，但是随着后面内容的学习会发现越来越好。

本项目大部分的难点在于，可能读者是第一次接触代码，输入的格式会相对来说不规范，导致最后出现错误。项目中的组件以及预制体等任务中的任务实施，主要讲解的是如何利用代码实现交互功能。灯光是场景效果中不可缺少的，想要学好 Unity 3D 就需要学习相关的灯光知识。

项目自测

运用所学的知识对以下题目进行解答。

1. 简述本项目中 Unity 3D 中的知识点。

2. 赛题:《VR 中国一带一路展厅之墨西哥国家厅》。任务要求如下。

（1）完成 VR 中国导游小 V 行走、欢迎、用手指向墨西哥国展厅中被介绍对象的动画制作，并在交互中体现。

（2）故事设计不少于 4 个交互事件: 小 V 对走入展厅第一人称玩家的欢迎和引导; 小 V 对墨西哥国基本情况介绍（展板）; 小 V 对墨西哥国代表模型的介绍; 事件触发完毕后，墨西哥国展厅中出现该国国旗（道具）和象征友谊的月季花（道具）,国旗和月季花可拾取。

（3）主要角色引导路线、事件触发后对话出现的文字、声音播放的提示。

项目4

物理引擎与粒子系统的使用

项目导读

Unity 3D 物理系统更准确的叫法是物理引擎（Physics Engine），该引擎是采用 NVIDIA 的 PhysX 物理引擎实现的。所谓物理系统，是指在游戏对象上实现加速度、碰撞、重力、摩擦力及各种外力作用的一系列功能集合。Unity 3D 物理系统又分为 2D 和 3D 两种类型，两者在使用上大体相似，主要区别是 3D 物理系统多了一个维度。

Unity 3D 物理系统没有总开关，只要在游戏对象上附加并正确设置了物理组件，即可使用物理系统功能。本项目继续开发案例游戏，并基于物理系统实现主角的移动、跳跃、自由落体及更复杂的碰撞检测等功能。

学习目标

- 了解什么是物理引擎和粒子系统。
- 掌握刚体、碰撞体、射线、关节的组件使用。
- 掌握粒子系统的参数设置和使用。

职业素养目标

- 通过物理引擎和粒子系统的 Unity 3D 项目培养当代大学生在制作项目上的工匠精神。
- 培养学生具备掌握物理引擎和粒子系统在虚拟现实开发的专业技能。
- 利用所学专业知识能够独立创作出新世界的创新能力。

职业能力要求

- 具有清晰的 Unity 3D 项目开发思路。
- 学会物理引擎和粒子系统中各项技术的使用方法。
- 加强自主学习能力以及团结协作意识。

项目重难点

项目内容	工作任务	建议学时	技能点	重　难　点	重要程度
物理引擎与粒子系统的使用	任务 4.1　刚体的使用及设置	2	刚体的属性和力的使用	刚体参数	★★☆☆☆
				物理管理器设置	★★☆☆☆
				力的使用	★★★☆☆
				碰撞与休眠的使用	★★★☆☆
	任务 4.2　碰撞体的使用及设置	2	碰撞体的添加及选项设置	碰撞体的添加	★★★★☆
				碰撞体选项设置	★★★★☆
	任务 4.3　通过脚本使用射线	2	射线类的使用	Ray 射线类	★★★★☆
				RaycastHit 光线投射碰撞	★★★★☆
	任务 4.4　关节的使用和设置	2	常用关节	铰链关节	★★★★★
				固定关节	★★★★★
				弹簧关节	★★★★★
				角色关节	★★★★★
				可配置关节	★★★★☆
	任务 4.5　粒子系统的使用和设置	2	粒子系统的参数理解和使用	粒子发射器 Emission	★★★★★
				粒子动画 Texture Sheet Animation	★★★★★
				粒子渲染器 Renderer	★★★★★

任务 4.1　刚体的使用及设置

■ 学习目标

知识目标：了解刚体组件的概念和功能。

能力目标：完成刚体组件的添加，刚体组件各个参数的设置。

■ 建议学时

2 学时。

■ 任务要求

本任务主要进行刚体的使用及设置。

 知识归纳

在 Unity 3D 的 Physics Engine 设计中，使用硬件加速的物理处理器 PhysX 专门负责物理方面的运算。Unity 3D 的物理引擎速度较快，还可以减轻 CPU 的负担，现在很多游戏开发引擎都选择 Physics Engine 来处理物理部分。在 Unity 3D 中，物理引擎是游戏设计中最为重要的步骤，主要包含刚体、碰撞、物理材质以及关节运动等。

1. 参数设置

刚体在各种物理状态影响下运动，刚体的属性包括 Mass（质量）、Drag（阻力）、Angular Drag（角阻力）、Use Gravity（是否使用重力）、Is Kinematic（是否受物理影响）、Collision Detection（碰撞检测）等，图 4.1 可以对刚体参数进行设置。

2. 物理管理器设置

Unity 3D 集成开发环境作为一个优秀的游戏开发平台，提供了出色的管理模式，即物理管理器（Physics Manager）。物理管理器管理项目中物理效果的参数，如对象的重力、反弹力、速度和角速度等。在 Unity 3D 中依次执行 Edit → Project Settings → Physics 命令可以打开物理管理器，如图 4.2 所示。

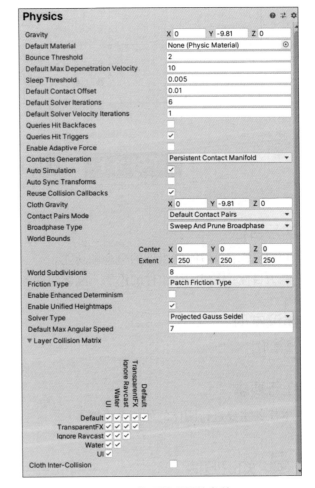

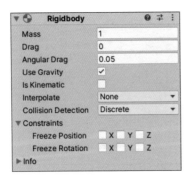

图 4.1　刚体组件的参数　　　　　图 4.2　物理管理器的参数

可以根据需要通过调整物理管理器中的参数来改变游戏中的物理效果，具体常用参数如表 4.1 所示。

表4.1 物理管理器的参数

参　数	含　义	功　能
Gravity	重力	应用于所有刚体，一般仅在 Y 轴起作用
Default Material	默认物理材质	如果一个碰撞体没有设置物理材质，将采用默认材质
Bounce Threshold	反弹阈值	如果两个碰撞体的相对速度低于该值，则不会反弹
Sleep Velocity	休眠速度	低于该速度的对象将进入休眠
Sleep Angular Velocity	休眠角速度	低于该角速度的对象将进入休眠
Max Angular Velocity	最大角速度	用于限制刚体角速度，避免旋转时数值不稳定
Min Penentration For Penalty	最小穿透力	设置在碰撞检测器将两个对象分开前，它们可以穿透多少距离
Solver Iteration Count	迭代次数	决定了关节和连接的计算精度
Raycasts Hit Triggers	射线检测命中触发器	如果启动此功能，在射线检测时命中碰撞体会返回一个命中消息；如果关闭，则不返回命中消息
Layer Collision Matrix	层碰撞矩阵	定义层碰撞检测系统的行为

3. 力的使用

力一般是在对象之间的作用过程中表现出来的，在物理学中力是非常重要的元素。力的种类有很多，刚体组件因受到力的作用而进行加速或抛物线运动。常用的四种力模式，如表 4.2 所示。

表4.2 四种力的模式及意义

力 的 模 式	意　义
ForceMode.Force（默认）	添加一个可持续的力，使用其质量
ForceMode.Acceleration	添加一个可持续的力，忽略其质量，无论设置多少都为 1
ForceMode.Impulse	添加一个瞬间爆发力，使用其质量
ForceMode.VelocityChange	添加一个瞬间爆发力，忽略其质量，无论设置多少都为 1

力是添加在刚体上，写在 FixedUpdate（）中。Unity 3D 中 Rigidbody 添加力的几种方法如表 4.3 所示。

表4.3 添加力的方法

力 的 方 法	意　义
Rigidbody.AddForce	添加一个力到刚体
Rigidbody.AddRelativeForce	添加一个力到刚体，相对于刚体自身的坐标系统
Rigidbody.AddTorque	在刚体上增加一个力矩（扭矩）
Rigidbody.AddRelativeTorque	添加一个力矩到刚体，相对于刚体自身的坐标系统
Rigidbody.AddForceAtPosition	在 Position 位置应用 Force 力。作为结果这个将在这个对象上应用一个力矩和力。为了效果的真实性，Position 的位置应在刚体的表面
Rigidbody. AddExplosionForce	应用一个力到刚体来模拟爆炸效果。爆炸力将随着到刚体的距离线性衰减

4. 碰撞与休眠的使用

当游戏对象连接刚体这个组件以后，这个组件将存在碰撞的可能性。一旦刚体开始运动，那么系统方法便会监视刚体的碰撞状态。一般刚体的碰撞分为三种：进入碰撞、碰撞中和碰撞结束。游戏对象假设需要感应碰撞，那么就必须为其加入碰撞体。默认情况下，创建游戏对象时，会自动将碰撞体组件加入其中，而碰撞体组件决定了模型碰撞的方式。

Unity 3D 提供了五种碰撞体：Box Collider（盒子碰撞体）、Sphere Collider（球体碰撞体）、Capsule Collider（胶囊碰撞体）、Mesh Collider（网格碰撞体）和 Wheel Collider（车轮碰撞体）。其中，Box Collider 适用于立方体对象之间的碰撞；Sphere Collider 适用于球体对象之间；Capsule Collider 适用于胶囊体对象之间；Mesh Collider 适用于自己定义的模型；Wheel Collider 适用于车轮与地面或者其他对象之间的碰撞，表 4.4 为碰撞与休眠的使用方法。

表4.4　碰撞与休眠的使用方法

碰撞与休眠的使用方法	意　　义
OnCollisionEnter	刚体开始接触的时候，立即调用
OnCollisionStay	碰撞过程中，每帧都会调用此方法，直到撞击结束
OnCollisionExit	碰撞停止时，调用

休眠可以理解为让游戏对象变成静止状态，如果给某个游戏对象的状态设置为休眠，那么这个对象将立马静止，不再运动。刚体休眠方法及作用如表 4.5 所示。

表4.5　刚体休眠的方法及作用

刚体休眠的方法	作　　用
Rigidbody.Sleep()	强制一个刚体休眠至少一帧。刚体休眠有利于性能优化
Rigidbody.IsSleeping()	判断刚体是否在休眠
Rigidbody.WakeUp()	强制唤醒一个刚体

刚体的使用及设置

■ 任务实施

步骤 1　创建平面对象。依次执行菜单栏中的 GameObject → 3D Object → Plane 命令，会在 Scene 视图中出现了一个平面。在右侧的 Inspector 窗口中设置平面位置为（0，0，–5）。

步骤 2　创建立方体对象。依次执行菜单栏中的 GameObject → 3D Object → Cube 命令，创建三个立方体盒子。在右侧的 Inspector 窗口中分别设置这三个立方体盒子的位置为（0.5，0.5，–5）、（1，1.5，–5）、（1，2.5，–5），如图 4.3 所示。

步骤 3　创建球体对象。依次执行菜单栏中的 GameObject → 3D Object → Sphere 命令，在 Inspector 窗口中设置球体位置属性为（0.5，0.5，–12），如图 4.4 所示。

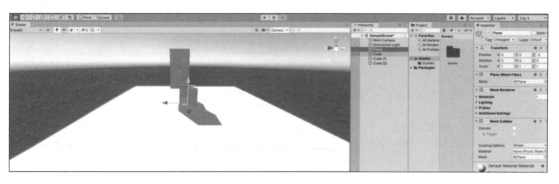

图 4.3 创建三个 Cube 并设置位置

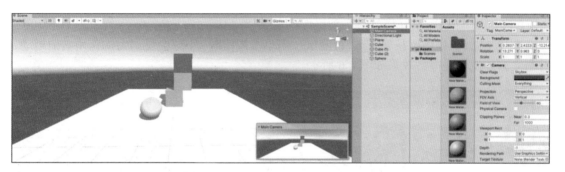

图 4.4 创建 Sphere 并设置位置

步骤4 选中球体，依次执行菜单栏中的 Component → Physics → Rigidbody 命令，为球体和立方体添加刚体属性，如图 4.5 所示。

Component	Window	Help
Add...	Ctrl+Shift+A	
Mesh	>	
Effects	>	
Physics	>	Rigidbody
Physics 2D	>	Character Controller
Navigation	>	
Audio	>	Box Collider
Video	>	Sphere Collider
Rendering	>	Capsule Collider
Tilemap	>	Mesh Collider
Layout	>	Wheel Collider
Playables	>	Terrain Collider
Miscellaneous	>	
Scripts	>	Cloth
UI	>	Hinge Joint
Event	>	Fixed Joint
		Spring Joint
		Character Joint
		Configurable Joint
		Constant Force

图 4.5 给 Sphere 添加 Rigidbody 组件

步骤5 创建 C# Script 脚本，双击打开，输入下列代码。

【代码4.1】

```
public class sphere : MonoBehaviour{
    private GameObject addForceObj;
    void Start(){
        addForceObj = GameObject.Find("Sphere");
    }
    void Update(){
        addForceObj.GetComponent<Rigidbody>().AddForce(transform.forward
*200);
    }
}
```

步骤6 保存脚本并将其链接到摄像机上。

步骤7 单击 Play 按钮 进行测试。当单击按钮时，小球会受到力的作用向前运动，并与立方体发生碰撞，效果如图 4.6 所示。

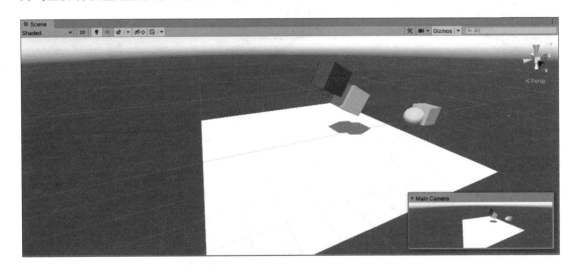

图 4.6 运行效果

本次任务实施完成，读者可以自行运行并检查效果。

任务 4.2 碰撞体的使用及设置

■ 学习目标

知识目标：学习碰撞体组件的概念和功能。

能力目标：学习碰撞体的添加，碰撞体组件各个参数的设置已经通过脚本进行碰撞检测。

◼ 建议学时

2 学时。

◼ 任务要求

本任务主要进行碰撞体的使用、碰撞体的参数设置以及通过脚本对对象间的碰撞进行检测。

 知识归纳

在项目制作过程中，游戏对象要根据游戏的需要进行物理属性的交互。Unity 3D 的物理组件为游戏开发者提供了碰撞体组件。碰撞体是物理组件的一类，它与刚体一起促使碰撞发生。碰撞体一般是简单形状，如方块、球形或者胶囊形等。在 Unity 3D 中，每当一个 GameObjects 被创建时，会自动分配一个合适的碰撞体：一个立方体会得到一个 Box Collider（立方体碰撞体），一个球体会得到一个 Sphere Collider（球体碰撞体），一个胶囊体会得到一个 Capsule Collider（胶囊体碰撞体）等。

1. 碰撞体添加

在 Unity 3D 的物理组件使用过程中，碰撞体需要与刚体一起添加到游戏对象上才能触发碰撞。值得注意的是，刚体一定要绑定在被碰撞的对象上才能产生碰撞效果，而碰撞体则不一定要绑定刚体。碰撞体的添加方法：首先选中游戏对象，执行菜单栏中的 Component → Physics 命令，可以为游戏对象添加不同类型的碰撞体，如图 4.7 所示。

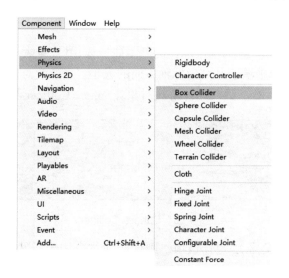

图 4.7 添加碰撞体

2. 碰撞体选项设置

Unity 3D 为游戏开发者提供了多种类型的碰撞体资源，如图 4.8 所示。当游戏对象中的 Rigidbody 碰撞体组件被添加后，其属性窗口中会显示相应的属性设置选项，每种碰撞体的资源类型稍有不同。

1）Box Collider

Box Collider 是最基本的碰撞体，是一个立方体外形的基本碰撞体。一般游戏对象往往具有 Box Collider 属性，如墙壁、门、墙以及平台等。Box Collider 也可用于布娃娃的角色躯干或汽车等交通工具的外壳，最适合用在盒子或是箱子上。游戏对象一旦添加了 Box Collider 属性，Inspector 窗口中就会出现对应的 Box Collider 属性参数设置，如图 4.9 所示。

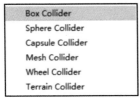

图 4.8　碰撞体的类型

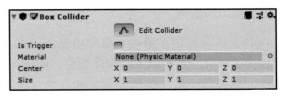

图 4.9　Box Collider

（1）Is Trigger（触发器）：勾选该项，则该碰撞体可用于触发事件，并将被物理引擎所忽略。

（2）Material（材质）：为碰撞体设置不同类型的材质。

（3）Center（中心）：碰撞体在对象局部坐标中的位置。

（4）Size（大小）：碰撞体在 X、Y、Z 方向上的大小。

如果 Is Trigger 选项被勾选，该对象一旦发生碰撞动作，则会产生三个碰撞信息并发送给脚本参数：OnTriggerEnter、OnTriggerExit、OnTriggerStay。Physics Material 定义了物理材质，包括冰、金属、塑胶、木头等。

2）Sphere Collider

Sphere Collider 是一个球形、基于球体的基本碰撞体，其三维大小可以按同一比例调节，如图 4.10 所示，但不能单独调节某个坐标轴方向的大小。当游戏对象的物理形状是球体时，则使用球体碰撞体，如落石、乒乓球等游戏对象。Sphere Collider 具体参数如下所示。

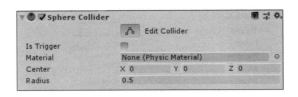

图 4.10　Sphere Collider

（1）Is Trigger（触发器）：勾选该项，则该碰撞体可用于触发事件，并将被物理引擎所忽略。

（2）Material（材质）：用于为碰撞体设置不同的材质。

（3）Center（中心）：设置碰撞体在对象局部坐标中的位置。

（4）Radius（半径）：设置球形碰撞体的大小。

3）Capsule Collider

Capsule Collider 由一个圆柱体盒的两个半球组合而成，其半径和高度都可以单独调节，可用在角色控制器或与其他不规则形状的碰撞结合来使用。通常添加至 Character 或 NPC 等对象的碰撞属性中，具体参数如图 4.11 所示。

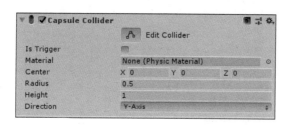

图 4.11 Capsule Collider

（1）Is Trigger（触发器）：勾选该项，则该碰撞体可用于触发事件，并将被物理引擎所忽略。

（2）Material（材质）：用于为碰撞体设置不同的材质。

（3）Center（中心）：设置碰撞体在对象局部坐标中的位置。

（4）Radius（半径）：设置碰撞体的大小。

（5）Height（局度）：控制碰撞体中圆柱的高度。

（6）Direction（方向）：设置在对象的局部坐标中胶囊体的纵向所对应的坐标轴，默认是 Y 轴。

4）Mesh Collider

Mesh Collider（网格碰撞体）根据 Mesh 形状产生碰撞体，比起 Box Collider、Sphere Collider 和 Capsule Collider，Mesh Collider 更加精确，但会占用更多的系统资源。它专门用于复杂网格所生成的模型，具体参数如图 4.12 所示。

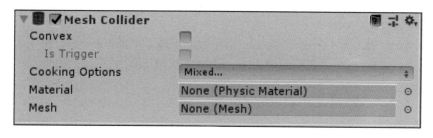

图 4.12 Mesh Collider

（1）Convex（凸起）：勾选该项，则 Mesh Collider 将会与其他的 Mesh Collider 发生碰撞。

（2）Material（材质）：用于为碰撞体设置不同的材质。

（3）Mesh（网格）：获取游戏对象的网格并将其作为碰撞体。

5）Wheel Collider

Wheel Collider（车轮碰撞体）是一种针对地面车辆的特殊碰撞体，自带碰撞监测、轮胎物理现象和轮胎模型，专门用于处理轮胎，具体参数如图 4.13 所示。

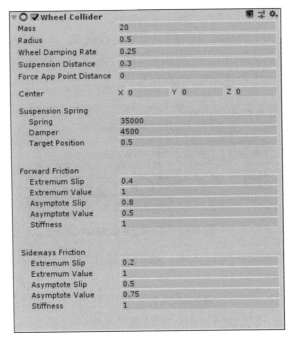

图 4.13　Wheel Collider

（1）Mass（质量）：用于设置 Wheel Collider 的质量。

（2）Radius（半径）：用于设置碰撞体的半径大小。

（3）Wheel Damping Rate（车轮减震率）：用于设置碰撞体的减震率。

（4）Suspension Distance（悬挂距离）：该项用于设置碰撞体悬挂的最大伸长距离，按照局部坐标来计算，悬挂总是通过其局部坐标的 Y 轴延伸向下。

（5）Center（中心）：用于设置碰撞体在对象局部坐标的中心。

（6）Suspension Spring（悬挂弹簧）：用于设置碰撞体通过添加弹簧和阻尼外力使得悬挂达到目标位置。

（7）Forward Friction（向前摩擦力）：当轮胎向前滚动时的摩擦力属性。

（8）Sideways Friction（侧向摩擦力）：当轮胎侧向滚动时的摩擦力属性。

碰撞体
的使用
及设置

■ 任务实施

步骤1　添加一个 Box Collider 组件，如图 4.14 所示。

步骤2　在 Project 视图中创建物理材质，将物理材质上的 Bounciness 调大，如图 4.15 所示。

其中，各参数含义如下。

• Dynamic Friction：动摩擦系数。

• Static Friction：静摩擦系数。

• Bounciness：弹力系数。

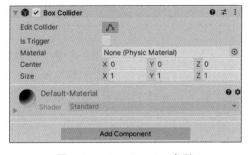

图 4.14　Box Collider 参数

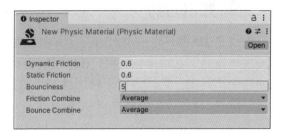

图 4.15　物理材质参数

- Friction Combine：摩擦系数组合（两个对象摩擦系数的选择，这些系数包括：平均值、最大值、最小值、差值）。
- Bounce Combine：弹力系数组合（两个对象弹力系数的选择，这些系数包括：平均值、最大值、最小值、差值）。

步骤 3　把物理材质拖曳到 Sphere Collider 的 Material 上，小球掉落后就会弹起来了，如图 4.16 所示。

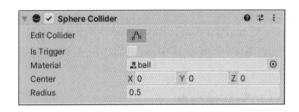

图 4.16　为碰撞体添加物理材质

本次任务实施完成，读者可以自行运行并检查效果。

任务 4.3　通过脚本使用射线

■ 学习目标

知识目标：学习射线的概念和功能。

能力目标：通过脚本生成射线，对射线进行设置，并进行碰撞检测。

■ 建议学时

2 学时。

■ 任务要求

本任务主要通过脚本使用射线。

知识归纳

射线是 3D 世界中一个点向一个方向发射的一条无终点的线，在发射轨迹中与其他对象发生碰撞时，它将停止发射。Ray 射线类和 RaycastHit 射线投射碰撞信息类是射线中常用的两个工具类。射线多用于碰撞检测（如射击游戏里是否击中目标）、角色移动、判断是否触碰到 3D 世界中的哪些对象等。

1. Ray 射线类

使用鼠标拾取或判断子弹是否碰到对象，需要往特定方向发射射线。射线方向可能是世界坐标中的一个矢量方向，或屏幕上某一点。针对后者，Unity 3D 提供了两个 API 如下所示。

（1）Ray Camera.main.ScreenPointToRay（Vector3 pos）：返回一条射线 Ray 从摄像机的近视口 nearClip 到屏幕指定一个点。若射线未碰撞到对象（需要含有碰撞体组件），碰撞点 hit.point 的值为（0，0，0）。其中 pos 值利用实际像素值表示射线到屏幕上的位置。pos 的 X 或 Y 分量由 0 增到最大值，射线将由一边移到另一边。但 pos 是在屏幕上，故 Z 分量始终是 0。

（2）Ray Camera.main.ViewportPointToRay（Vector3 pos）：返回一条射线 Ray 从摄像机到视口（视口之外无效）指定一个点。其中 pos 值用单位比例值的方式表示射线到屏幕上的位置。

2. RaycastHit 射线投射碰撞信息

（1）bool Physics.Raycast（Vector3 origin，Vector3 direction，float distance，int layerMask）：射线与碰撞体发生碰撞时返回 true，否则未穿过任何碰撞体则返回 false。其参数含义如下。

- Origin：在世界坐标中射线起点。
- Direction：射线的方向矢量。
- Distance：射线长度，即起点到设定的终点的距离，默认是无限长。
- layerMask：显示层掩码，指定层次的碰撞体碰撞，其他层次的碰撞则会被忽略掉。

（2）bool Physics.Raycast（Ray ray，Vector3 direction，RaycastHit out hit，float distance，int layerMask）：在场景中投下可与所有碰撞体碰撞的一条光线，并返回碰撞的信息，包括位置等的信息。

（3）bool Physics.Raycast（Ray ray，float distance，int layerMask）：当射线投射与任何碰撞体交叉时为 true，否则为 false。

（4）bool Physics.Raycast（Vector3 origin，Vector3 direction，RaycastHit out hit，float distance，int layerMask）：当射线投射与任何碰撞体交叉时为 true，否则为 false。注意：如果从一个球型体的内部到外部用射线投射，返回为 false。其参数如下。

- distance：射线的长度。
- hit：使用 C # 中 out 关键字传入一个空的碰撞信息类，然后碰撞后赋值。可以得到碰撞体的 transform、rigidbody、point 等信息。

• layerMask：只选定 Layermask 层内的碰撞体，其他层内碰撞体忽略，选择性地碰撞。

（5）RaycastHit[] RaycastAll（Ray ray，float distance，int layerMask）：投射一条射线并返回所有碰撞，也就是投射射线并返回一个 RaycastHit[] 结构体。其参数 layerMask 共有 32 个层，对应使用一个 32 位整数的个位来表示每个层级，这个位为 1 表示使用该层，为 0 表示不使用该层。

■ 任务实施

步骤 1 创建一个 Plane 和一个 Cube，如图 4.17 所示。

步骤 2 创建 C# Script 脚本，双击打开，输入代码 4.2。

通过脚本
使用射线

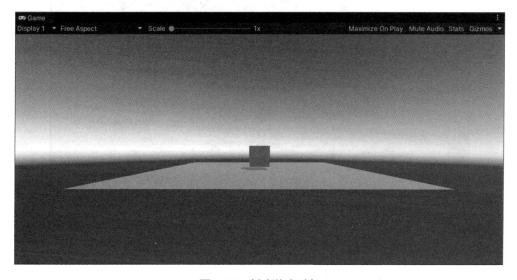

图 4.17　创建游戏对象

【代码 4.2】

```
public class NewBehaviourScript : MonoBehaviour{
    public Transform cube;
    void Update()
    {
        if (Input.GetMouseButton(0)){
            Ray ray = Camera.main.ScreenPointToRay(Input.mousePosition);
            RaycastHit HitInfo;
            if (Physics.Raycast(ray, out HitInfo , Mathf.Infinity)){
                cube.position = HitInfo.point;
                Debug.Log(" 碰撞对象 :"+HitInfo.collider.name);
            }
        }
    }
}
```

步骤3 将脚本挂在场景中的对象上，单击 Play 按钮进行测试。当单击 Plane 时，Cube 会移动到点击的位置。单击对象会生成一条射线，当射线与对象发生碰撞后会打印出该对象的名字并在 Console 视图显示出来。如图 4.18 所示。

本次任务实施完成，读者可以自行运行并检查效果。

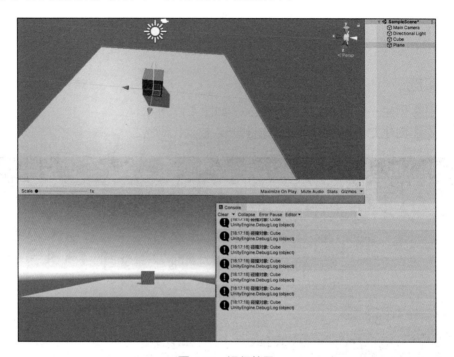

图 4.18　运行效果

任务 4.4　关节的使用和设置

■ 学习目标

　　知识目标：学习关节组件的概念和功能。

　　能力目标：完成关节组件的添加，刚体组件各个参数的设置。

■ 建议学时

　　2 学时。

■ 任务要求

　　本任务主要进行关节组件的使用及设置。通过给游戏对象添加关节组件来学习关节的相关功能。

知识归纳

在 Unity 3D 中，物理引擎内置的关节组件能够使游戏对象模拟具有关节形式的连带运动。关节对象可以添加到多个游戏对象中，添加了关节的游戏对象将通过关节连接在一起并具有连带的物理效果。需要注意的是，关节组件的使用必须依赖刚体组件。

1. 铰链关节

Unity 3D 中的两个刚体能够组成一个铰链关节（Hinge Joint），并且铰链关节能够对刚体进行约束。具体依次使用时，首先依次执行菜单栏中的 Component → Physics → Hinge Joint 命令，为指定的游戏对象添加铰链关节组件，如图 4.19 所示。然后在 Inspector 属性中设置如下属性。

图 4.19 添加铰链关节组件

（1）Connected Body（连接刚体）：为指定关节设定要连接的刚体。

（2）Anchor（锚点）：设置应用于局部坐标的刚体所围绕的摆动点。

（3）Axis（轴）：定义应用于局部坐标的刚体摆动的方向。

（4）Use Spring（使用弹簧）：使刚体与其连接的主体物形成特定高度。

（5）Spring（弹簧）：用于勾选使用弹簧选项后的参数设定。

（6）Use Motor（使用马达）：使对象发生旋转运动。

（7）Motor（马达）：用于勾选使用马达选项后的参数设定。

（8）Use Limits（使用限制）：限制铰链的角度。

（9）Limits（限制）：用于勾选使用限制选项后的参数设定。

（10）Break Force（断开力）：设置断开铰链关节所需的力。

（11）Break Torque（断开转矩）：设置断开铰链关节所需的转矩。

2. 固定关节

在 Unity 3D 中，用于约束指定游戏对象对另一个游戏对象运动的组件叫作固定关节（Fixed Joint）组件，其类似于父子级的关系。具体使用时，首先依次执行菜单栏中的 Component → Physics → Fixed Joint 命令，为指定游戏对象添加固定关节组件。当固定关节组件被添加到游戏对象后，在 Inspector 属性中设置相关属性。

（1）Connected Body（连接刚体）：为指定关节设定要连接的刚体。

（2）Break Force（断开力）：设置断开固定关节所需的力。

（3）Break Torque（断开力矩）：设置断开固定关节所需的转矩。

3. 弹簧关节

在 Unity 3D 中，将两个刚体连接在一起并使其如同弹簧一般运动的关节组件叫弹簧关节（Spring Joint）组件。具体使用时，首先依次执行菜单栏中的 Component → Physics → Spring Joint 命令，为指定的游戏对象添加弹簧关节组件。在 Inspector 中相关属性如下。

（1）Connected Body（连接刚体）：为指定关节设定要连接的刚体。

（2）Anchor（锚点）：设置应用于局部坐标的刚体所围绕的摆动点。

（3）Spring（弹簧）：设置弹簧的强度。

（4）Damper（阻尼）：设置弹簧的阻尼值。

（5）Min Distance（最小距离）：设置弹簧启用的最小距离数值。

（6）Max Distance（最大距离）：设置弹簧启用的最大距离数值。

（7）Break Force（断开力）：设置断开弹簧关节所需的力度。

（8）Break Torque（断开转矩）：设置断开弹簧关节所需的转矩。

4. 角色关节

在 Unity 3D 中，主要用于表现布偶效果的关节组件叫作角色关节（Character Joint）组件。具体使用时，首先依次执行菜单栏中的 Component → Physics → Character Joint 命令，为指定的游戏对象添加角色关节组件。在 Inspector 中相关属性如下。

（1）Connected Body（连接刚体）：为指定关节设定要连接的刚体。

（2）Anchor（锚点）：设置应用于局部坐标的刚体所围绕的摆动点。

（3）Axis（扭动轴）：角色关节的扭动轴。

（4）Swing Axis（摆动轴）：角色关节的摆动轴。

（5）Low Twist Limit（扭曲下限）：设置角色关节扭曲的下限。

（6）High Twist Limit（扭曲上限）：设置角色关节扭曲的上限。

（7）Swing 1 Limit（摆动限制 1）：设置摆动限制的下限。

（8）Swing 2 Limit（摆动限制 2）：设置摆动限制的上限。

（9）Break Force（断开力）：设置断开角色关节所需的力。

（10）Break Torque（断开转矩）：设置断开角色关节所需的转矩。

5. 可配置关节

Unity 3D 为游戏开发者提供了一种用户自定义的关节形式，其使用方法较其他关节组件烦琐和复杂，可调节的参数很多。具体使用时，首先依次执行菜单栏中的 Component → Physics → Configurable Joint 命令，为指定游戏对象添加可配置关节组件。由于其属性较多这里只列出部分内容如下。

（1）Connected Body（连接刚体）：为指定关节设定要连接的刚体。

（2）Anchor（锚点）：设置关节的中心点。

（3）Axis（主轴）：设置关节的局部旋转轴。

（4）Secondary Axis（副轴）：设置角色关节的摆动轴。

（5）X Motion（X 轴移动）：设置游戏对象基于 X 轴的移动方式。

（6）Y Motion（Y 轴移动）：设置游戏对象基于 Y 轴的移动方式。

（7）Z Motion（Z 轴移动）：设置游戏对象基于 Z 轴的移动方式。

（8）Break Force（断开力）：设置断开关节所需的作用力。

（9）Enable Collision（启动碰撞）：启动碰撞属性。

■ 任务实施

步骤 1 创建一个空游戏对象，取名为 spring_joint。

步骤 2 分别创建一个正方体 Cube、一个球体 Sphere 为空节点的子节点。为了区分，给 Cube 一个材质，颜色为红色，如图 4.20 所示。

关节的使用和设置

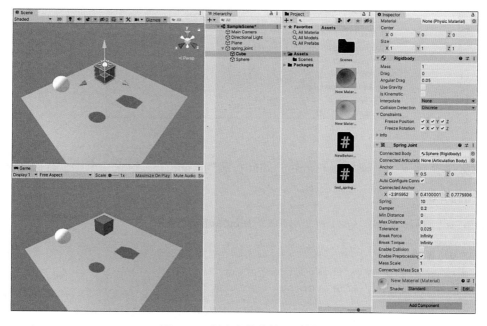

图 4.20　创建空节点并设置材质

步骤 3 给正方体和球体都增加刚体组件、去掉重力即取消勾选 Use Gravity。设置正方体的约束 Freeze Position 的 X、Y、Z，Rotation 的 X、Y、Z，设置球体的约束 Freeze

Rotation 的 X、Y、Z，如图 4.21 所示。

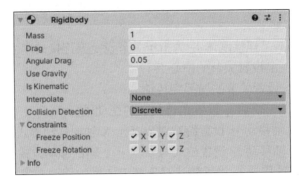

图 4.21　对 Cube 和 Sphere 的 Rigidbody 进行设置

步骤 4 给球体增加 Spring Joint 组件，Connected Body 属性设置为 Sphere，如图 4.22 所示。

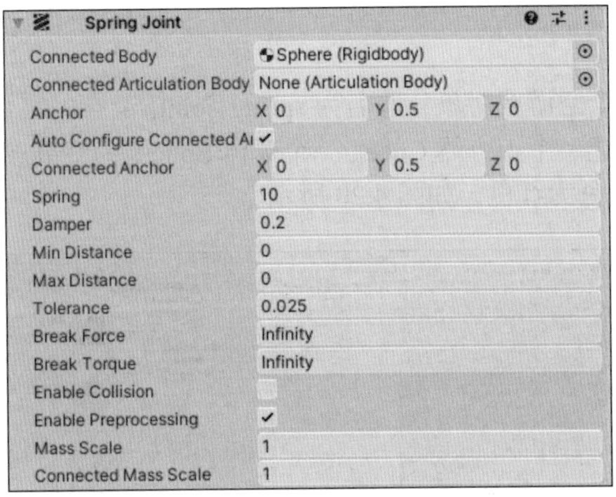

图 4.22　对 Spring Joint 进行设置

步骤 5 创建一个脚本 test_spring_joint 挂载到 Cube 上，给它一个力。代码如下。

【代码 4.3】

```
public class test_spring_joint : MonoBehaviour{
    Rigidbody body;
    void Start() {
        this.body = this.GetComponent<Rigidbody>();
        this.body.AddForce(new Vector3 (200, 0, 0));
    }
}
```

步骤 6 单击运行，效果如图 4.23 所示。

本次任务实施完成，读者可以自行运行并检查效果。

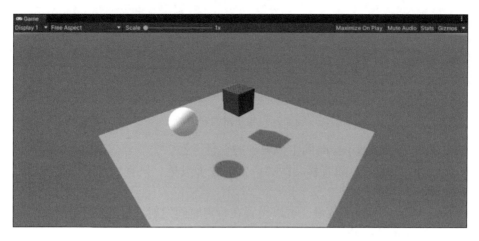

图 4.23　运行效果

任务 4.5　粒子系统的使用和设置

■ **学习目标**

知识目标：学习粒子系统的概念和功能。

能力目标：完成粒子系统的添加，粒子系统各个参数的设置。

■ **建议学时**

2 学时。

■ **任务要求**

本任务主要进行粒子系统的使用及设置。

熟练使用粒子系统的粒子发射器、粒子动画器和粒子渲染器。通过添加粒子系统并对相关参数进行设置，制作成出不同的粒子特效。

🖥 **知识归纳**

粒子系统是三维控件渲染出来的二维图像，主要用于烟、火、水滴、落叶等效果。一个粒子系统由粒子发射器、粒子动画器和粒子渲染器三个独立的部分组成。

1. 粒子发射器 Emission

粒子发射器主要负责设置发射粒子数量、时间和形状等属性。粒子发射器的参数如图 4.24 所示。发射模块（Emission）的各参数含义如下。

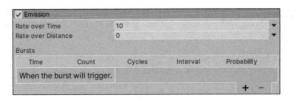

图 4.24　粒子发射器参数

- Rate Over Time：随单位时间生成粒子的数量。
- Rate Over Distance：随着移动距离产生的粒子数量。只有当粒子系统移动时，才发射粒子。
- Bursts：特定时间粒子数量，可以设置在特定时间发射大量的粒子。
    - Time：从第几秒开始。
    - Min：最小粒子数量。
    - Max：最大的粒子数量，粒子的数量会在 Min 和 Max 之间随机。
    - Cycles：在一个周期中循环的次数。
    - Interval：两次 Cycles 的间隔时间。

粒子发射器的形状设置如图 4.25 所示。具体形状含义如下。

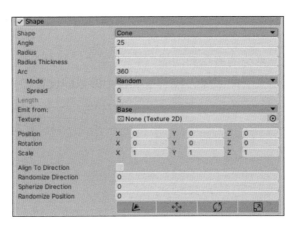

图 4.25　粒子发射器形状的参数

- Sphere：球体发射器。
- HemiSphere：半球体发射器。
- Cone：锥体发射器。
- Box：正方体发射器。
- Mesh：网格发射器。
- Circle：圆形发射器。
- Edge：水平线发射器。

2. 粒子动画器 Texture Sheet Animation

粒子动画器主要用于设置粒子的动画效果。粒子动画参数如图 4.26 所示，其具体含义如下。

（1）Mode：弹出菜单 选择 Sprites 模式。

（2）Tiles：纹理在 X（水平）和 Y（垂直）方向上划分的区块数量。

（3）Animation：Animation 模式可设置为 Whole Sheet 或 Single Row（即精灵图集的每一行代表一个单独的动画序列）。

（4）Time Mode：选择粒子系统如何在动画中对帧进行采样。

（5）Frame over Time 通过一条曲线指定动画帧随着时间的推移如何增加。

（6）Start Frame 允许指定粒子动画应从哪个帧开始（对于在每个粒子上随机定相动画非常有用）。

（7）Cycles：动画序列在粒子生命周期内重复的次数。

（8）Affected UV Channels：Affected UV Channels。

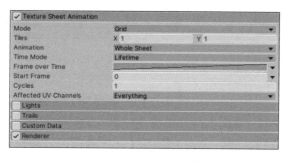

图 4.26　粒子动画参数

3. 粒子渲染器 Renderer

Renderer 模块的设置决定了粒子的图像或网格如何被其他粒子变换、着色和过度绘制，如图 4.27 所示。

（1）Render Mode：如何从图形图像（或网格）生成渲染图像。

（2）Normal Direction：用于粒子图形的光照法线的偏差。值为 1.0 表示法线指向摄像机，而值为 0.0 表示法线指向屏幕中心（仅限公告牌模式）。

（3）Material 用于渲染粒子的材质。

（4）Trail Material：用于渲染粒子轨迹的材质。仅当启用了 Trails 模块时，此选项才可用。

（5）Sort Mode：绘制粒子（因此覆盖粒子）的顺序。可能的值为 By Distance (from the Camera)、Oldest in Front 和 Youngest in Front。系统中的每个粒子都将根据此设置进行排序。

（6）Sorting Fudge：粒子系统排序的偏差。较低的值会增加粒子系统在其他透明游戏对象（包括其他粒子系统）上绘制的相对概率。此设置仅影响整个系统在场景中的显示位置，而不会对系统中的单个粒子执行排序。

（7）Min Particle Size：最小粒子大小（无论其他设置如何），表示为视口大小的一个比例。请注意，仅当 Rendering Mode 设置为 Billboard 时，才应用此设置。

（8）Max Particle Size：最大粒子大小（无论其他设置如何），表示为视口大小的一个

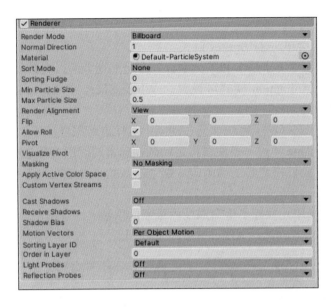

图 4.27　粒子渲染器参数

比例。请注意，仅当 Rendering Mode 设置为 Billboard 时，才应用此设置。

（9）Render Alignment：使用下拉选单选择粒子公告牌面向的方向。

（10）Flip：在指定轴上镜像一定比例的粒子。较高的值会翻转更多的粒子。

（11）Allow Roll：控制面向摄像机的粒子是否可以围绕摄像机的 Z 轴旋转。禁用此属性对于 VR 应用特别有用，因为在此应用中 HMD 滚动可能会给粒子系统带来不良后果。

（12）Pivot：修改旋转粒子的中心轴心点。此值是粒子大小的乘数。

（13）Visualize Pivot 在 Scene：视图中预览粒子轴心点。

（14）Masking 设置粒子系统渲染的粒子在与精灵遮罩交互时的行为方式。

（15）Apply Active Color Space：在线性颜色空间中渲染时，系统会在将粒子颜色上传到 GPU 之前从伽马空间转换粒子颜色。

（16）Custom Vertex Streams：配置材质的顶点着色器中可用的粒子属性。有关更多详细信息，请参阅粒子顶点流。

（17）Cast Shadows：如果启用此属性，阴影投射光源照在粒子系统上时将产生阴影。

（18）Shadow Bias：沿着光照方向移动阴影以消除因使用公告牌来模拟体积而导致的阴影瑕疵。

（19）Receive Shadows：决定阴影是否可投射到粒子上。只有不透明材质才能接受阴影。

（20）Sorting Layer：渲染器排序图层的名称。

（21）Order in Layer：此渲染器在排序图层中的顺序。

（22）Light Probes：基于探针的光照插值模式。

（23）Reflection Probes：如果启用此属性，并且场景中存在反射探针，则会为此游戏对象拾取反射纹理，并将此纹理设置为内置的着色器 uniform 变量。

任务实施

步骤1 依次单击 GameObject → Effects → Particle System 选项，创建粒子系统。

步骤2 在 Inspector 窗口内设置各项粒子参数：Duration=1；Start Lifetime=1；Start Speed=3。单击 Start Size 右侧的下三角按钮，在下拉列表中指定 Start Size 值的变化方式为 Random Between Two Constants（在两个常数值之间随机选择），并将两个常数值分别设为 0.5 和 0.8，如图 4.28 所示。

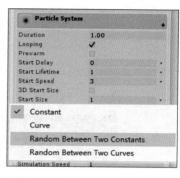

粒子系统的使用和设置

步骤3 选择 Emission，将 Rate over Time（每秒发射粒子的数量）设置为 40，如图 4.29 所示。

图 4.28 对 Particle System 参数进行设置

步骤4 选择 Shape（发射器形状），单击 Shape 右侧的三角形按钮，在下拉列表中选择 Cone（锥形发射器），设置 Angle（角度）值为 0，Radius（半径）值为 0.2，如图 4.30 所示。

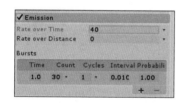

图 4.29 设置 Emission 的参数

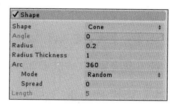

图 4.30 设置 Shape 的参数

步骤5 选择 Color over Lifetime，单击 Color 右侧的颜色条，在弹出的颜色编辑器中编辑渐变颜色及透明度，如图 4.31 所示。

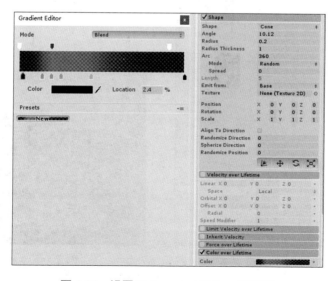

图 4.31 设置 Color over Lifetime 的参数

步骤6 选择 Size over Lifetime，设置其参数如图 4.32 所示。

步骤7 选择 Renderer，设置其参数如图 4.33 所示。

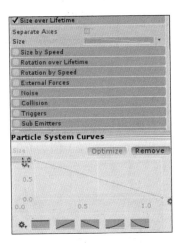

图 4.32 设置 Size over Lifetime 的参数

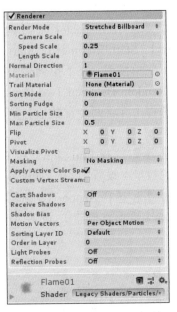

图 4.33 设置 Renderer 的参数

步骤8 选择 Particle System 游戏对象，再右击选择 Light → Point Light 选项，添加光源，生成一个子对象 Point Light 用于模拟火光效果，如图 4.34 所示。

步骤9 单击运行，看到火焰效果，如图 4.35 所示。

图 4.34 添加 Point Light 光源

图 4.35 火焰效果

本次任务实施完成，读者可以自行运行并检查效果。

■ 项目小结

本项目首先通过刚体、碰撞体、射线、关节、粒子系统这些内容，介绍了物理引擎和粒子系统的使用及相关的参数设置。然后分别加入了刚体、碰撞体、射线、关节、粒子系统的案例，使读者对 Unity 3D 引擎中的物理引擎和粒子系统有了一个直接的了解。

项目自测

1. 基于以上项目内容增加一个新的实验，实验名字"单击时对象移动到点击的位置"，请实现该实验功能。代码如 4.4 所示：

【代码 4.4】

```
public class NewBehaviourScript : MonoBehaviour{
    public Transform cube;
    void Update(){
        if (Input.GetMouseButton(0)){
            Ray ray = Camera.main.ScreenPointToRay(Input.mousePosition);
            RaycastHit HitInfo;
            if (Physics.Raycast(ray, out HitInfo , Mathf.Infinity)){
                cube.position = HitInfo.point;
                Debug.Log("碰撞对象 : "+HitInfo.collider.name);
            }
        }
    }
}
```

2. 赛题：2020 年 9 月 6 日上午，时隔 34 年，三星堆遗址考古发掘正式启动。2021 年 3 月 20 日，据成都举行的"考古中国"通报，有考古学家在三星堆遗址新发现"祭祀坑"。这一举动，震惊了全世界，使古代中国文化大放异彩。截至 2021 年 3 月 21 日，三星堆遗址已出土了金面具残片、青铜面具、古象牙、玉琮等 500 余件精美文物。三星文化对研究早期国家的进程及宗教意识的发展有重要价值，在人类文明发展史上占有重要地位。它是中国西南地区一处具有区域中心地位的最大的都城遗址。它的发现，为已消逝的古蜀国提供了独特的物证，把四川地区的文明史向前推进了 2000 多年。本任务就围绕三星堆出土文物——青铜纵目大面具制作科普内容的 MR 交互应用。

（1）参考"建模参考图"档夹中的图片建立青铜纵目大面具模型，要求外观、材质和贴图效果与参考图相似，如图 4.36 所示。

（2）在交互开始前，在视线前方播放文字导引信息，导引信息文案在"场景素材 / 文案"档夹中，以打字机的形式播放引导信息。播放完毕加载模型及功能 UI。

（3）参赛选手自行导入自建模型、素材模型、贴图等，在三维空间中构建合适的场景，将青铜纵目大面具模型资源载入并调整好材质效果，如图 4.28 所示。编辑 UI 动画，三个 UI 依次出现的缩放动画效果。选手可在所要求内容的基础上添加其他元素增加场景效果。

（4）为青铜纵目大面具模型添加可拖曳、旋转、缩放的交互功能；调用模型百科标签组件，展示文物百科信息；视频播放、暂停功能；模型按钮组件调用，控制视频、百科标

图 4.36　青铜纵目大面具参考图

签关闭。

（5）编写脚本实现以下功能：开场文字打字机效果；点击三个 UI 按钮实现对应功能的切换（三维展示、百科全说、视频展示）；不同功能切换实现 UI 缩放动画效果；模型匀速转动效果。选手可在要求内容上自行创新添加其他脚本实现更丰富的功能。

UGUI系统与动画系统的使用

　　UGUI 系统是从 Unity 3D 4.6 开始，被集成到 Unity 3D 的编辑器中。Unity 3D 官方给这个新的 UI 系统赋予的标签是：灵活，快速和可视化。简单来说，对于开发者而言就是三个优点：效率高效果好、易于使用和扩展，以及与 Unity 3D 的兼容性高。

　　在 UGUI 中所创建的所有 UI 控件，都有一个 UI 控件特有的 Rect Transform 组件。我们所创建的三维对象是 Transform，而 UI 控件是 Rect Transform。它是 UI 控件的矩形方位，其中的 Pos X、Pos Y、Pos Z 指的是 UI 控件在相应轴上的偏移量。UI 控件除了 Rect Transform 组件外，每个 UI 控件还有一个 Canvas Renderer 组件，如图 5.1 所示。它是画布渲染，一般不用理会，因为它不能被点开。

　　在不使用任何代码的前提下，就可以简单快速地在游戏中建立一套 UI 界面。这在过去是绝对不可想象的，但是新的 UI 系统确实做到了这一点，因为 Unity 3D 预定义了很多常见的组件，它们以"游戏对象"的形式存在于游戏场景中。

　　Unity 3D 现存两套动画系统：Legacy 动画系统和 Mecanim 动画系统。Legacy 动画系统功能相对简单，核心组件是 Animation；Mecanim 动画系统是 Unity 3D 当前主要的动画系统，在 Legacy 动画系统上增加很多新的概念，功能相对复杂，核心组件是 Animator。

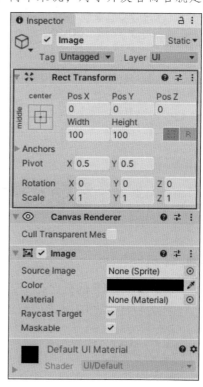

图 5.1　Canvas Renderer 组件

- 掌握 UI 中常用组件的参数设置及使用。
- 掌握 Animation 与 Legacy 动画系统各组件参数设置及使用。
- 掌握动画状态机编辑器的参数设置及使用。

职业素养目标

- 通过 Unity 3D 引擎项目培养当代大学生在制作项目上的工匠精神。
- 培养学生具备掌握动画及 UI 方面的专业技能。
- 利用所学专业知识能够独立创作出新世界的创新能力。

职业能力要求

- 具有清晰的动画系统、UI 框架开发思路。
- 学会动画系统、UI 框架的使用方法。
- 加强自主学习能力以及团结协作意识。

项目重难点

项目内容	工作任务	建议学时	技能点	重　难　点	重要程度
UGUI 系统与动画系统的使用	任务 5.1　UGUI 组件的设置与使用	4	UGUI 的组件及使用方法	Canvas 画布组件及其常用组合组件	★★★★★
				UI 中常用组件	★★★★★
	任务 5.2　动画与动画状态机	4	动画与动画状态机的功能及使用方法	Animation 与 Legacy 动画系统	★★★☆☆
				Animator 与 Mecanim 动画系统	★★★★★
				动画状态机编辑器	★★★★★

任务 5.1　UGUI 组件的设置与使用

■ 学习目标

知识目标：UI 的概念和功能。

能力目标：学 UI 元素的添加、UI 各元素的参数设置。

■ 建议学时

4 学时。

■ 任务要求

本任务主要进行 UI 的使用及各元素参数设置。

 知识归纳

UI 元素包括 UI 渲染模式的应用、Canvas Scaler、Canvas Group、Graphic RayCaster、

Rect Transform、Text、Image、Transition 过渡选项、Button、Toggle、Slider 滑动条、ScrollBar 滚动条、Dropdown 下拉菜单、InputField 输入框、Panle 窗口、Scroll View 滑动视图、Mask 遮罩 Raw Image 原始图像等。

1. Canvas 画布组件及其组合组件

画布是绘制 UI 元素的载体，所有元素必须在 Canvas 之下。当在同一 Canvas 中时，渲染顺序取决于图片在 Hierarchy 的顺序。当在不同 Canvas 中时，渲染顺序取决于 Sorting Layer 和 Order In Layer 或者 Sort Order 数值的设置。其中同一个 Layer 看 Order，不同 Layer 看 Sorting Layer。

画布中的属性 Render Mode 有三种不同方式，不同渲染方式其对应属性也略有不同。

（1）Overlay（Canvas 画布独立渲染，与相机无关），如图 5.2 所示。

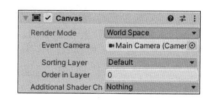

图 5.2　Render Mode Overlay

- Pixel Perfect：强制画布中的元素按像素对齐。仅在 Render Mode 为屏幕空间时适用。
- Sort Order：画布之间的排列顺序。
- Target Display：目标屏幕。
- Additional Shader Channels：获取或设置要在创建 Canvas 网格时使用的附加着色器通道的遮罩。

（2）Camera（Canvas 画布将随着 Camera 一起移动），如图 5.3 所示。

- Render Camera：渲染相机，此处通常放入 UI 相机。
- Plane Distance：Canvas 与 UI 相机之间的距离。
- Sorting Layer：层排序数。
- Order in Layer：层内排序数。

（3）World Space（UI 将可以和游戏对象配合），如图 5.4 所示。

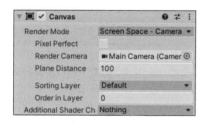

图 5.3　Render Mode Camera　　　　图 5.4　Render Mode World Space

- Event Camera：渲染相机。

（4）UI 渲染模式的应用。

- World Space 模式下的 UI 应用在世界坐标系中，可以将 Event Camera 的位置添加主相机且主相机不剔除任何视图，这样就可以在主视角中看见拥有 UI 标记的游戏对象。此 UI 标记建议放在自定义图层中，否则可能会被 UI 相机重复渲染。

125

- Camera 模式下，会在 Render Camera 中添加视层只有 UI 的 UI 相机。此模式下 Canvas 会跟随相机移动。

（5）Canvas Scaler 画布缩放组件，它有如下几种模式。

- Constant Pixel Size：固定的像素大小。
- Scale With Screen Size：根据屏幕大小进行缩放。
- Constant Physical Size：固定物理单位大小。

（6）Graphic RayCaster 图形检测组件，用于对 Canvas 进行射线检测。有如下几个属性。

- Ingore Reversed Graphics：忽略背面的图形检测。
- Blocking Objects：阻挡图形检测的对象的类型。
- Blocking Mask：阻挡图形射线检测的遮罩层。

（7）Canvas Group 画布分组组件。使用 Canvas Group 组件可以对 UI 元素进行分组，方便统一的管理。使用方法：将 Canvas 拖入带有 Canvas Group 组件的父对象中。有如下几个属性。

- Alpha：透明度。
- Interactable：是否接受输入控制。
- Block RayCasts：选项控制该组件是否作为碰撞体的 RayCast。
- Ingore Parent Groups：用于控制是否忽略父对象上的 Canvas Group 设置。

2. UI 中常用组件

1）Rect Transform 矩形变换组件

派生自 Transform，在 UGUI 控件上替代原有变换组件，表示一个可容纳 UI 元素的矩形，如图 5.5 所示。

Inspector 窗口中 Rect Transform 组件的属性有 Anchors（锚点/框）的概念。其中 Rect Transform 组件锚点和框的特点及作用如表 5.1 所示。

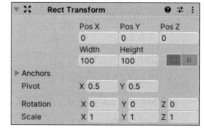

图 5.5　Rect Transform

表5.1　锚点和锚框的特点及作用

名称	特　点	作　用
锚点	锚点其实是由两个点重合组成的，两个点分别为 Min 和 Max，其中 Min 在左下角，Max 在右上角	子轴心点到父锚点的距离是不变的。由此可以固定子对象的相对位置和相对大小。例如，想把一个 UI 固定到右上角某一位置，读者就可以将父锚点放在右上角
锚框	当锚点分开就成了锚框	子轴心点到父各个锚框边的距离是恒定的。由此可以固定子对象的相对位置和相对大小

2）Text 文本组件

可以通过为 UI 添加子 Text 的方式来添加文字 UI，如图 5.6 所示。其他 UI 组合同理。Text 组件属性如下。

- Font：字形。
- Font Style：字体风格。
- Font Size：字体大小。

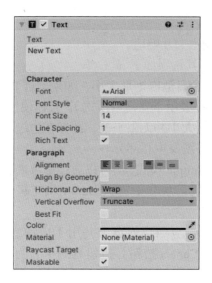

图 5.6 Text 组件

- Line Spacing：行间距。
- Rich Text：是否为富文本，如果勾选则可以使用一些类 css 语句来修饰字体。
- Alignment：对齐方式。
- Horizontal Overflow：水平溢出。
  - Wrap：文本将自动换行，当达到水平边界。
  - Overflow：文本可以超出水平边界，继续显示。
- Vertical Overflow：垂直溢出。
  - Truncate：文本不显示超出垂直边界的部分。
  - Overflow：文本可以超出垂直边界，继续显示。
- Best Fit：勾选之后，编辑器发生变化，显示 Min Size 和 Max Size。当边框很大时，文字最大显示 Max Size 字体大小；当边框很小时，文字最小显示 Min Size 字体大小，边框显示不了 Min Size 字体大小就不再显示文字了。
- Color：颜色。
- Material：材质。
- Raycast Target：来自类 Graphic，当该项为 False 时，消息会透传。

3）Image 图片组件

Image 是 UGUI 组件中常见的基础组件，主要用来显示图片效果，如图 5.7 所示。其他的一些组件都会用到 Image 组件，如 Button 组件、Scrollbar 组件、Dropdown 组件、InputField 组件、Panel 组件、ScrollRect 组件，组件的子对象中也会用到 Image 组件。

Image 属性如下。

- Source Image：图片源。
- Color：图片基色。

图 5.7 Image 组件

- Material：图片材质
- Raycast Target：是否发生交互响应。
- Image Type 图片类型，其选项如下。
  - Simple：默认情况下会自适应矩形大小，如果勾选 PA 则会保留图像原始比例。
  - Sliced：切片模式（一般用于九宫格模式），具体使用效果会在后面章节详解。
  - Tilled：图像保持原始大小并无限平铺，图像在边缘处会被截断。
  - Fill Center：是否填补图像中心部分。
  - Filled：图像显示为 Simple 模式，但可以通过参数来展现图像填充过程。填充类型包括：Fill Method（填充方式）；Fill Origin（填充起点）；Fill Amount（填充比例）。

4）Button 按钮组件

按钮组件（见图 5.8）可响应用户的点击并用于启动或确认操作。熟悉的示例包括 Web 表单上使用的 Submit 和 Cancel 按钮。按钮有一个名为 Onclick 的事件，当用户完成单击时会响应。具体参数如下。

- Interactable：设置按钮是否允许交互。
- Transition：过渡选项有三种按钮交互时的状态方式，包括颜色状态（Color Tint）；图片状态（Sprite Swap）；动画状态（Animation）。三种状态都可以设置目标图片（Target Graphic），并且区分四种状态：正常（Normal）、高亮（Highlighted）、按下（Pressed）、不可用时（Disabled）的按钮状态时对应的颜色、图片和动画。

5）Toggle 复合型控件

复合型控件（见图 5.9）也叫开关控件，可让用户打开或关闭某个选项。如果一次只能打开一组选项中的一个选项，还可以将多个开关组合到一个开关组中。开关有一个名为 On Value Changed 事件，当用户更改当前值时会响应。新值作为 boolean 参数传递给事件函数。开关控制典型的参数如下。

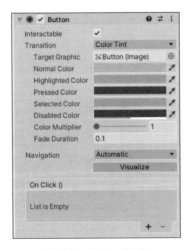

图 5.8　Button 组件

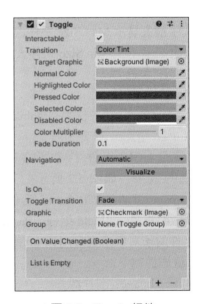

图 5.9　Toggle 组件

128

- Is On：是否被选中。
- Toggle Transition：状态改变时是否启动过渡效果。
- Graphic：选中时的图像。
- Group：Toggle 组，一个组中只能选中一个 Toggle，添加在这里的对象需要有 Toggle Group 组件。

6）Slider 滑动条组件

滑动条（见图 5.10）的值由控制柄沿其长度的位置确定。该值从 Min Value 增加到 Max Value，与拖动控制柄的距离成比例。默认行为是滑动条从左向右增加，但也可以使用 Direction 属性反转此行为。通过将 Direction 属性设置为 Bottom To Top 或 Top To Bottom，还可以将滑动条设置为垂直增加。滑动条有一个名为 On Value Changed 的事件，当用户拖动控制柄时会响应。滑动条的当前数值作为 float 参数传递给函数。组件具体参数详解如下。

- Fill Rect：填充方块。
- Handle Rect：拖曳方块。
- Direction：滑动方向。
- Min Value：最小值。
- Max Value：最大值。
- Whole Numbers：是否为整数。
- Value：调整当前值。

7）Scrollbar 滚动条组件

滚动条组件（见图 5.11）的值由控制柄沿其长度的位置确定，该值表示为两个端点之

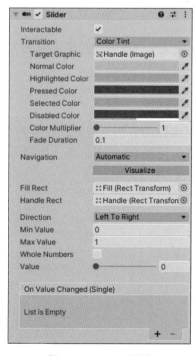

图 5.10　Slider 组件

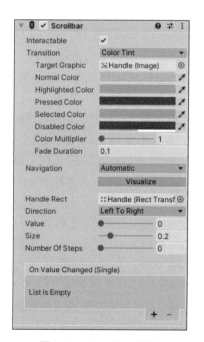

图 5.11　Scrollbar 组件

间的分数。例如，默认的从左到右滚动条的左端值为 0.0，右端值为 1.0，0.5 表示中间点。通过将 Direction 属性设置为 Top To Bottom 或 Bottom To Top，可以垂直定向滚动条。滚动条和类似的滑动条控件之间的显著区别在于，滚动条可以改变控制柄大小来表示可用的滚动距离；当视图只能在很短距离内滚动时，控制柄将填充大部分滚动条，并仅允许在任一方向轻微移动。滚动条有一个名为 On Value Changed 的事件，当用户拖动控制柄时会响应。当前值作为 float 参数传递给事件函数。组件具体参数详解如下。

- Handle Rect：滑动方块。
- Direction：滑动方向。
- Value：当前值。
- Size：滑块大小。
- Number of Steps：滑块数值数量。

8）Dropdown 下拉选单组件

下拉选单可用于让用户从选项列表中选择单个选项，会显示当前选择的选项。单击后，此控件会打开选项列表，以便选择新选项。选择新选项后，列表再次关闭，而控件将显示新选择的选项。如果用户单击控件本身或画布内的任何其他位置，列表也将关闭。

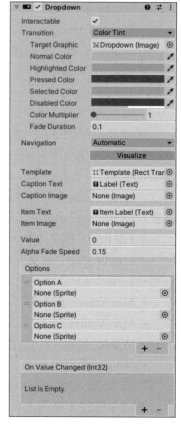

图 5.12　Dropdown 组件

Dropdown 下拉选单组件属性（见图 5.12），组件具体参数如下。

- Caption Image：选择自身可以将 Option 中设定的每个选项的图片显示出来。
- Value：当前选中的选项索引。
- Options：可以在此处添加新的选项。

9）Input Field 输入框组件

输入框组件是一种使文本（Text）控件的文本可编辑的方法。与其他交互控件一样，输入字段本身不是可见的 UI 元素，必须与一个或多个可视 UI 元素组合才能显示。Input Field 输入框组件属性（见图 5.13）具体参数如下。

- Text Component：文本组件。
- Text：文本内容。
- Character Limit：字数限制。
- Content Type：输入内容的类型。
- Line Type：文本的行类型。
- Placeholder：占位文本，当 Text 中没有输入时显示的文本。
- Caret ×××：设置插入符号的若干属性。

10）Panel 窗口

简单来说就是一张半透明的图片。

11）Scroll Rect 滑动视图组件

当占用大量空间的内容需要在小区域中显示时，可使用滑动视图（也称为滚动矩形）。滚动矩形提供了滚动此内容的功能。通常情况下，滚动矩形与遮罩（Mask）相结合来创建滚动视图，在产生的视图中只有滚动矩形内的可滚动内容为可见状态。此外，滚动矩形还可与一个或两个可拖动以便水平或垂直滚动的滚动条（Scrollbar）组合使用。滑动视图属性面板，如图 5.14 所示。

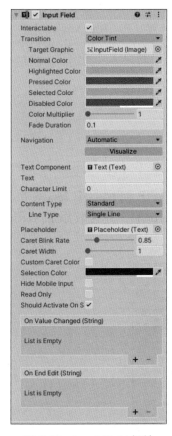

图 5.13　Input Field 组件

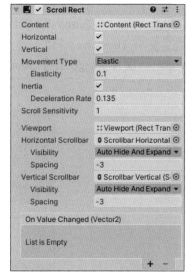

图 5.14　Scroll Rect 组件

12）Mask 遮罩组件

拥有 Mask 组件的父对象可以限制其子对象的图像显示范围，即当子对象的图像大小大于父对象时，子对象图像最多可以显示的大小等同于父对象大小。前提是父对象也要有 Image 组件，如图 5.15 所示。

Mask 输入框组件属性有 Show Mask Graphic，表示是否显示父对象的遮罩图像。

13）Raw Image 原始图像组件

Raw Image，如图 5.16 所示，组件向用户显示非交互式图像。此图像可用于装饰、图标等，也可以从脚本更改图像以便反映其他控件的更改。该控件类似于图像（Image）控件，但为动画图像和准确填充控件矩形提供的选项不完全相同。原始图像可以显示任何纹理，而图像只能显示精灵纹理。

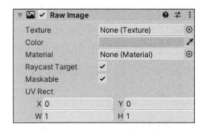

图 5.15　Mask 组件

图 5.16　Raw Image 组件

Raw Image 与 Image 最大的区别就是 Raw Image 不强制要求必须使用 Sprite，如图 5.16
所示。

UGUI组
件的设置
与使用

■ **任务实施**

步骤 1　新建一个 Unity 3D 项目。

步骤 2　在 Hierachy 创建一个 Canvas，在 Canvas 下创建一个 Image 并将其命名
为 LoginPanel，设置 Image 属性 Source Image 为 Background，并为其添加 Vertical Layout
Group，如图 5.17 所示。

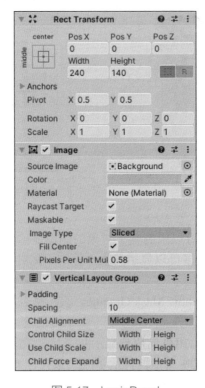

图 5.17　LoginPanel

步骤3 在 LoginPanel 下创建两个空对象，分别命名为 Account 与 Password，并添加 Horizontal Layout Group 组件，设置 Transform 属性如图 5.18 所示。

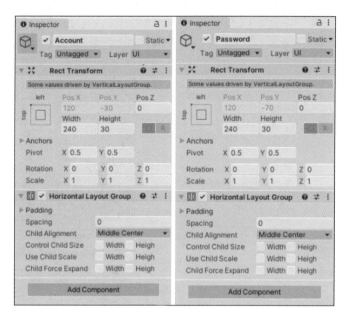

图 5.18　Account 与 Password

步骤4 选中创建的两个对象，创建 Text 与 Input Field，Text 设置垂直、水平居中，设置 Transform 属性如图 5.19 所示。

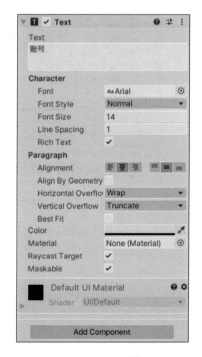

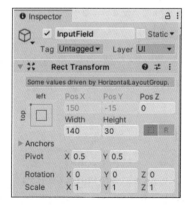

图 5.19　Text 与 Input Field

步骤5 创建一个 Button，设置 Transform 属性，如图 5.20 所示。

步骤6 创建一个 Text，命名为 Hint，取消激活勾选，设置 Transform 以及 Text 属性如图 5.21 所示。

图 5.20　Button 的 Ttransform 属性　　　图 5.21　Hint 的 Transform 与 Text 属性

步骤7 创建一个 C# 脚本，命名为 Login，并挂载在 Login Panel 上，如代码 5.1 所示。

【代码 5.1】

```
using System.Collections;
using System.Collections.Generic;
using UnityEngine;
```

```
using UnityEngine.UI;
public class Login : MonoBehaviour{
    string Account = "ExampleAccount";
    string Password = "ExamplePassword";
    public InputField AccountInputField;
    public InputField PasswordInputField;
    public Button LoginButton;
    public GameObject Hint;
    void Start(){
        AccountInputField = transform.Find("Account").
        Find("InputField").GetComponent<InputField>();
        PasswordInputField =transform.Find("Password").
        Find("InputField").GetComponent<InputField>();
        LoginButton = transform.Find("Button").GetComponent<Button>();
        LoginButton.onClick.AddListener(AccountCheck);
        Hint = transform.Find("Hint").gameObject;
        Hint.SetActive(false);
    }
    public void AccountCheck() {
        if (AccountInputField.text == Account && PasswordInputField.text ==
        Password){
            Hint.SetActive(true);
            transform.Find("Account").gameObject.SetActive(false);
            transform.Find("Password").gameObject.SetActive(false);
            LoginButton.gameObject.SetActive(false);
        }
    }
}
```

步骤8　单击运行，输入账号、密码，然后单击登录。如果账号、密码无误提示登录成功，如图5.22所示。

图5.22　运行效果

本次任务实施完成，读者可以自行运行并检查效果。

任务 5.2 动画与动画状态机

■ **学习目标**

知识目标：学习动画系统的概念和功能。

能力目标：学会使用动画系统，运用在开发中。

■ **建议学时**

4 学时。

■ **任务要求**

本任务主要进行动画系统的使用及设置，并掌握相关特性。

 知识归纳

1. Animation 与 Legacy 动画系统

使用 Animation，需要在创建 Clip 之前为对象手动添加 Animation 组件，如图 5.23 所示。

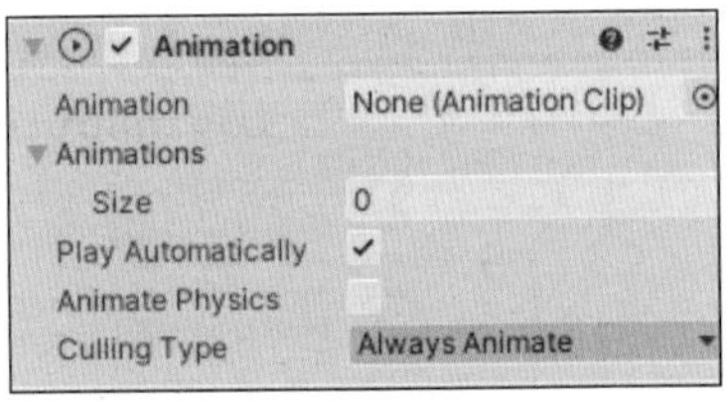

- Animation：动画片段。
- Animations：片段数组。
- Play Automatically：自动播放。
- Animate Physics：如果设为 true，那么动画将会在 Fixed Update 中循环。这个只有和运动学刚体一起用才有效。
- Culling Type：分为总是播放（Always Animate）、渲染时播放（Based On Render）。

图 5.23 Animation 组件

Animation 录制器，如图 5.24 所示。

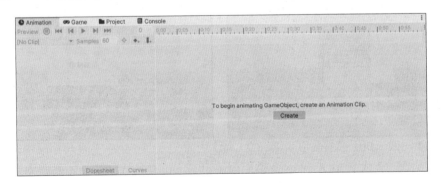

图 5.24 Animation 录制器

2. Animator 与 Mecanim 动画系统

模型导入后，选中模型可看到 Inspector 面板以下标签选项，如图 5.25 所示。

（1）Mecanim 动画系统优点如下。

- 针对人形角色提供了一种特殊的工作流，包含 Avatar 的创建和对肌肉的调节。
- 动画重定向的能力。可以非常方便地把动画从一个角色模型应用到其他角色模型上，前提是模型是类人的。
- 提供了可视化 Animator 视窗。可以直观地通过动画参数和 Transition 等管理各个动画间的过度。
- 包含以下两种模型：
  - 人形角色设置（Humanoid）动画可以通用；
  - 非人形（通用）角色设置（Generic）动画不可以通用。

（2）Model 的设置窗口，如图 5.26 所示。

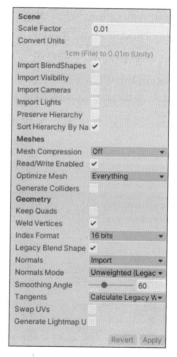

图 5.25　模型导入窗口

图 5.26　Mode 的设置窗口

- Scale Factor：模型缩放，推荐使用这个属性而不使用 Transform 中的 Scale，因为 Scale 可能会导致模型失真。
- Convert Units：是否单位转换。
- Import BlendShapes：导入 BlendShapes（用于表情动画）。
- Mesh Compression：网格压缩，会导致失真。
- Read/Write Enable：模型可以发生形变说明模型可读可写。
- Optimize Mesh：最优化网格。

- Generate Colliders：根据模型生成碰撞体。
- Weld Vertices：焊接顶点，如果开启，相同位置的顶点会被合并。
- Keep Quads：保持四边形，不转换为三角形。在 U3D 中使用的网格，大部分是把所有的面都转换成了三角形。但某些特定的需求下，四边形会得到更好的效果，如 Tessellation Shaders（细分曲面着色器）。

（3）Rig 的设置窗口，如图 5.27 所示。

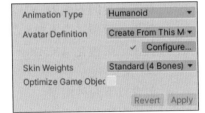

图 5.27　Rig 的设置窗口

- Animation Type：None（无）、Legacy（旧动画系统）、Generic（通用）和 Humanoid（类人）。
- Avatar Definition：骨骼动画导入模式，分为 Create From This Model（根据本模型创建）和 Copy From Other Avatar（套用其他骨骼动画）。
- Optimize Game Object：最优化模型。

（4）Animation 的设置窗口，如图 5.28 所示。

- Import Animation：导入动画。
- Anim.Compression：动画的压缩方式有 Off（不压缩）、Keyframe Reduction（减少关键帧）和 Optimal（最优化）三种。
- Rotation Error/Position Error/Scale Error：数值越大，动画越不准确，性能越好；数值越小，动画越准确，性能越差。
- Clips：动画裁剪，如图 5.29 所示。

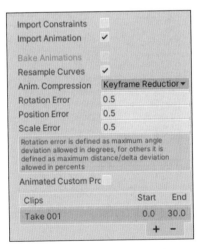

图 5.28　Animation 的设置窗口

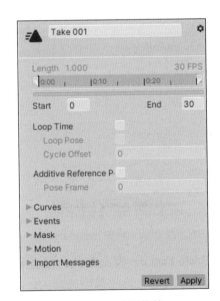

图 5.29　动画裁剪

（5）Materials 的设置窗口，如图 5.30 所示。

- Naming：材质命名方式。
- Search：材质搜索方式。

（6）Animator 窗口，如图 5.31 所示。

- Controller：动画控制器。
- Avatar：模型骨骼。
- Apply Root Motion：是否使用动画自带的位移。
- Update Mode：动画更新模式，有 Normal（Update 更新）、Animation Physic（Fixed Update 更新）和 Unscaled Time（无视 ScaleTime 的 Update 更新）。
- Culling Mode：动画裁剪模式（当相机看不到游戏对象时）。有 Always Animate（一直更新）、Cull Update Transform（Transform 重定向）和 Cull Completely（完全禁用）。

（7）Avatar 窗口，如图 5.32 所示。

图 5.30　Materials 的设置窗口

图 5.31　Animator 窗口

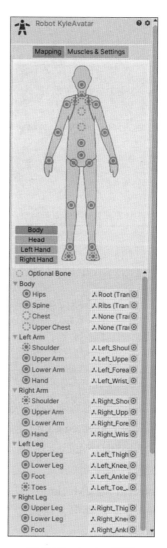

图 5.32　Avatar 窗口

选择类人动画才可以使用该界面，当类人骨骼自动匹配失败时，可以选择 Rig →

Configure 打开该界面并手动配置。

3. 动画状态机编辑器

Animator 可以在 Project 窗口中创建并且编辑，编辑器如图 5.33 所示。

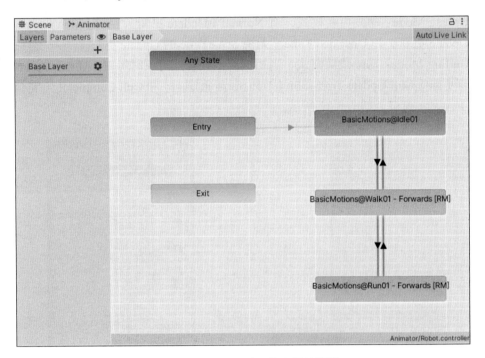

图 5.33　Animator 动画状态机编辑器

（1）在编辑窗口中右击菜单栏，如图 5.34 所示，可以创建三种状态机如下。

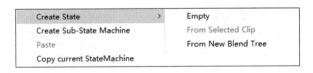

图 5.34　状态机下的右击菜单栏

- Create State：创建动画状态，有 Empty（空状态）、From New Blend Tree（创建混合树）和 From Selected Clip（创建选项中的片断）。
- Create Sub-State Machine：创建新的子状态机。可以将一个系列的连续动画做成一个子状态机来使用。
- Copy current StateMachine：复制当前状态机。

（2）Parameters 选项卡，可以定义变量类型，用于动画状态机的判断条件。

- Float：浮点型。
- Int：整数型。
- Bool：布尔类型。
- Trigger：使用一次之后自动失效。

（3）Layers 动画层级选项卡，如图 5.35 所示。通过设置多层动画和 Mask 遮罩实现多种动画一起使用，如在跑动的时候攻击。用户可以通过"+"来创建新的动画图层，单击图层右侧小齿轮，设置参数如下。

- Weight：层权重，权重越高，则本层中的动画优先级越高。多层最高权重则按层级创建顺序决定先后。
- Mask：遮罩，设置为绿色的为本层可以使用的躯体动画，红色为本层不可使用的躯体动画。
- Blending：动画覆盖的方式，有 Override（重写，覆盖）和 Additive（累加，在原动画层动画的基础上来进行本层的动画）。
- IK pass：是否开启反向运动学。开启反向运动学之后可以使用代码通过子对象来控制父对象，后面会通过代码详细举例讲解。

（4）动画状态有如下几种。

- Entry：进入状态机，Entry 所连的动画状态为初始状态。
- Any State：任何状态都可以直接转为 Any State 所连的动画状态，应当配合参数使用。
- Exit：退出状态机，退出后会再次进入状态机。

（5）动画状态监视器，如图 5.36 所示。此窗口在控制器中添加状态后，单击可以查看的窗口。

（6）选中一个动画，右击出现菜单栏，如图 5.37 所示。

图 5.35 Layers 　　　图 5.36 动画状态监视器 　　　图 5.37 选中动画单击右键出现菜单栏

- Make Transition：拉出过渡线。
- Set as Layer Default State：设为本层的默认动画（进入状态机后最先被调用的状态）。
- Copy：复制。
- Create new BlendTree in State：在该状态中创建混合树。
- Delete：删除该状态。

（7）选中一个动画，其右边属性窗口设置属性参数如下。

- Motion：动画片段。
- Speed：播放速度。
- Multiplier：速度的乘数。
- Parameter：是否使用参数调节左侧属性。
- Normalized Time：标准化时间。
- Mirror：镜像。
- Cycle Offset：动画周期偏移量。
- Foot IK：是否使用脚步动画约束。
- Write Defaults：是否对没有动画的属性写回默认值。
- Transitions：过渡线 / 转换。

（8）选中一个动画，其右边属性窗口的过渡线 / 转换窗口，如图 5.38 所示，其设置属性参数如下。

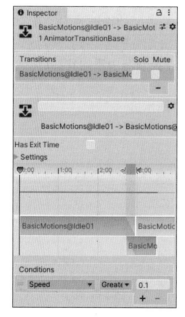
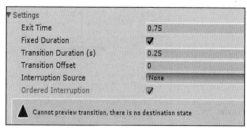

图 5.38　过渡线 / 转换窗口

- Transitions：过渡线，Solo 表示源状态中只有过渡线可用；Mute 表示禁用该条过渡线。
- Has Exit Time：动画过渡时是否有固定的退出时间（动画状态是否可以被直接打断）。当勾选时只有当动画播放完后才可以进入下一状态。
- Exit Time：动画过渡时本状态的退出时间。
- Transition Duration：转换持续时间。
- Transition Offset：目的状态偏移量，形象说就是时间轴中目的状态的位置。
- Conditions：设置本过渡线的条件，条件取自控制器中的 Parameter。分为三大部分：条件参数（取决于 Parameter）、条件谓词（条件逻辑词）和条件值。

任务实施

动画与动
画状态机

步骤1 新建一个 Unity 3D 项目，选择 Universal Render Pipeline 模板。

步骤2 打开 UnityAssetStore，搜索 Basic Motions FREE 与 Space Robot Kyle，将其添加至"我的资源"中，如图 5.39 所示。

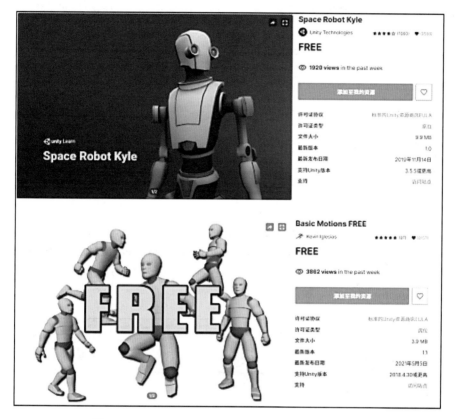

图 5.39　Basic Motions FREE 与 Space Robot Kyle

步骤3 打开 Package Manager，选择 My Assets，下载并导入添加的两个资源。

步骤4 在 Unity 菜单栏中依次执行 Edit → Render Pipeline → Universal Render Pipeline → Upgrade Project Materials to Universal RP Materials 命令，将项目中的所有材质升级至 URP 材质。

步骤5 在 Project 窗口依次执行 Robot Kyle → Model → Robot Kyle 命令，将其拖入场景中，并重置其 Transform 的属性。

步骤6 为 Robot Kyle 添加 Rigidbody 与 Capsule Collider 组件，勾选设置 Rigdbody 的属性 Constraints 中的 Freeze Rotation X 、Y 、Z 三个值。并设置 Capsule Collider 的位置以及大小，如图 5.40 所示。

步骤7 在 Project 窗 口 中 创 建 Animation Controller， 并 挂 载 至 Robot Kyle 的 Animator 组件的属性 Controller 上，如图 5.41 所示。

步骤8 双击创建的 Animation Controller，打开 Animator 窗口。

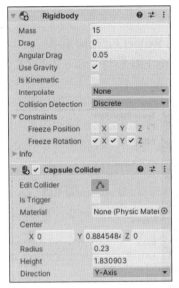

图 5.40　Rigidbody 与 Capsule Collider 组件

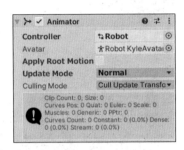

图 5.41　Animator 组件

步骤 9　在 Project 中依次选择 Kevin Iglesias → Animations → Idles → BasicMotions@Idle01 选项、Kevin Iglesias → Animations → Movement → BasicMotions@Walk01 选项 与 Kevin Iglesias → Animations → Movement → BasicMotions@Run01 选项，选择三角形图标的动画拖入 Animator 窗口中，如图 5.42 所示。

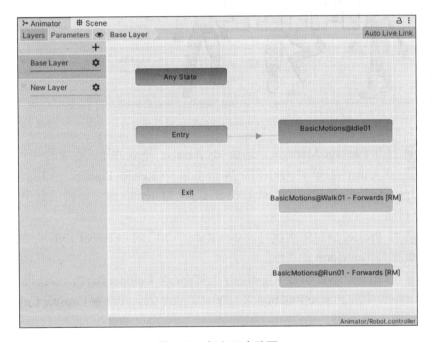

图 5.42　加入三个动画

步骤 10　在 Animator 窗口中左上角选择 Parameters，单击加号，选择 float，取名为

Speed，如图 5.43 所示。

步骤 11 在 BaseLayer 中，选择一个动画右击 Make Transition。单击另一个动画生成过渡。为三个动画添加过渡，如图 5.44 所示。

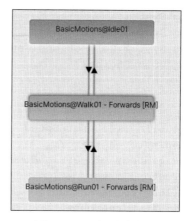

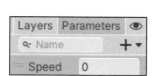

图 5.43 添加 Parameter   图 5.44 添加过渡动画

步骤 12 选择约束，在 Inspector 窗口添加 Conditions，如图 5.45 所示。

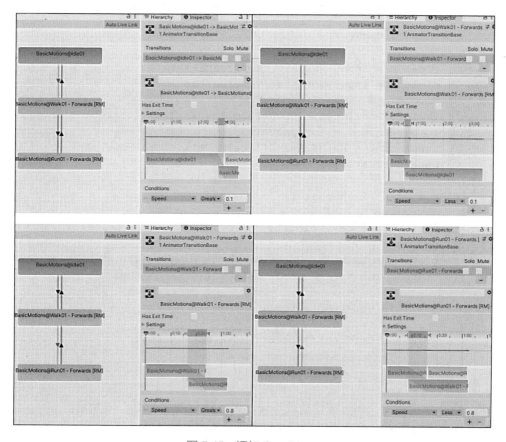

图 5.45 添加 Conditions

步骤13 创建一个 C# 脚本，取名为 MoveController，并挂载至 RobotKyle，脚本内容如代码 5.2 所示。

【代码 5.2】

```
using System;
using System.Collections;
using System.Collections.Generic;
using UnityEngine;
public class MoveController : MonoBehaviour
{
    public float speed = 3;
    public float turnSpeed = 10;
    Animator animator;
    Rigidbody playerRigidbody;
    Vector3 move;
    float forwardAmount;
    float turnAmount;
    public void Start()
    {
        animator = GetComponent<Animator>();
        playerRigidbody = GetComponent<Rigidbody>();
    }
    public void Update()
    {
        float x = Input.GetAxis("Horizontal");
        float z = Input.GetAxis("Vertical");
        move = new Vector3(x, 0, z);
        Vector3 localMove = transform.InverseTransformVector(move);
        forwardAmount = localMove.z;
        turnAmount = Mathf.Atan2(localMove.x, localMove.z);
        UpdateAnimator();
    }
    private void FixedUpdate()
    {
        playerRigidbody.velocity = forwardAmount * transform.forward *
        speed;
        playerRigidbody.MoveRotation(playerRigidbody.rotation * Quaternion.
Euler(0, turnAmount * turnSpeed, 0));
    }
    private void UpdateAnimator()
    {
        animator.SetFloat("Speed", move.magnitude);
    }
}
```

步骤14 单击运行，通过按键播放不同动画，运行效果如图 5.46 所示。
本次任务实施完成，读者可以自行运行并检查效果。

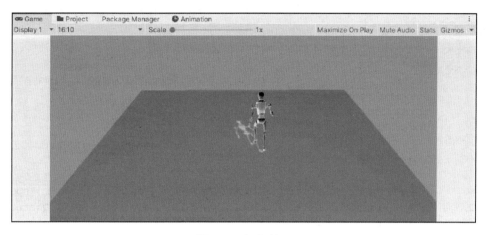

图 5.46　运行效果

■ 项目小结

本项目学习了 UI 与动画系统，通过不同的实例掌握了 UI 渲染模式的应用、Canvas Scaler、Canvas Group、Graphic Ray Caster、Rect Transform、Text、Image、Transition 过渡选项、Button、Toggle、Slider 滑动条、ScrollBar 滚动条、Dropdown 下拉菜单、InputField 输入框、Panle 窗口、Scroll View 滑动视图、Mask 遮罩、Raw Image 等知识点，帮助读者将以上知识点应用到 Unity 3D 引擎开发中。

项目自测

1. 基于以上项目内容增加一个新的实验，实验名字是"控制角色动画切换"，请实现该实验功能。实验代码如下。

【代码 5.3】

```
public class MoveController : MonoBehaviour
{
    public float speed = 3;
    public float turnSpeed = 10;
    Animator animator;
    Rigidbody playerRigidbody;
    Vector3 move;
    float forwardAmount;
    float turnAmount;
    public void Start()
    {
        animator = GetComponent<Animator>();
        playerRigidbody = GetComponent<Rigidbody>();
    }
    public void Update()
    {
```

```
        float x = Input.GetAxis("Horizontal");
        float z = Input.GetAxis("Vertical");
        move = new Vector3(x, 0, z);
        Vector3 localMove = transform.InverseTransformVector(move);
        forwardAmount = localMove.z;
        turnAmount = Mathf.Atan2(localMove.x, localMove.z);
        UpdateAnimator();
    }
    private void FixedUpdate()
    {
        playerRigidbody.velocity = forwardAmount * transform.forward * speed;
        playerRigidbody.MoveRotation(playerRigidbody.rotation * Quaternion.
Euler(0, turnAmount * turnSpeed, 0));
    }
    private void UpdateAnimator()
    {
        animator.SetFloat("Speed", move.magnitude);
    }
}
```

2. 赛题：2020年，一场突如其来的新型冠状病毒肺炎疫情在人类世界暴发，强烈的传染性让全世界人民饱受疫情的折磨。反反复复的疫情形势变化，严重影响人类的身体健康、日常生活和生命安全。在全世界人民的共同努力下，人类正在跟新冠病毒对抗。在抗击病毒的过程中，中国在疫情管控、疫苗研发、组织生产、经济平衡等方面都取得了相当不错的成绩，为世界提供了多项参考经验和医疗物资救助。本题围绕抗击病毒制作一个 Unity 3D 交互项目。

（1）参考图 5.47 所示的病毒参考图形建立病毒模型，要求外观、材质和贴图效果与参考图相似。

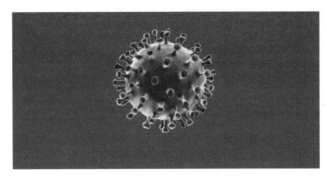

图 5.47　病毒参考图

（2）参赛选手自行导入自建模型、素材模型、贴图等，在三维空间中建立一个基于一个三维地球模型的场景，为三维地球模型赋予贴图材质，并为三维地球模型制作自转动画。添加病毒模型，并赋予贴图材质，为病毒模型制作在地球表面的出现动画，以及被交互单击后的消失动画。选手可在本条所要求内容的基础上添加其他元素增加场景效果。

（3）在交互开始前，在视线前方播放导引视频，视频上单击切换播放和暂停状态。

（4）为自转的地球添加可拖曳旋转的交互功能，其中，在地球某地出现的病毒模型会作为地球模型的子对象一起转动。

（5）编写脚本实现以下功能：固定时间内，全世界不同地点会交替出现病毒，通过MR手柄的射线的点击可使得病毒被消灭，消灭的病毒播放消失动画，时间结束，统计所消灭病毒的总数，并予以显示。选手可在要求内容上自行创新添加其他脚本实现更丰富的功能，例如倒计时显示、病毒分大小功能等。

第三篇
项目开发篇

纸上得来终觉浅，绝知此事要躬行。

——宋 陆游

项目6

VR场景设计与制作

项目导读

　　VR被誉为继第二次工业革命后的又一次技术浪潮，在当下拥有非常高的热度。Unity 3D作为当今热门的游戏引擎，可以模拟真实场景漫游和实现友好的交互。场景设计贯穿整个虚拟现实的各个环节，只有场景设计得真实完美，该项目才能成功。本项目从一个具体虚拟现实项目（古建筑场景设计）出发，对场景的设计思路和方法做出了详细的讲解。主要涉及以下几个方面：场景地形的创建和编辑，模型的导入和设置，场景元素的整合，灯光和烘焙，天空盒子制作功能。

学习目标

- 学会在Maya中整理模型资源，理解纹理UV和灯光UV的区别。
- 掌握在Unity 3D中创建项目和场景的方法。
- 掌握Unity 3D搭建古建筑场景的流程、方法和技巧。
- 学会Unity 3D中灯光烘焙的相关设置。

职业素养目标

- 通过古建筑项目培养当代大学生在制作项目上的工匠精神。
- 培养学生能够善于观察身边的事物及学会发现美的能力。
- 利用所学专业知识能够独立创作出新世界的创新能力。

职业能力要求

- 具有清晰的场景设计思路。
- 学会整合场景资源的方法。
- 加强自主学习能力以及团结协作意识。

项目重难点

项目内容	工作任务	建议学时	技 术 点	重 难 点	重要程度
VR 场景设计与制作	任务 6.1 Maya 中模型处理	1	模型导入 Unity 3D 前的整理工序	第二套 UV	★★★★★
				模型的分组及导出	★★★★★
	任务 6.2 项目创建	1	在项目创建中的常用方法	项目场景及文件	★★★★☆
				Unity 3D 导入外部模型	★★★★★
	任务 6.3 古建筑搭建	6	项目中场景制作	地形编辑	★★★★☆
				模型的摆放设计	★★★★★
				材质与指定材质	★★★★★
				可复用的模型预制	★★★☆☆
	任务 6.4 灯光和烘焙	2	场景的灯光设计及烘焙技术	基于古场景的灯光制作	★★★★★
				常用的渲染设置	★★★★★

任务 6.1 Maya 中模型处理

■ 学习目标

知识目标：掌握模型分组，坐标设置，单位设置和 UV 检查。
能力目标：独立完成模型资源在导入 Unity 3D 前的准备工作。

■ 建议学时

1 学时。

■ 任务要求

本任务主要进行模型在导入 Unity 3D 前的整理准备工作，包括打开 Maya 找到模型查看模型的完整度、打开 UV 编辑器，检查并制作第二套 UV、模型的分组导出等工序。模型是项目场景中最基本且必需的资源，好的模型确保了场景的精度，同时对提高在 Unity 3D 的工作效率也有很大的帮助。

💻 知识归纳

模型的格式有很多种，如 OBJ、STL、ABC、FBX 等。本书将模型导出为 FBX 格式

图 6.1　FBX 文件

的文件。FBX 文件是 Autodesk 旗下核心的可交换型 3D 模型格式，能保留很多信息，如图 6.1 所示，是当前主流的格式之一。但是对模型量有一定限制，这要求我们在导出模型前做好分组。在导出模型之前，要将导入 Unity 3D 后仍可移动的模型的移动轴放在 Maya 的世界中心。

模型一般有两套 UV，第一套 UV 是用来控制纹理贴图，如图 6.2 所示；第二套 UV 则是用来控制 Unity 3D 中灯光烘焙，如图 6.3 所示。

模型的分层也非常重要，分层合理的模型可以大大减少组员协作中不必要的沟通，从而提高工作效率。

本项目操作使用的模型处理器是 Audodesk Maya 2018。需要注意的是，Maya 中只进行模型的分层、制作第二套 UV、导出的操作。而模型材质、灯光、渲染的效果需要在 Unity 3D 中完成。

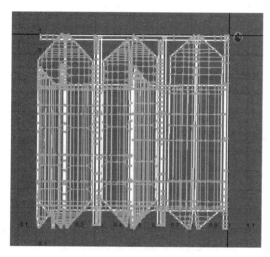

图 6.2　纹理贴图 UV

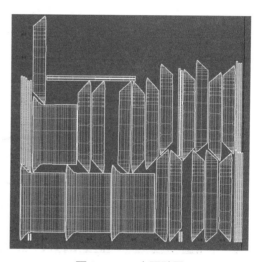

图 6.3　UV 光照贴图

■ 任务实施

步骤 1　制作第二套 UV。

（1）打开 Maya 场景模型。打开古建筑模型文件夹，双击 DD_01.mb 文件打开模型，如图 6.4 所示。

（2）单击大纲视图中模型，按 F 键快速显示选择对象，如图 6.5 所示。

（3）在视图窗口左上角单击摄像机属性图标，在属性编辑器下相机属性里将远剪裁平面参数值变为 1000000，将近剪裁屏幕参数值变为 1，使其更便于观察，如图 6.6 所示。

（4）打开 UV 菜单栏下的 UV 编辑器和 UV 集编辑器以便于制作和观察 UV，如图 6.7 所示。

名称
DD_01.mb

图 6.4　DD_01.mb 文件

Maya中
模型处理

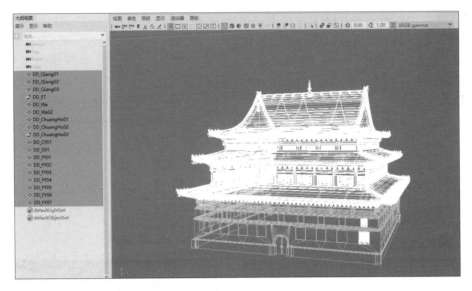

图 6.5　快速选择模型

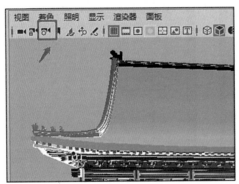
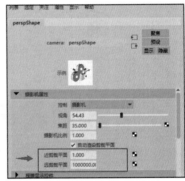

图 6.6　Maya 视图的相机设置

图 6.7　打开 UV 编辑器和 UV 集编辑器

（5）选中对象，在 UV 集中编辑器中单击"复制"按钮，复制第二套 UV，如图 6.8 所示。

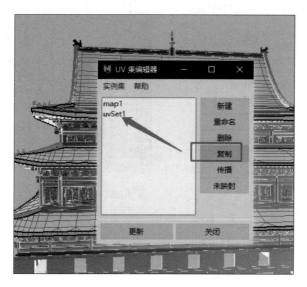

图 6.8　复制第二套 UV

（6）先在 UV 集编辑器中选择 uvSet1，即第二套 UV，同时再框选 UV 编辑器里的所有 UV，如图 6.9 所示。

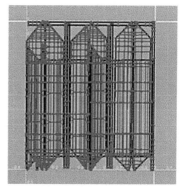

图 6.9　选择 UV

（7）在 UV 工具包窗口下依次单击排列和布局，排布将第二套 UV 完全展开，以确保没有重叠，如图 6.10 所示。

步骤2　模型的分组及导出。

Maya 中模型的分组是将同一类对象放入一个组，可以用这种方式来对复杂场景进行模型简化。这样做的好处是在导入 Unity 3D 后，方便对该层中所有的模型进行统一查找和操作。选中需要分组的模型，依次选中菜单栏中编辑→分组命令，或者使用快捷键 Ctrl+G。

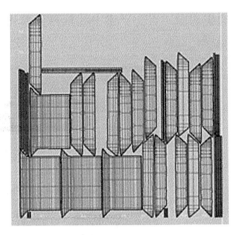

图 6.10　展开 UV

以导出模型组 DD_ChuangHu 为例，将模型导出为 FBX 文件的具体操作如下。

（1）在大纲视图中选中组 DD_ChuangHu，如图 6.11 所示。

图 6.11　选中导出模型

（2）从"文件"菜单中选择"导出当前选择"选项，如图 6.12 所示。

（3）如图 6.13 所示，弹出选择要导出文件的对话框，选择文件导出位置，设置文件名，在保存类型的下拉菜单中选择 FBX 格式，单击导出当前选择按钮完成导出。

本次任务实施完成，读者可以自行运行并检查效果。

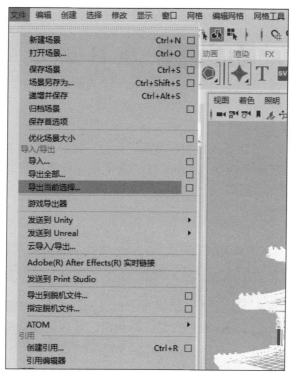

图 6.12 导出当前选择

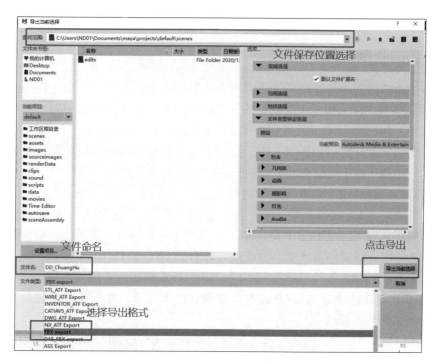

6.13 导出设置

┌─────────────┐
│ **任务 6.2** │ 项 目 创 建
└─────────────┘

■ **学习目标**

知识目标：学习 Unity 3D 导入模型、新场景创建、资源文件夹整理。

能力目标：将资源准确无误导入 Unity 3D，并能按项目规范对资源整理的能力。

■ **建议学时**

1 学时。

■ **任务要求**

本任务主要是在 Unity 3D 引擎中创建属于自己的新场景，并正确将模型导入 Unity 3D 及规范使用相关资源。任何行业都有自己的规范，这能为复杂的项目协同开发带来基本的保证，以减少麻烦。

（1）打开 Unity 3D 引擎创建新场景。

（2）创建资源文件夹。

（3）将资源导入 Unity 3D 引擎规定位置。

 知识归纳

Unity 3D 在项目创建时就提供了两个可以选择的模板：高清渲染管线（High Definition Render Pipeline，HDRP）和通用渲染管线（Universal Render Pipeline，URP）。HDRP 目前可用于制作基于 PC、Xbox One（或更新）和 PlayStation4（或更新）平台的游戏或者应用，也支持输出高端 VR 应用；URP 则可用于所有平台（包括 HDRP 支持的所有平台）的游戏和应用开发。HDRP 对于高端移动平台的支持目前正在研发之中。

高清渲染管线和通用渲染管线的区别如下。

HDRP 可用于 AAA 级高品质游戏、汽车演示、建筑应用以及任何需要高保真图形的应用，效果如图 6.14 所示。HDRP 使用基于物理的光照和材质，并且支持前向渲染和延迟渲染。HDRP 使用计算着色器技术，因此需要兼容的 GPU 硬件。

表 6.1 显示了 HDRP 软件包版本与不同 Unity 3D 编辑器版本的兼容性。

使用 HDRP 制作的项目与 URP 或内置渲染管线不兼容。在开始开发之前，必须确定要在项目中使用的渲染管线。

URP 是由 Unity 3D 制作的预构建可编程渲染管线（Scriptable Render Pipeline，SRP），效果如图 6.15 所示。URP 提供了对美术师友好的工作流程，可让用户在移动平台、高端游戏主机和 PC 等各种平台上快速轻松地创建优化的图形。

图 6.14　高清渲染管线场景

表6.1　HDRP包版本的兼容性

软件包版本	最低统一版本	最高统一版本
11.x	2021.1	2021.1
10.x	2020.2	2020.3
8.x / 9.x 预览	2020.1	2020.1
7.x	2019.3	2019.4
6.x	2019.2	2019.2

图 6.15　通用渲染管线场景

表 6.2 给出了 URP 软件包版本与不同 Unity 3D 编辑器版本的兼容性。

表6.2　URP软件包版本的兼容性

软件包版本	最低统一版本	最高统一版本
12.0.0	2021.2	2021.2
11.0.0	2021.1	2021.1
10.x	2020.2	2020.3
9.x- 预览版	2020.1	2020.2
8.x	2020.1	2020.1
7.x	2019.3	2019.4

项目创建

任务实施

步骤1 创建项目及场景。

（1）运行 Unity 应用程序，在单出的导航窗口中单击 NEW 按钮，新建一个项目工程，如图 6.16 所示。

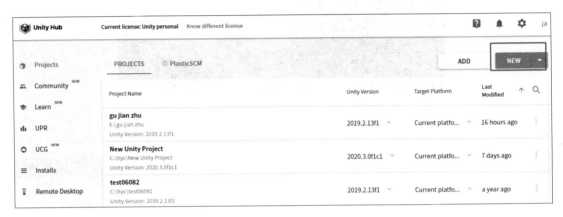

图 6.16　创建项目工程

（2）在 Project Name 输入框中输入工程名，然后单击⋯按钮为项目工程指定路径，最后单击 CREATE 按钮创建工程，如图 6.17 所示。

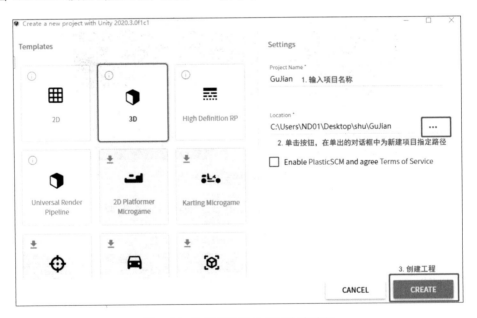

图 6.17　为项目工程命名及指定路径

（3）依次在菜单栏单击 File → New Scene 选项，或使用快捷键 Ctrl+N 创建新场景，如图 6.18 所示。

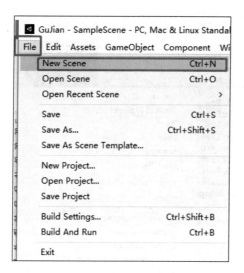

图 6.18　创建新场景

步骤2　创建文件夹导入外部资源。

（1）在 Project 视图中单击 Create 选项或在 Assets 文件夹上右击，根据提示创建文件夹命名为 Model，用来放置导入的资源，以便于素材的分类管理，如图 6.19 所示。

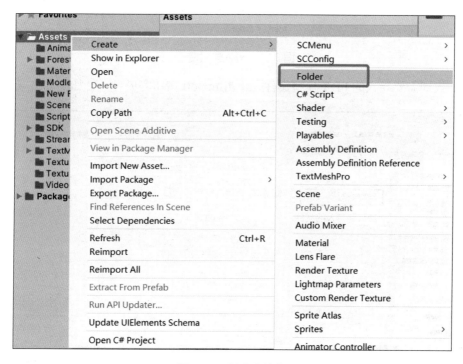

图 6.19　创建文件夹

（2）在 Model 文件夹上右击，在弹出的列表栏上选择 Import New Asset 选项，如图 6.20 所示。

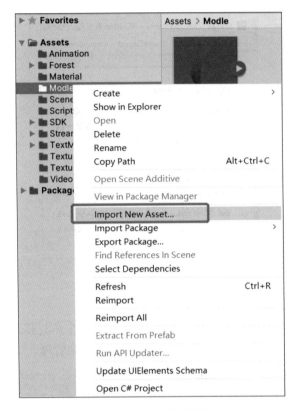

图 6.20　导入素材资源

（3）找到需要导入的 FBX 模型文件，单击 Import 按钮完成导入，如图 6.21 所示。

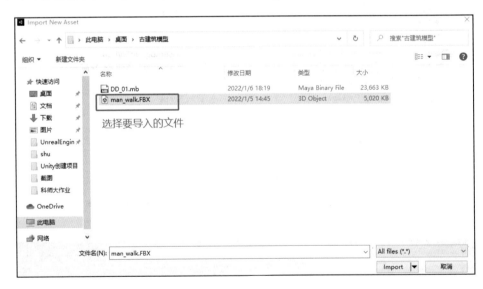

图 6.21　指定导入的素材资源

（4）新建文件夹命名为 Texture，用导入 FBX 相同的方法导入贴图，如图 6.22 所示。

图 6.22　导入贴图资源

本次任务实施完成，读者可以自行运行并检查效果。

任务 6.3　　古建筑搭建

■ 学习目标

　　知识目标：创建地形，植物搭建设计、创建材质、为对象指定材质等。

　　能力目标：使用地形组件创建地面，并刷上植物及贴图，掌握制作材质的方法，学会灵活使用移动、旋转缩放工具等。

■ 建议学时

　　6 学时。

■ 任务要求

　　本任务主要进行资源导入 Unity 3D 后的设计与搭建，掌握创建材质的方法。要在 Unity 3D 中绘制物体，用户必须提供描述其形状的信息以及描述其表面外观的信息。使用网格可描述形状，使用材质可描述表面的外观。

知识归纳

Unity Editor 中的内置地形（Terrain）功能包含可在 Unity Editor 中创建和修改景观的基本工具，以及可优化地形渲染的运行时功能。

Terrain Tools 预览包在内置地形功能的基础上提供了附加的 Editor 工具功能。Tree Editor 用于在 Editor 内直接设计树，尽可能将网格合并在一起。这些网格应该尽可能共享材质和纹理，这种做法可大幅提升性能。如果需要在 Unity 3D 中进一步设置对象（添加物理设置、脚本或其他组件），须确保在 3D 应用程序中妥善命名对象。

1. Unity 3D 的命名规则

Unity 3D 学习中的一些命名规范和代码风格参考如下。

- 类名一般用大驼峰命名方法命名，即首字母大写。
- 字段一般以下画线加小驼峰命名方法命名（如 _itemLabel），这样利于查找和理解，也可以直接使用小驼峰命名方法。
- 属性以大驼峰命名方法命名。
- 公有方法名以大驼峰命名方法命名，私有方法名以小驼峰命名方法命名，参数以小驼峰命名方法命名（Unity 3D 脚本默认私有，但还是写 private，因为写了会更整齐）。
- 临时变量以小驼峰命名方法命名，且紧跟使用此变量的语句。
- 构造函数以大驼峰命名方法命名。如果要调用当前类的字段用 this._xxx = xxx ，构造函数的参数名是小驼峰命名方法，其和当前类的字段名一样（但是没有下画线），如 this._name = name。参数也可以用下画线 + 小驼峰命名方法。
- 物体对象以大驼峰命名方法命名，如果带有类型就加上该类型的后缀，如按钮类型就加上 ×××Btn 的后缀。
- 方法的参数列表以小驼峰命名方法命名。
- 常量 const 修饰的值全部大写。

2. 关于模型和动画

如图 6.23 所示，这样命名模型和动画，Unity 导入后会自动把模型中的 Animation 命名为动画名。

如果网格没有顶点颜色，Unity 3D 会在第一次渲染网格时自动将白色顶点颜色数组添加到网格。Unity Editor 显示太多顶点或三角形（与 3D 建模应用程序中的原始模型相比）是正常的，用户正在查看的是实际发送到 GPU 进行渲染的顶点 / 三角形数量。除了材质要求发送两次这些顶点 / 三角形的情况之外，其他诸如硬法线和非连续 UV 的元素与 3D 建模应用程序显示的情况相比，会显著

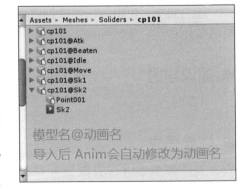

图 6.23　模型和动画命名参考

增加顶点 / 三角形数量。三角形在 3D 和 UV 空间中都需要处于连续状态以形成条带，因此当有 UV 接缝时，必须使三角形退化以形成条带，这样就会增加计数。

■ 任务实施

古建筑
搭建

步骤 1 创建地形和植物。

（1）从菜单中选择 Game Object → 3D Object → Terrain 选项，创建地形，如图 6.24 所示。

（2）在地形的 Inspector 窗口下依次选择 Terrain → Terrain Settings → Mesh Resolution 选项（On Terrain Data）将 Terrain Width 和 Terrain Length 值分别设为 300，如图 6.25 所示。

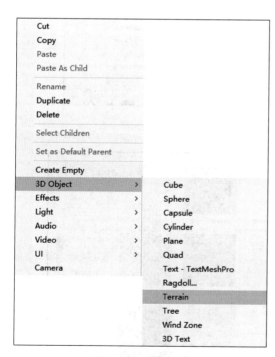

图 6.24　创建地面

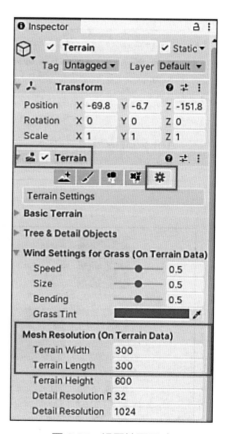

图 6.25　设置地面尺寸

（3）在地形的 Inspector 窗口下依次选择 Terrain → Paint Terrain → Paint Texture 选项如图 6.26 所示。

（4）依次执行 Edit Terrain Layers → Create Layer 命令选择贴图，如图 6.27 所示。

（5）在弹出的选窗里选择贴图 Bridge stone 如图 6.28 所示。

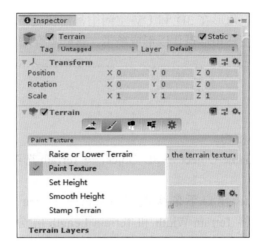

图 6.26　选择 Paint Texture 模式

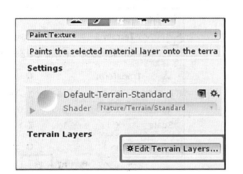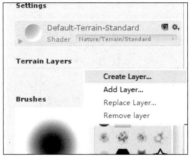

图 6.27　选择贴图操作

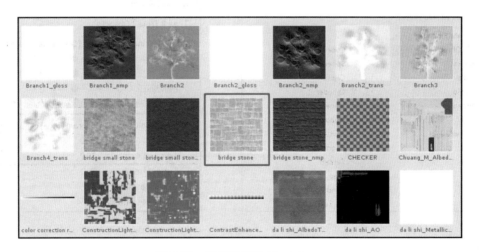

图 6.28　选择贴图 Bridge stone

（6）选中贴图分别把 Brush size 设置为 166，Opacity 值设置为 100，如图 6.29 所示。

（7）依次选择 NewLayer → Tiling Setting 选项将 Size 的 X 设置为 5、Y 设置为 5，此操作目的是设置贴图在地形上刷出来的大小如图 6.30 所示。

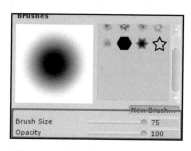

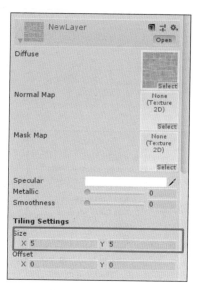

图 6.29　设置笔刷大小和透明度　　　　　　图 6.30　设置贴图值

（8）在视口中将贴图刷到地形上，效果如图 6.31 所示。

（9）在地形的 Inspector 窗口下依次选择 Terrain → Paint Details 选项，如图 6.32 所示。

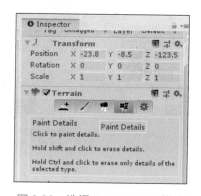

图 6.31　为地形刷上贴图　　　　　　图 6.32　选择 Paint Details 模式

（10）依次单击 Edit Details → Add Grass Texture 命令添加 2D 图片，如图 6.33 所示。

（11）在 Add Grass Texture 窗口单击 Detail Texture 选项处添加图片按钮，如图 6.34 所示。

（12）在 Select Texture2D 弹窗选择贴图 Grass1，如图 6.35 所示。

（13）Add Grass Texture 弹窗下的值建议按照图 6.36 所示设置，此处开发者可以根据实际情况设置，不做强制要求，但主要目的是保证比例不能失真。

（14）在 Settings 下将笔刷大小（Brush Size）及透明度（Opacity）设置到适合的值，如图 6.37 所示。需要注意的是，Brush Size 和 Opacity 的值没有固定的值，开发者需要根据项目实际情况进行设置。

（15）在视口中单击需要种植草的地方，如图 6.38 所示。

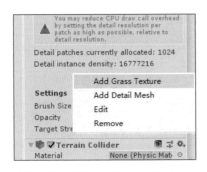

图 6.33　打开 Add Grass Texture

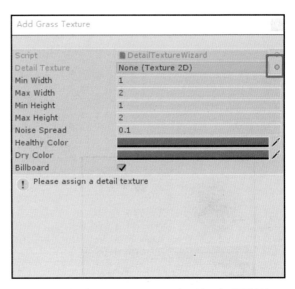

图 6.34　单击 Detail Texture 选项处添加图片按钮

图 6.35　贴图 Grass1

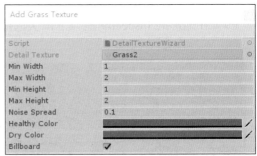

图 6.36　设置 Add Grass Texture 参数

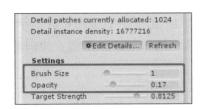

图 6.37　设置笔刷大小和透明度

图 6.38　在地形上种植草

步骤2　模型的摆放设计。

（1）古建群模型预览，整个场景模型由多栋房子组成，整体布局如图 6.39 所示。

（2）将需要的模型资源拖入 Hierarchy 窗口中，并按照预览图确定好摆放位置搭建好建筑模型如图 6.40 所示。

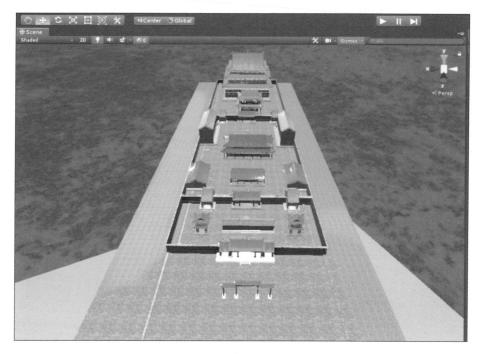

图 6.39 古建筑场景布局

图 6.40 将模型拖入 Hierarchy 窗口

步骤 3 创建可复用的模型预制。

（1）在 Project 窗口下 Assets 窗口依次右击，依次选择 Create → Folder 选项创建文件夹，并命名为 Presets，创建预制件资源文件夹，如图 6.41 和图 6.42 所示。

（2）在 Hierarchy 窗口中将资源拖入创建好的 Presets 文件夹，并在弹窗单击 Original Prefab 命令，从而得到预制件，如图 6.43 和图 6.44 所示。

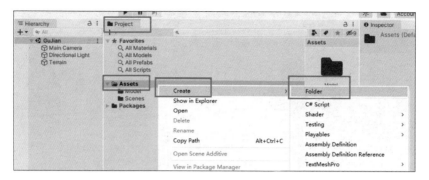

图 6.41　创建文件夹

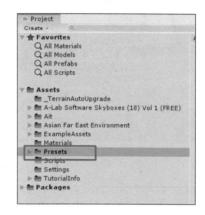

图 6.42　为文件夹命名

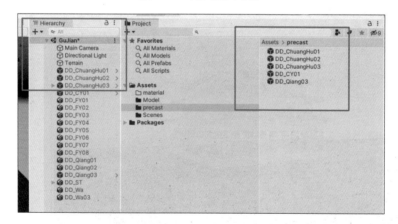

图 6.43　创建预制件

图 6.44　创建预制件提示框

注意：细心的读者会发现创建完成预制件后，在 Hierarchy 窗口中的图表和没创建预制件的图标是不一样的，这使得我们很容易发现预制件是否创建成功。

步骤 4 创建材质。

　　（1）在 Project 窗口下 Assets 窗口中右击，依次选择 Create → Folder 命令创建文件夹并命名为 material，方法同步骤 3，如图 6.45 所示。

　　（2）在 material 文件夹里右击，依次选择 Create → Material 命令创建材质并命名，如图 6.46 和图 6.47 所示。

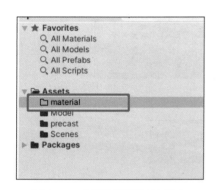

图 6.45　创建材质资源文件夹

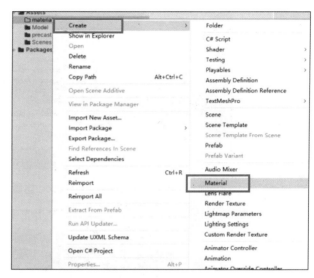

图 6.46　创建材质

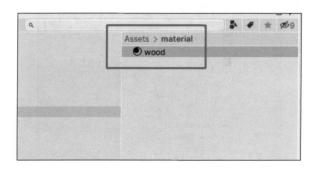

图 6.47　为材质命名

　　（3）选中材质球 Wood 在 Inspector 窗口中打开材质细节窗口，如图 6.48 所示。

　　（4）给材质添加贴图。贴图选择 Wood_Men1_M_AlbedoTransparency（基础颜色 Albedo）、Wood_Men1_M_MetallicSmoothness（金属度 Metallic）、Wood_Men1_M_Normal（法线 Normal Map）、Wood_Men1_M_OA（环境闭塞 Occlusion），按照图 6.49 所示添加在相应节点处。

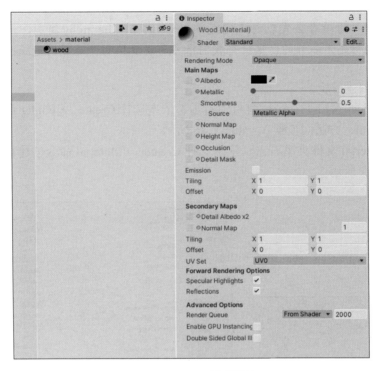

图 6.48　Wood 材质属性

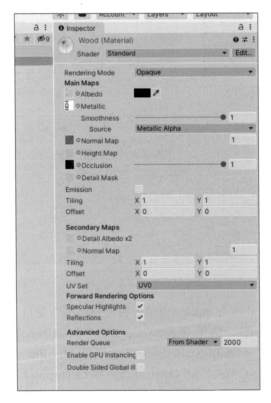

图 6.49　给材质添加贴图

（5）为对象指定材质。为对象指定材质的方法主要有两个。

① 选中对象在材质文件里单击选择材质并拖曳到 Inspector 窗口中的 material 处替换，如图 6.50 所示。

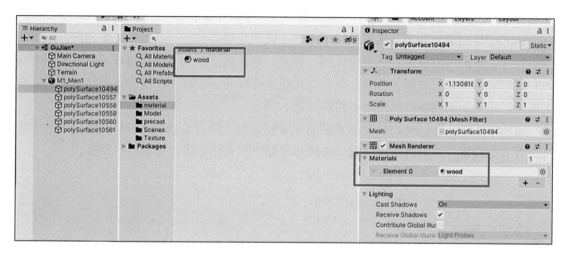

图 6.50　为对象指定材质

② 单击选择材质直接拖曳到对象上。

两个方法可以灵活使用。

本次任务实施完成，读者可以自行运行并检查效果。

任务 6.4　灯光和烘焙

■ 学习目标

知识目标：创建天空球，全局光设置、烘焙参数设置、创建灯光等。

能力目标：掌握实时光照和烘焙光照的区别，学会使用光源组件，能灵活运用为场景增加氛围感的能力。

■ 建议学时

2 学时。

■ 任务要求

学会使用详细的光线工作模型来获得更逼真的结果，并使用简化模型来获得更具风格化的结果等。

知识归纳

在 3D 项目中，光源是一个非常有特色的组件，它可以提升项目的画面质感。在新创建的场景中，默认是没有光源的，场景非常昏暗，所以开发中必须在场景中添加光源组件。

Unity 3D 引擎一共为开发者提供了四种不同的光源类型——点光源、聚光灯、矩形光和平行光，它们可以模拟自然界中任何一种光。光源属于游戏对象，可在 Scene 视图中编辑它的位置以及光照的相关参数。此外灯光还支持移动、旋转、和缩放等操作，在实际中大家可以根据不同的场景而使用不同的灯光。

Lighting 窗口是 Unity 3D 光照功能的主要控制点。使用 Lighting 窗口调整与场景中的光照有关的设置，并根据质量、烘焙时间和存储空间来优化预计算的光照数据。

灯光和
烘焙

任务实施

步骤 1 基于古场景的灯光制作。

（1）修改环境光（Environment Lighting），依次单击 Window → Rendering → Lighting 选项打开 Lighting 窗口，如图 6.51 所示。

（2）在 Lighting 窗口 Environment 模式下依次选择 Environment Lighting → Sourse → Gradient 选项，并单击色条打开取色器修改颜色，如图 6.52 所示。

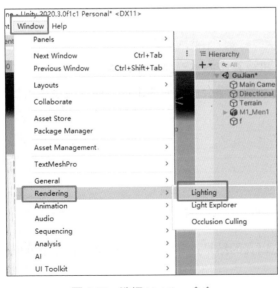

图 6.51 选择 Lighting 命令

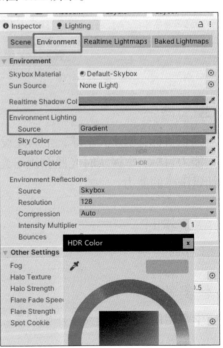

图 6.52 选择 Scene 环境光颜色和亮度

（3）值得注意的是，Sky Color、Equator Color、Ground Color 颜色没有固定的值，开发者可根据项目场景的氛围和实际情况进行调整修改环境光。

（4）添加 Directional Light。在 Hierarchy 窗口中右击，在弹出的快捷菜单中依次选择 Light → Directional Light 选项，如图 6.53 所示。

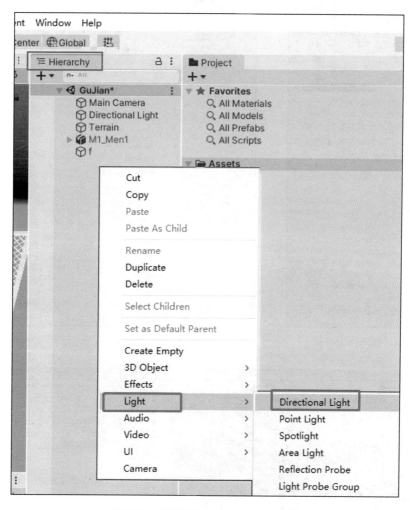

图 6.53　选择 Directional Light 选项

（5）在 Inspector 窗口中选中 Directional Light 复选框。在 Inspector 窗口下参照图 6.54 修改灯光的颜色、强度和阴影等参数。

（6）添加 Reflection Probe。Hierarchy 窗口中右击，在弹出的快捷菜单中依次选择 Light → Reflection Probe 选项，如图 6.55 所示。

（7）调整 Reflection Probe 范围和参数。在 Hierarchy 窗口中选择 Reflection Probe，在 Inspector 窗口下单击 ，此时会发现 3D 视口 Reflection Probe 处于可编辑状态，拖曳上面的点完成操作，如图 6.56 和图 6.57 所示。

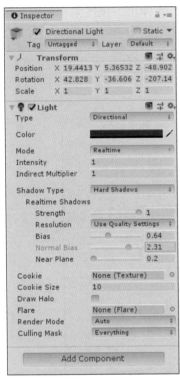

图 6.54　修改灯光参数

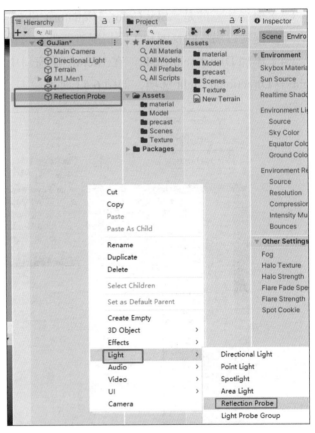

图 6.55　选择 Reflection Probe 选项

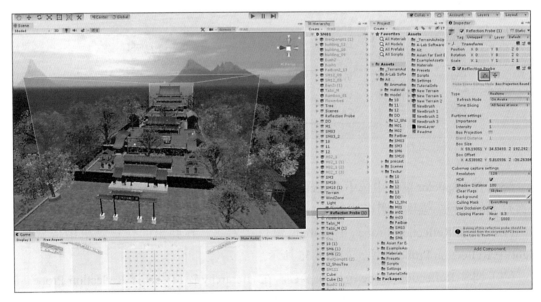

图 6.56　调整 Reflection Probe（1）

图 6.57　调整 Reflection Probe（2）

步骤2　添加天空盒子。

（1）在文件夹中找到 Texture/Sky/oberer_kuhberg_4k 文件并选择，在 Inspector 窗口下将 Texture Shape 由 2D 改为 Cude 并单击 Apply 按钮，如图 6.58 所示。

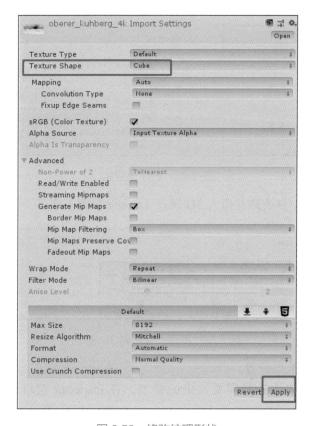

图 6.58　修改纹理形状

179

（2）在 material/Sky 文件夹中创建一个材质球命名为 Sky，创建材质前面已经详细讲过，在这里不再赘述。单击材质球，在 Inspector 窗口下通过 Skybox 将 Shader 模式改为 Cubemap，如图 6.59 所示。

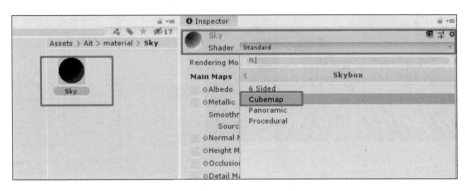

图 6.59　创建天空盒子

（3）接着在 Sky 文件处，把转换好的 oberer_kuhberg_4k 文件左键拖入 Cubemap（HDR）处，如图 6.60 所示。

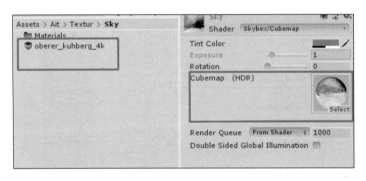

图 6.60　制作天空盒

（4）单击选中 Sky 材质球并拖入 3D 视口（Scene 视图）即可，如图 6.61 所示。

图 6.61　添加天空盒到 3D 视口

步骤3　常用的渲染设置。

（1）Hierarchy 窗口中选择需要渲染的模型，在 Inspector 窗口下勾选 Static 复选框，如图 6.62 所示。

（2）在 Hierarchy 窗口中选择需要渲染的灯光，在 Inspector 窗口中将灯光模式（Mode）改为 Baked，如图 6.63 所示。

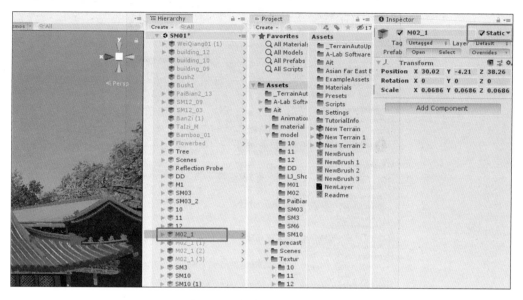

图 6.62　勾选 Static 复选框

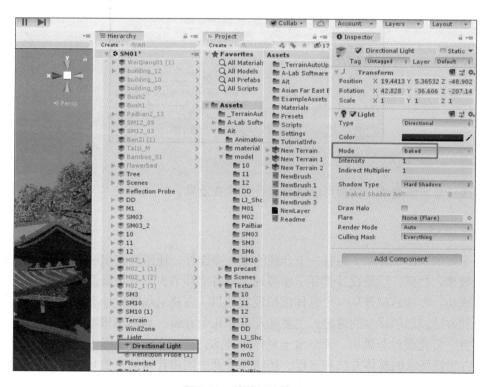

图 6.63　修改灯光模式

（3）在 Lighting 窗口 Scene 模式下参考图 6.64，设置参数并单击 Generate Lighting 开始烘焙。烘焙的时间会受到场景大小、灯光数量及烘焙参数和计算机性能等因素影响，需要的时间有所不同。

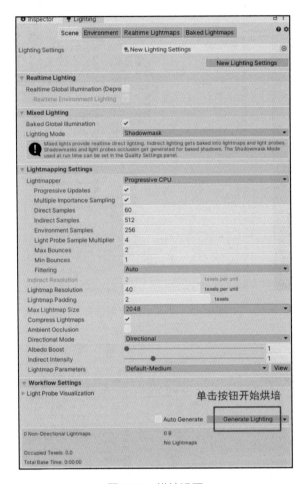

图 6.64　烘焙设置

本次任务实施完成，读者可以自行运行并检查效果。

■ 项目小结

一个好的 VR 项目除了拥有一个合理的交互操作外，还需要有出色的画面效果和逼真的动画效果。然而，场景设计贯穿于虚拟现实的各个环节，只有场景设计得真实完美，项目才能成功。本项目就是从一个具体虚拟现实项目（古建筑场景设计）出发，对场景的设计思路和方法做出了详细的讲解，主要涉及以下几个方面：地形编辑器的使用、模型的导入和设置、灯光设计与烘焙、天空盒子制作等技术，读者在学习过程中不仅能掌握制作一个 VR 古建筑场景的具体方法和流程，还能感受到中国古建筑的精美与宏伟，起到弘扬传统文化的作用，是现代技术与传统文化有机集合的表现。

项目自测

1.在本项目内容的讲解中，已经介绍了 VR 古建筑场景的制作方法，读者根据之前学过的技巧，基于所提供的素材，完善所学场景，最终效果如图 6.65 所示。

图 6.65 VR 古建筑效果图参考

2. 赛题:《植树造林攻坚战》环保生态主题交互项目设计与制作。基于提供的素材集成一个植树造林的小场景。任务要求如下:

(1) 场景中需包括两种类型(树木、草)的三维植物模型。

(2) 模型在场景中的排布由选手自行设计分布方式。

(3) 场景中必须有灯光效果和阴影效果。

(4) 读者可在要求内容的基础上添加其他元素增加场景效果。

项目7

360°全景项目制作

项目导读

　　全景图（Panorama）是指通过广角的表现手段以及绘画、图片、视频、三维模型等形式，尽可能多地表现出周围的环境。全景图这个词最早由爱尔兰画家罗伯特·巴克提出，用以描述他创作的爱丁堡全景。现代的全景图多指通过相机拍摄并在计算机上加工而成的图片。360°全景是通过对专业相机捕捉整个场景的图像信息或者使用建模软件渲染过后的图片，使用软件进行图片拼合，并用专门的播放器进行播放。即将平面照片或者计算机建模图形变为360°全景，用于虚拟现实浏览，把二维的平面图模拟成真实的三维空间，呈现给观赏者。

　　本项目将介绍几款常用的全景相机及如何使用 Gear 360 完成拍摄全景图片与全景视频，使用在之前项目中学习的天空盒知识来放置和设置全景图片，使用自定义着色器来放置全景视频，并通过脚本来控制浏览全景图片与全景视频，让用户能够控制全景视频的暂停与播放。

学习目标

- 了解全景图片与全景视频的概念与发展。
- 了解全景相机并掌握其使用方法。
- 掌握全景图片与全景视频的功能实现与关键技术。

职业素养目标

- 解决问题时的逆向思维能力。
- 加强学生的团结协作意识。
- 提高学生的沟通能力。
- 提高学生对 VR 全景的认识与关键技术的掌握能力。

职业能力要求

- 具有一定的 VR 全景相关基础知识。
- 熟悉相关 360°全景相机的使用。
- 具有一定的审美能力，能够拍摄出构图合理且具有一定美感的全景图片和视频内容。

- 具有一定的项目开发能力，能够独立完成项目中的部分交互功能。
- 具有良好的自主学习能力，在工作中能够灵活利用互联网查找信息并解决实际问题。

项目重难点

项目内容	工作任务	建议学时	技能点	重难点	重要程度
360°全景项目制作	任务7.1 拍摄全景图片与全景视频	2	全景图的概念和拍摄	VR全景概念	★☆☆☆☆
				全景相机介绍	★☆☆☆☆
				全景图片、视频的拍摄	★★☆☆☆
	任务7.2 360°全景图片的实现	4	全景素材的交互项目	天空盒	★★★☆☆
				VR全景技术的应用	★★★★★

任务7.1 拍摄全景图片与全景视频

■ 学习目标

知识目标：了解全景图片与全景视频的概念与发展；认识全景相机（Gear 360、Insta 360 ONE X2、GoPro MAX）。

能力目标：学习 Gear 360 全景相机的使用，要求每位读者能够完成全景图片与全景视频的拍摄。

■ 建议学时

2学时。

■ 任务要求

现在 VR 全景已经逐渐延伸到了人们的生活当中，也有越来越多的行业运用了 VR 全景技术，如旅游行业、房地产行业等，市场前景一片广阔。本任务要求读者学习 Gear 360、Insta 360 ONE X2、GoPro MAX 三种全景相机，并且要学会如何利用 Gear 360 拍摄全景图片与全景视频，为以后的交互制作打下基础。

📺 知识归纳

1. VR 全景概念

全景（Panorama）顾名思义就是给人以三维立体感觉的实景 360° 全方位图像，是把相机环 360° 拍摄的一组或多组照片拼接成的一个全景图像。全景虚拟现实（也称实景虚拟）

185

是基于全景图像的真实场景虚拟现实技术，它通过计算机技术实现全方位互动式观看真实场景的还原展示。在播放插件的支持下，使用鼠标控制环视的方向，可左可右可近可远。处在现场环境当中使观众感到好像在一个窗口中浏览外面的大好风光。

基于静态图像的虚拟全景技术，是一种在计算机平台上能够实现的初级虚拟现实技术。它具有开发成本低廉、应用广泛的特点，因此越来越受到人们的关注。特别是随着网络技术的发展，其优越性更加突出。它改变了传统网络平淡的特点，让人们在网络上能够进行360°全景观察，而且通过交互操作，可以实现自由浏览，进而体验三维的 VR 视觉世界。

全景最大的三个特点如下。

（1）全：全方位。全面地展示了 360° 球形范围内的所有景致，可拖曳观看场景的各个方向。

（2）景：实景，真实的场景。三维实景大多是在照片基础之上拼合得到的图像，最大限度地保留了场景的真实性。

（3）360：360° 环视的效果。虽然照片都是平面的，但是通过软件处理之后得到的 360° 实景，却能给人以三维立体的空间感觉，使观者犹如身在其中。

全景由于它能给人们带来全新的真实现场感和交互式的感受，可广泛应用于三维业务场景中，如在线的房地产楼盘展示、虚拟旅游、虚拟教育等领域。

2. 全景相机介绍

1）Gear 360

Gear 360 是在 2017 年 4 月三星发布的第二代全景相机，如图 7.1 所示。这是一款双鱼眼 360° VR 运动相机，集成了 VR 全景声等能够进一步提高拍摄内容沉浸感的技术，致力于解决 VR 体验三大问题的关键性技术：清晰流畅、沉浸感、抗眩晕，同时针对目前一流 VR 播放设备进行了适配和优化。Gear 360 相机利用一次拍摄即可捕获用户和周围景物的 360° 视频和照片。两个 Fisheye 镜头能更生动地捕获照片和视频。通过蓝牙或 WLAN 将 Gear 360 连接至移动设备后，可以从移动设备远程捕获视频和照片。还可以查看、编辑、共享视频和照片。如果将 Gear 360 连接到 Gear VR，可以更真实地查看 Gear 360 视频。

全新一代的 Gear 360 具有以下特征。

图 7.1　Gear 360

（1）支持 4K（4096×2048@24f/s 即视频分辨率在 24f/s 下达到 4096×2048）的 360°

全景视频，默认输出像素为 15.0NMP，摄像头光圈为 f2.2。

（2）拥有更大电池容量（11600mA）。在 2560×1280@30f/s 分辨率下录制视频，约可使用 130min，在 1920×1080@30f/s 分辨率下录制视频，约可使用 180min。

（3）支持扩展 Micro SD 卡（最高支持 256GB）。

（4）体积小、质量轻，减少长时间握持的疲劳感。手柄底部拥有标准接口，可以轻松对接三脚架，为拍摄带来更多便利。

（5）视频格式为 MP4，视频压缩方式为 H.265（HEVC）。音频压缩方式为 AAC，麦克风数量为 2。

（6）兼容性强，包括智能手机、Samsung Gear VR、个人计算机、iOS 设备等多种设备都可以实现快速连接和内容分享。

（7）支持全景直播。

2）Insta360 ONE X2

Insta360 ONE X2 是 Insta360 旗下一款智能防抖相机，于 2020 年 10 月 28 日发布，如图 7.2 所示。Insta360 影石是深圳的一家公司，主要生产开发全景运动相机，其专业级全景相机 Insta360 pro 是唯一被 Google 官方认证且推荐的车载街景拍摄产品。

图 7.2　Insta360 ONE X2

在全景相机市场中，Insta360 的市场占有率也是最大的。Insta360 ONE X2 是它最新的旗舰款式，ONE X2 发布的时候就是作为一个滑雪 / 骑行设备来宣传的。全景视角对这些运动来说有一个好处就是：可以在第一人称视角和第三人称视角之间切换，同时视角可以转动，就算相机没有移动也可以拍到旁边的事物。

Insta360 ONE X2 的功能及亮点如下。

（1）超广角模式：ONE X2 可以开启任意一侧单镜头，一键切换到平面模式，一台相机，满足多元拍摄场景需求。

（2）flowstate 防抖技术加持，防抖效果有保证，无须额外稳定设备。

（3）隐形自拍杆：拍摄全景模式的时候，算法可自动消除自拍杆痕迹，呈现出无人机跟拍的效果。一个人也能拍出第三人称的视角。

（4）自带后期模板，新手不用后期剪辑也能出大片。

（5）可自动消除路人，获得没有人的视频或者照片，还有子弹时间、盗梦空间等多种拍摄玩法。

如果是用来拍摄滑雪、骑行之类的运动的话，还是推荐 ONE X2 这款全景相机。

3）GoPro MAX

GoPro MAX 是 2019 年 10 月上市的运动相机。GoPro MAX 是 GoPro 的一款全景运动相机。如图 7.3 所示，相比 Insta360 ONE X2 防抖更好、画质更好，但是没有自拍杆消除的功能。

GoPro MAX 功能及亮点如下。

（1）前后两个镜头，和手机一样，能够清楚自己拍了什么。而且屏幕和摄像头之间的距离很近，就算看着屏幕说话，也不会给人一种你在看屏幕的感觉。

（2）MAX 拍出来的画面更鲜艳一些。天气好的时候，画面已经很好看了，不需要后期调色。

图 7.3 GoPro MAX

（3）水平线修正。不论相机是否水平拍摄，哪怕是相机倒过来拍摄，拍摄的画面也是保持在水平线上的，很正。这算是增强防抖功能。

（4）内置六个收音麦克风，防风收音效果好。

GoPro MAX 的缺点就是续航低，如果对防抖、画质要求高的可以选择 GoPro MAX。

3. 全景图片、视频的拍摄

能够拍摄制作全景图片与全景视频的软硬件比较多，本项目介绍一款智能化程度较高的硬件，即第二代 Gear 360 全景相机，其优势在于：体积小，便于携带；拍摄操作简单；实时预览拍摄内容；无须后期软件合成。

Gear 360 全景相机拍摄的方法有两种：使用主机按钮拍摄和使用配套的 App 拍摄。

Gear 360 全景相机的硬件结构如图 7.4 所示。

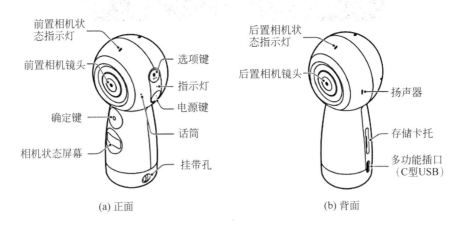

(a) 正面　　　　　　　　(b) 背面

图 7.4　Gear 360 的硬件结构

■ 任务实施

1. 使用主机按钮拍摄

步骤1 按选项键,直到相机状态屏幕中显示需要的状态(视频、照片、延时录像等)。然后按确定键选择(或者等待1秒相机自动切换状态)。

步骤2 按确定键开始拍摄。若是录制视频,则再次按确定键可以结束录制。

2. 使用配套的 App 拍摄

步骤1 在移动设备上安装应用程序。从应用商店下载 Samsung Gear 360 应用程序。

步骤2 连接移动设备。Gear 360 与移动设备配对后,每次开启 Gear 360 时,Gear 360 都将尝试连接至移动设备。对于 Android 设备,可拍摄视频和照片,并在第一次连接后,通过 WLAN 直连在移动设备上查看。

1)Gear 360 连接移动设备

(1)打开 Gear 360。

(2)按选项键。

(3)当连接 Android 设备出现在相机状态屏幕上时,按确定键;连接 iOS 设备操作需要再次按选项键,当连接 iOS 设备出现在相机状态屏幕上时,按确定键。

2)移动设备连接 Gear 360

(1)在移动设备上启动 Gear 360 应用程序。

(2)单击连接至 Gear 360。

(3)按照屏幕提示完成连接。

步骤3 单击相机按钮进入取景器,在取景器中可以选择拍摄的相机模式,也可以选择预览模式等。

步骤4 通过界面选择不同的拍摄模式进行拍摄。

拍摄完成后的照片或者视频可以保存到移动设备,也可以直接保存到计算机。

(1)保存到移动设备的方法:在 Gear 360 应用程序屏幕上单击相册选择 Gear 360,选择要保存的视频和图片,然后单击保存。视频和图片将保存到移动设备,可以在手机中查看保存的文件。

(2)保存到计算机方法:使用 USB 数据线将 Gear 360 连接至计算机,Gear 360 将被识别为可移动磁盘,在 Gear 360 和计算机之间传输文件即可。

本次任务实施完成,读者可以自行操作并检查效果。

任务 7.2　360° 全景图片的实现

■ 学习目标

知识目标:了解 Unity 3D 中天空盒的基本概念。

能力目标：结合天空盒功能，掌握全景图在 Unity 3D 中的基础应用。

■ 建议学时

4 学时。

■ 任务要求

本任务学习 Unity 3D 中天空盒的使用，如何实现动态加载图片并通过脚本制作达到鼠标左键能够拖曳移动摄像机，以及全景图片怎么实现在 Unity 3D 中随意切换的功能。

 知识归纳

1. 天空盒

天空盒是一个全景视图，分为六个纹理，表示沿主轴（上、下、左、右、前、后）可见的六个方向。如果天空盒被正确地生成，那么纹理图片的边缘将会被无缝地合并，在里面的任何方向看，都会是一幅连续的画面。全景图在场景中晚于所有其他对象之后被渲染，并且旋转以匹配 Camera 的当前方向（它不会随着相机的位置而变化，相机的位置总是被视为在全景图的中心）。因此，使用天空盒是一种将现实感添加到场景的简单方法，并且图形硬件的负载最小。

2. VR 全景技术的应用

随着 5G 时代来临，VR 技术逐渐进军到人们的日常生活中去。全景 VR 是 VR 技术领域之一。模拟 360° 全景，在虚拟和现实的融合中，让用户随时随地就可以获得身临其境的沉浸式体验。在传统的平面广告宣传模式中，给用户投放的广告都是"效果以实物为准"，看商品还要来回奔波。而 VR 全景，利用 3D 跟 VR 技术把现实世界搬到互联网上进行全方位展示，如图 7.5 所示。真正意义上 1 : 1 呈现给客户，像把客户亲自带到门店里参观一样，使其得到沉浸式体验。VR 全景早就渗入各行各业，甚至对一些传统行业产生了深远的影响。

1）旅游行业

目前旅游业对于 VR 全景技术的应用，主要集中在 VR 沉浸交互体验和用来激发潜在游客旅行的广告、营销活动上，也是更受普通用户喜欢的 VR 全景展示形式。一方面旅游景点的风景本身就十分惊艳，另一方面 VR 全景带给了以往旅游模式不曾有过的交互体验，使得这种体验模式更加具有娱乐性。图 7.6 所示就是通过 VR 全景技术展示的是华山风景名胜区。

VR 全景旅游这种新模式已经不再只是一种概念，无论是国外还是国内都已经有这种旅游新模式的应用，一些旅游景点如拙政园等，都开始将带有全景二维码的纪念品作为推广方式之一。VR 全景旅游将成为未来旅行、观光、文化导览的一种重要发展方向，并且帮助线下旅游扩展用户，促进旅游行业全面发展。

图 7.5　360°全景　　　　　　　　图 7.6　VR 全景技术在旅游行业的应用示例

2）房产领域

房产行业无疑是对 VR 全景最开放的行业领域了，目前主流的房产中介类软件自如和贝壳等，也都开始将 720° VR 全景看房当作宣传点。实际上，只要是和房产相关的很多领域，都可以和 VR 全景完美地融合，从而产生意想不到的效果，促进整个行业发展的同时，也极大地提高了消费者的体验。

例如，家装设计和家居用品都能够通过 VR 全景实现效果预览，这远比设计师和销售人员的平面图与口头描述直观立体得多，如图 7.7 所示。地产商和中介公司也能用 VR 全景，为购房者带来 VR 全景带看的服务，节省了购房者的交通成本，也极大地缩短了交易周期。还有在招投标的过程中，将设计稿转换成 VR 全景体验，也会极大地提高效率。

图 7.7　VR 全景技术在房产领域的应用示例

3）政府机构

政府对于 VR 全景技术的态度也是非常积极的。除了政府不断出台文件表示对 VR 全景发展的支持外，国家主席和总理多次在相关报告中也指出 VR 全景技术对于未来经济和科技发展的重要性。在互联网时代下，VR 全景引领的新的技术潮流，将成为政府城市建设和经济发展的重要助力。

在 VR 全景的政府应用中，如农业成果展示、重大项目报告、智慧城市建设等方面，都可以通过 VR 全景实现更加全面的介绍。尤其是智慧城市建设上，通过 VR 全景的形式，能够更好地融合互联网优势，让更多市民感受到智慧城市带来的便利，如图 7.8 所示。

4）校园展示

除了智慧城市外，人们也开始注重智慧校园的建设和发展，VR 全景校园也是智慧校园的重要助力之一。通过 VR 全景校园，无论是在校师生还是报考新生等，都可以沉浸感受校园风景，再加上各种互动功能的融入，丰富浏览体验的同时，也方便用户更加了解校园文化。

VR 全景校园的这一优势，也被很多学校用作招生手段之一。通过将全景嵌入学校官网、社交媒体等形式，让人们可以更加方便地了解校园，吸引更多的新生了解并报考，如图 7.9 所示。

图 7.8　VR 全景技术在政府机构的应用示例

图 7.9　VR 全景技术在校园展示的应用示例

5）酒店餐饮

互联网高度发达的优势之一，就是提供了更加方便快捷的互联网生活服务，如在线订酒店和在线选餐厅。但这并不能完全避免互联网上订好的房却不是自己想要的情况发生，直到 VR 全景技术的出现。VR 全景可以 720° 无死角地展现出酒店和餐厅的环境，让消费者可以更全面地了解酒店和餐厅，并做出最终的决定，如图 7.10 所示。

如今包括携程、艺龙、美团等互联网生活服务提供平台，都已经在酒店 / 餐厅预订中，加入了 VR 全景选房等服务，让更多消费者在选房过程中更放心，也更安全。极大地避免了在线选房中的各种骗局。

图 7.10　VR 全景技术在酒店餐饮的应用示例

除了以上几个重大领域外，VR 全景还在企业推广、医药治疗、影音娱乐、天气播报、广告宣传中，发挥了极大的作用。诺贝尔曾说，科学研究的进展及其日益扩充的领域将唤起我们的希望。而 VR 全景的出现，就在日益扩展可应用领域，并将曾经出现在科幻电影的一切变成触手可及的现实。

■ 任务实施

360°全影图片的实现

步骤 1　创建全景图片的核心——天空盒。

在 Unity 3D 中，使用天空盒的方式有两种：

（1）在环境光中，设置针对场景的天空盒；

（2）针对某个相机设置天空盒。

在这里采取方式（1），设置针对场景的天空盒。

① 在 Unity 3D 编辑器的 Project 窗口中新建一个名为 Materials 的文件夹，用以存放场景中的材质。

② 在 Materials 的文件夹内新建一个名为 SkyMat 的材质球（在 Materials 文件夹中，右击将鼠标移动到 Create 上，在选项栏中找到 Materials，单击即可），设置材质球的类型为 Sky/Cubemap，在 Shader 的搜索框中输入 Cubemap 单击即可，如图 7.11 和图 7.12 所示。

图 7.11　设置 Sky/Cubemap

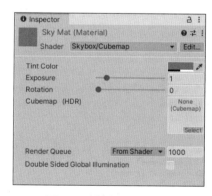

图 7.12　输入 Cubemap

③ 依次选择 Window → Rendering → Lighting 选项打开环境光设置，设置环境光中的天空盒为 SkyMat，如图 7.13 所示。

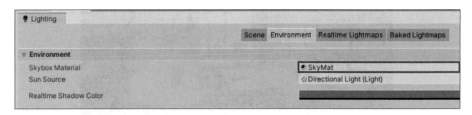

图 7.13　设置 SkyMat

步骤2　加载初始全景图片。

实现动态加载图片并通过脚本制作达到鼠标左键能够拖曳移动摄像机，同时可以通过滑动鼠标滚轮进行缩放操作。

（1）在 Project 窗口中新建一个名为 Scripts 的文件夹。

（2）在 Scripts 文件夹中新建一个名为 ImageLoading 的 C# 脚本。

（3）在 Project 窗口中新建一个名为 Resources 的文件夹。

（4）导入一张全景图到 Resources 文件夹中，取名为 0。

（5）对脚本进行编辑，如代码 7.1 所示。

【代码 7.1】

```
public class lmageLoding : MonoBehaviour{
    // 生成一个公开的名为 cubemapMat 的 Material 类型的变量
    public Material cubemapMat;
    private Cubemap cubemap;// 生成一个名为 cubemap 的 Cubemap 类型的变量
    void Start(){
        // 在 Resources 文件夹中加载一个名为 0 的 Cubemap 类型的图片
        cubemap = Resources.Load<Cubemap>("0")
        // 设置 cubemapMat 的贴图为动态加载的 cubemap
        cubemapMat.SetTexture("_Tex", cubemap);
    }
}
```

（6）将 ImageLoading 脚本拖曳到 Main Camera 上，并将 SkyMat 拖入 ImageLoading 脚本的 Cubemap Mat 中，如图 7.14 所示。

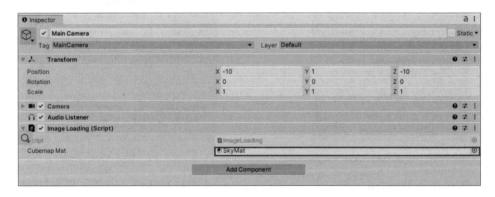

图 7.14　设置 Cubemap Mat

（7）在 Scripts 文件中新建一个名为 CameraController 的 C# 脚本。

（8）对 CameraController 进行编辑，如代码 7.2 所示。

【代码 7.2】

```csharp
using System.Collections;
using System.Collections.Generic;
using Unity 3DEngine;
public class CameraController : MonoBehaviour
{
    public float xSpeed = 2; // 鼠标 X 轴拖曳时，Camera 的旋转速度
    public float ySpeed = 2; // 鼠标 Y 轴拖曳时，Camera 的旋转速度
    public float yMinLimit = -50;// 摄像机 Y 轴的最小角度
    public float yMaxLimit = 50;// 摄像机 Y 轴的最大角度
    public float zoomSpeed = 5;// 摄像机视角的缩放速度
    public float minFOV = 40;// 摄像机 FOV 的最小值
    public float maxFOV = 75;// 摄像机 FOV 的最大值
    private float zoomFov;// 摄像机 FOV 值
    private float x = 0f;// 摄像机 X 轴的当前角度
    private float y = 0f;// 摄像机 Y 轴的当前角度
    private Camera SCamera;//Camera 类型变量
    void Start(){
        x = transform.eulerAngles.y; // 获取 X 轴的初始角度
        y = transform.eulerAngles.x;// 获取 Y 轴的初始角度
        SCamera = this.GetComponent<Camera>();// 获取摄像机组件
        zoomFov = SCamera.fieldOfView;// 获取摄像机 fieldOfView 的值
    }
    private void LateUpdate(){
        if (Input.GetMouseButtonDown(0))// 单击获取 X、Y 轴的值
        {
            x = transform.eulerAngles.y;
            y = transform.eulerAngles.x;
        }
        if(Input.GetMouseButton(0))// 按住鼠标左键移动鼠标，改变摄像机旋转角度
        {
            x += Input.GetAxis("Mouse X") * xSpeed;
            y -= Input.GetAxis("Mouse Y") * ySpeed;
            // 限制 Y 轴的最大值和最小值
            y = ClampAngle(y, yMinLimit, yMaxLimit);
            transform.eulerAngles = new Vector3(y, x, 0);// 摄像机旋转
        }
        zoomFov -= Input.GetAxis("Mouse ScrollWheel") * zoomSpeed;
        zoomFov = Mathf.Clamp(zoomFov, minFOV, maxFOV);
        SCamera.fieldOfView = zoomFov;
    }
    float ClampAngle(float angle, float min, float max){
        if (angle > 180.0f)
            angle -= 360.0f;
        return Mathf.Clamp(angle, min, max);
    }
}
```

（9）将 CameraController 拖曳到 Main Camera 上，单击运行效果如图 7.15 和图 7.16 所示。

图 7.15　正常效果

图 7.16　摄像头焦距放大后效果图

步骤3　实现通过注视指定对象一段时间，来达到全景图片的切换的功能。

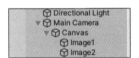

图 7.17　创建名为 Image1 和 Image2

（1）在 Main Camera 下创建名为 Image1 和 Image2 的 Image，如图 7.17 所示。

（2）将 Image1 和 Image2 中的 Image 组件的 Source Image 选中为 Knob。再将 Image1 中的 Image Type 选择为 Filled 模式，将 Fill Method 和 Fill Origin 分别改为 Radial 360 和 Top，并将 Fill Amout 调为 0。最后将 Image2 的 Image 组件中的 Color 调整成黑色，如图 7.18 和图 7.19 所示。

（3）将 Image1 的父对象 Canvas 中的 Canvas 组件中的 RenderMode 选择为 World Space，将 Rect Transform 的坐标调整为（0，0，0.11），再将 Scale 调整为（0.001，0.001，0.001）如图 7.20 所示。

（4）将 Image1 的 Rect Transform 的 Width 和 Height 改为 3，将 Image2 的 Rect Transform 的 Width 和 Height 改为 2。

（5）将第二张全景图导入 Ressources 文件夹中，取名为 1。

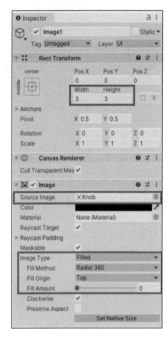

图 7.18 按图进行修改 Image1 的参数

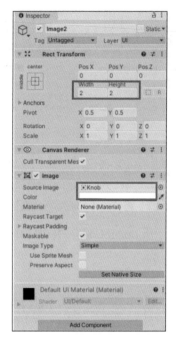

图 7.19 修改 Image2 的参数

（6）新建一个 Picture 文件夹，并将图片 Arrow 导入进 Picture 文件夹中。

（7）在场景中新建 Canvas，在 Canvas 下新建两个 Image，取名为 Arrow1 和 Arrow2，再将 Canvas 的 Scale 调整为适当大小，最后将 Arrow1 和 Arrow2 调整到合适位置，如图 7.21~图 7.23 所示。

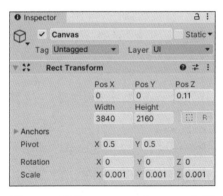

图 7.20 调节 Transform 和 Scale 坐标

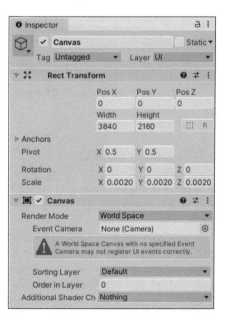

图 7.21 新建 Canvas 并调整 Scale 参数

197

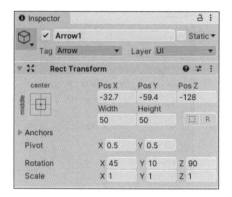

图 7.22 将 Arrow1 调整到合适位置

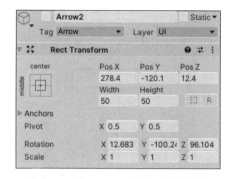

图 7.23 将 Arrow2 调整到合适位置

（8）打开 ImageLoding 添加相应代码，如代码 7.3 所示。

【代码 7.3】

```
using System;
using System.Collections;
using System.Collections.Generic;
using Unity 3DEngine;
using Unity 3DEngine.UI;
using Unity 3DEngine.SceneManagement;
public class ImageLoading : MonoBehaviour{
    // 生成一个公开的名为 cubemapMat 的 Material 类型的变量
    public Material cubemapMat;
    //Arrow 对象池
    public GameObject[] Arrow;
    // 生成一个名为 cubemap 的 Cubemap 类型的变量
    private Cubemap cubemap;
    // 场景中的 Image1，用于判断是否满足切换全景图的条件
    private GameObject Image1;
    // 场景中的 Image2
    private GameObject Image2;
    // 是否开始计时
    private bool isGaze;
    // 计时器
    private float timer;
    // 用于切换全景图
    private int index = 0;
    void Start(){
        // 在 Resources 文件夹中加载一个名为 0 的 Cubemap 类型的图片
        cubemap = Resources.Load<Cubemap>("0");
        // 设置 cubemapMat 的贴图为动态加载的 cubemap
        cubemapMat.SetTexture("_Tex", cubemap);
        // 找到场景中的 Image1
        image1 = GameObject.Find("Image1");
        // 找到场景中的 Image2
        image2 = GameObject.Find("Image2");
```

```
    }
    private void Update(){
        // 以 Image2 为原点发出一条向前的射线，并实时更新射线位置
        Ray ray = new Ray(image2.transform.position, image2.transform.
forward);
        // 射线接触的对象
        RaycastHit hit;
        // 判断射线是否接触到碰撞物
        if (Physics.Raycast(ray, out hit)){
            // 判断接触到的对象的标签是否为 "Arrow"
            if (hit.transform.tag == Arrow){
                isGaze = true;// 开始计时
            }
        }
        else{
            timer = 0; // 计时器归 0，即恢复现场
            isGaze = false;// 停止计时
        }
        if (isGaze) {
            timer += Time.deltaTime;// 计时
            // 射线接触 Arrow 对象时间超过 1.51 秒
            if (timer > 1.51 秒 {
                index++;
                if (index > 1) index = 0;
                // 将对象池中的所有 Arrow 关闭
                foreach (var item in Arrow) item.SetActive(false);
                // 将要切换到的全景图的 Arrow 打开
                Arrow[index].SetActive(true);
                // 根据 index 切换全景图
                cubemap = (Cubemap)Resources.Load(""+index);
                // 设置 cubemapMat 的贴图为动态加载的 cubemap
                cubemapMat.SetTexture("_Tex", cubemap);
                // 计时器清 0
                timer = 0;
            }
            else{
                image1.GetComponent<Image>().fillAmount = timer / 1.5f;
                // 进度条增加
            }
        }
        else {
            timer = 0;// 计时器清 0
            image1.GetComponent<Image>().fillAmount = 0; // 进度条清 0
        }
    }
}
```

（9）将 Main Camera 下的 ImageLoading 脚本中的 Arrow 数组，填入相应的对象，如图 7.24 所示。

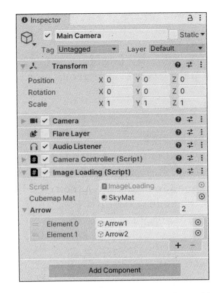

图 7.24　将 Arrow 数组填入相应的对象

> 提示：如果想要切换更多的全景图，只需在 Resources 文件中导入新的全景图，并添加新的 Arrow 的同时将 ImageLoding 脚本中的 index 归 0 的条件改为全景图的个数减 1 即可。

单击运行查看效果。拖曳鼠标让准星对准场景中的 Arrow 进行切换图片，并查看全景图，效果如图 7.25~ 图 7.27 所示。

图 7.25　地板效果查看

图 7.26　餐厅效果查看

图 7.27 客厅整体效果查看

本次任务实施完成，读者可以自行运行并检查效果。

项目小结

VR 全景技术，号称引领"互联网 +"新时代的革命性技术，其借助全景制作软件将数张不同角度的图片拼接在一起，最终生成能够 720°（特指水平 360°，外加上下 360°，做到"天地"完整覆盖）全方位展示的三维全景图。全景图不光可以在二维屏幕上展示，更能通过虚拟现实投影设备（简称 VR 眼镜）进行播放，能够给用户提供最极致的沉浸感，相比于传统的图像展示，更符合人体工程学的设计原理，也更加契合互联网信息交互"直达直通"的主题。

本项目通过对全景图片和全景视频基础知识的学习，了解了全景相机（Gear 360、Insta360 ONE X2、GoPro MAX）各自的特点，最终学会如何利用 Gear 360 全景相机拍摄全景图片和全景视频。然后对 VR 全景技术在旅游行业、房产领域、政府机构等应用简单的介绍，加强读者对 VR 全景技术的认知。最后通过讲解一个家居室内全景图在 Unity 3D 中实现查看和切换功能的案例，让读者学会 Unity 3D 中天空盒的使用以及关键技术。

项目自测

1. 简述 VR 全景技术的未来前景。

2. 比赛题：《VR 全景技术之景点展示》，任务要求如下：

（1）拍摄任意一处旅游景点相关的全景图片与全景视频作为制作前期素材，并且准备景点的相关介绍。

（2）制作三个 Scene 场景：MainScene 主场景，用以切换全景图片场景与全景视频场景；PictureScene 展示全景图片的场景；VideoScene 展示全景视频的场景。

（3）实现全景图片在 Unity 3D 中的展示、切换以及全景图片中的具有内容介绍功能。

（4）实现全景视频在 Unity 3D 中的展示、切换以及播放控制。

项目8

虚拟仿真实验项目制作与开发

项目导读

虚拟仿真技术也可以称为仿真（Simulation）技术或模拟技术，就是用一个系统模仿另一个真实系统的技术。虚拟仿真实际上是一种可创建和体验虚拟世界（Virtual World）的计算机系统。这个虚拟世界由计算机生成，可以是现实世界的再现，也可以是构想中的世界，用户可借助视觉、听觉及触觉等多种传感通道与虚拟世界进行自然的交互。

最近，元宇宙成为科技领域最火爆的概念之一，各大科技公司纷纷入局。元宇宙就像是构建在虚拟上的真实，这一点和虚拟仿真极为相似。虚拟仿真技术的互动性和逼真性带给人们一种身临其境的感觉。就目前而言，虚拟仿真技术与其他行业的融合以及在其他领域的应用也比元宇宙更成熟，也更广泛。尤其是在教育领域，虚拟仿真实验教学已经成为我国教育部主推的数字化教学方式。

学习目标

- 了解什么是虚拟仿真项目。
- 掌握在 Unity 3D 中制作虚拟仿真项目。
- 结合项目需求，在 Unity 3D 中模拟真实事件。

职业素养目标

- 培养学生能够善于观察身边的事物及运用自身技术更加还原真实事物本身特点。
- 利用所学专业知识能够发挥创造性，通过虚拟仿真技术更好地改善人民生活。

职业能力要求

- 具有清晰的项目制作思路。
- 学会结合引擎和插件更好地表征虚拟仿真实验。
- 理论知识与实际真实项目需求相结合。

项目重难点

项目内容	工作任务	建议学时	技 能 点	重 难 点	重要程度
虚拟仿真实验项目制作与开发	任务 8.1 实现发电机设备基本交互	4	在项目开发中运用的常用技术	UI 九宫格	★★★★★
				单例模式	★★★★★
				鼠标相关事件函数	★★★☆☆
	任务 8.2 实验教学引导实现	4	项目中数据管理与高亮轮廓功能	字典 Dictionary	★★★★★
				HDRP-Outline 插件	★★★★★

任务 8.1 实现发电机设备基本交互

■ 学习目标

知识目标：主要学习 UGUI 界面、鼠标函数和单例模式等知识点。

能力目标：通过结合 Unity 3D 多个知识点实现模拟仿真发电机交互。

■ 建议学时

4 学时。

■ 任务要求

本任务主要是基于 Unity 3D 引擎进行开发，项目开始前开发者需针对模拟的实验场景和实验流程进行了解。不同项目有不同需求，这里对需求的获得不做强调。本任务假设需求已经确定，结合引擎中拥有的功能模拟该实验操作。

知识归纳

1. UI 九宫格

当普通一张图片作为 UI 中的 Image 时，如果对原图片进行拉伸，显示会有明显的变形尤其是带边框、带弧度的原图。但可以通过 UGUI 九宫格纹理拉伸实现部分拉伸的方式优化该功能。不论是游戏中的 UI，还是应用中的 UI，UGUI 九宫格纹理拉伸都是必不可少的。因为采用这种拉伸方式，可以最大化地节省纹理资源，任意缩放图片还能保持一个不错的效果，因此在 Unity 3D 开发中用得较多。九宫格拉伸的原理结构如图 8.1 所示。

在 Unity 3D 中使用 UGUI 中使用九宫格，首先选中纹理资源，单击如图 8.2 中的 Sprite Editor 按钮，打开 Sprite 编辑器。

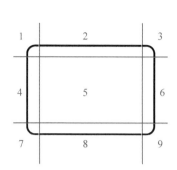

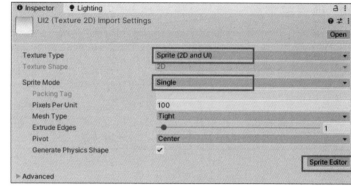

图 8.1　九宫格拉伸的原理结构　　　　　　图 8.2　纹理资源属性窗口

　　然后，设置 Sprite 的边界。其中，蓝色的为可用图片边界，如图 8.3 所示，绿色线则为九宫格的裁剪线。初始时，蓝色和绿色重叠，鼠标指针放在图 8.3 中绿色节点上即可编辑九宫格裁剪线。

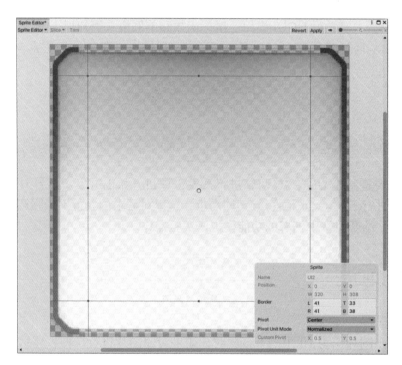

图 8.3　编辑九宫格裁剪线

　　最后，设置好图片后，就可以把 Sprite 赋值给 UI，显示效果了。

2. 单例模式

　　在使用 Unity 3D 开发游戏的时候，经常需要各种 Manager 类用于管理一些全局的变量和方法，如最常见的 GameManager 用于记录各种需要在整个游戏过程中持久化的数据。以 GameManager 为例，假设我们有以下几个需求，单例是很好的选择。

（1）整个游戏过程中必须有且只有一个 GameManager。

（2）在 GameManager 里会记录一个叫 Value 的整型变量。

（3）切换游戏场景时 GameManager 不能被销毁。

（4）有两个游戏场景分别叫 FirstScene 和 SecondScene。

（5）每一个场景中都会有一个按钮，单击后会跳转到另一场景，并且 GameManager. Value 进行 +1 操作。

（6）每一个场景中都会显示当前 GameManager.Value 的值。

一般我们会定义一个类叫 GameManager，它继承了 MonoBehaviour，具体如代码 8.1 所示。

【代码 8.1】

```
using UnityEngine;
public class GameManager : MonoBehaviour
{
    public static GameManager Instance { get; private set; }
    public int Value { get; set; } = 0;
    private void Awake()
    {
        Instance = this;
    }
}
```

静态的 GameManager 属性 Instance 保证了它可以通过类访问，而不是通过实例访问。Instance 的私有属性 set 保证了它只允许在 GameManager 内部赋值，外部只能读取。

继承 MonoBehaviour 类的实例都是由 Unity 3D 游戏引擎创建的，不能通过构造函数创建，所以我们在 Awake（）方法里对 Instance 进行赋值，保证了能够在第一时间初始化。

创建完 GameManager 类之后，我们需要在游戏场景中创建一个 GameObject，并且把 GameManager 类作为 Component 添加到 GameObject 上，如图 8.4 所示。

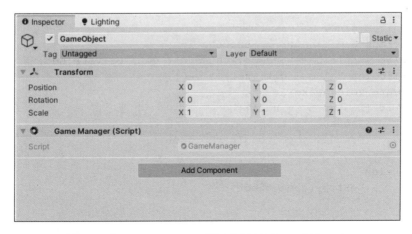

图 8.4 将 GameManager 脚本绑定到 GameObject 上

如果出现切换场景的需求，这种情况下，默认会消除上一个游戏场景里所有的 GameObject 对象，所以 GameManager 对象也不可避免地会被销毁，这是我们不希望看到的。如代码 8.2 所示，我们可以使用 DontDestroyOnLoad（ ）方法让 GameManager 在切换游戏场景时不会被销毁。

【代码 8.2】

```
using UnityEngine;
public class GameManager : MonoBehaviour{
    public static GameManager Instance { get; private set; }
    public int Value { get; set; } = 0;
    private void Awake(){
        Instance = this;
        DontDestroyOnLoad(gameObject);
    }
}
```

在处理完 GameManager 被销毁的情况之后，需要再处理另一个问题：由于 GameManager 是在第一个场景里创建的，当我们从第二个游戏场景切换回第一个游戏场景时，Unity 3D 并不是恢复第一个游戏场景，而是会重新创建出一个新游戏场景，所以就导致一个新的 GameManager 对象被创建，这就不能保证 GameManager 对象的唯一性，如图 8.5 所示的情况。

要解决上面的问题，我们需要在 GameManager 类的 Awake（ ）方法里增加一些逻辑判断，当检查到已经有一个 GameManager 对象存在的时候，就把当前的 GameManager 对象销毁，如代码 8.3 所示。

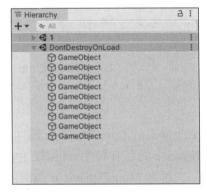

图 8.5　多次创建 GameManager

【代码 8.3】

```
using UnityEngine;
public class GameManager : MonoBehaviour{
    public static GameManager Instance { get; private set; }
    public int Value { get; set; } = 0;
    private void Awake(){
        if (Instance == null){
            Instance = this;
            DontDestroyOnLoad(gameObject);
        }
        else{
            Destroy(gameObject);
        }
    }
}
```

3. 鼠标相关事件函数

该方法继承自 MonoBehavior 类，常用的函数功能如下。

- OnMouseDown：鼠标按下时调用事件（可以判断鼠标是否单击的模型）。
- OnMouseDrag：鼠标按下时，每帧都会调用这个事件。
- OnMouseUp：鼠标抬起的时候。
- OnMouseUpAsButton：按下和抬起是在同一对象身上操作的，并且是在抬起时触发。
- OnMouseEnter：鼠标指针移入事件。
- OnMouseExit：鼠标指针移出事件。
- OnMouseOver：鼠标指针在游戏对象上的时候，每帧都会调用这个函数；在属于 IgnoreRaycast 图层的对象上不调用此函数。

■ 任务实施

实现发电
机设备基
本交互

步骤 1 如图 8.6 所示，在 UnityHub 中单击添加按钮，找到工程 test\test5_start，该工程提供了开发所需模型场景资源。

图 8.6 打开资源工程

步骤 2 如图 8.7 所示，双击打开工程中 Scenes/game.unity 场景。

步骤 3 如图 8.8 所示，调整 Scene 场景中可观看的角度，至能观看发电机柜，选中 Camera，选择导航栏中 GameObject → Align With View 使摄像机切换位置如当前 Scene 窗口角度。

步骤 4 新建脚本 CameraMove.cs，实现控制摄像机移动的功能，使得通过 WASD 按钮可以前后移动摄像机，按住鼠标右键移动鼠标可以旋转摄像机角度，实现如代码 8.4 所示。

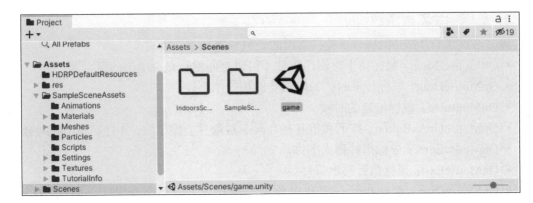

图 8.7 打开场景

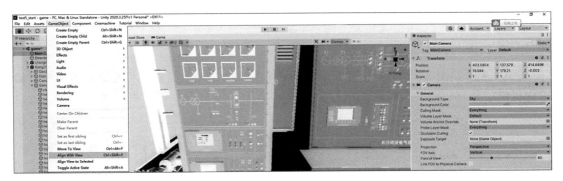

图 8.8 调整摄像头位置和角度

【代码 8.4】

```
using System.Collections;
using System.Collections.Generic;
using UnityEngine;
public class CameraMove : MonoBehaviour{
    public float adSpeed, wsSpeed;
    private float ad, ws;
    public enum RotationAxes {
        MouseXAndY = 0,
        MouseX = 1,
        MouseY = 2
    }
    public RotationAxes axes = RotationAxes.MouseXAndY;
    public float sensitivityHor = 1.0f;
    public float sensitivityVert = 1.0f;
    public float minimumVert = -48.0f;
    public float maximumVert = 48.0f;
    private float _rotationX = 0;
    void Start(){
        Screen.SetResolution(1920, 1080, false);
```

```
            Rigidbody body = GetComponent<Rigidbody>();
            if (body != null)
                body.freezeRotation = true;
        }
    void Update(){
        ad = Input.GetAxisRaw("Horizontal");
        ws = Input.GetAxisRaw("Vertical");
        transform.Translate(new Vector3(ad * adSpeed * Time.deltaTime, 0,
ws * wsSpeed * Time.deltaTime), Space.Self);
        if (Input.GetMouseButton(1))
        {
            if (axes == RotationAxes.MouseX)
            {
                transform.Rotate(0, Input.GetAxis("Mouse X") *
sensitivityHor, 0);
            }
            else if (axes == RotationAxes.MouseY)
            {
                _rotationX -= Input.GetAxis("Mouse Y") * sensitivityVert;
                _rotationX = Mathf.Clamp(_rotationX, minimumVert,
maximumVert);
                transform.localEulerAngles = new Vector3(_rotationX,
transform.localEulerAngles.y, 0);
            }
            else
            {
                float rotationY = transform.localEulerAngles.y + Input.
GetAxis("Mouse X") * sensitivityHor;
                _rotationX -= Input.GetAxis("Mouse Y") * sensitivityVert;
                _rotationX = Mathf.Clamp(_rotationX, minimumVert,
maximumVert);
                transform.localEulerAngles = new Vector3(_rotationX,
rotationY, 0);
            }
        }
    }
}
```

步骤5　如图 8.9 所示，把脚本 CameraMove 绑定到摄像机上。设置移动前后左右速度值 AdSpeed = 1，WsSpeed = 1。

步骤6　在 Unity 2020 版本中，加入了新的 Input System Package，当导入包的时候可能会将旧的输入系统禁用。这时如果再打开使用旧的输入系统的项目，会出现 Input 异常报错。我们可以在 Player Setting 窗体中对项目使用的 Input System 进行切换。具体位置在路径 Edit → Project Setting → Player → Other Settings → Active Input Handling 下，该属性设置为 Input Manager（Old），如图 8.10 所示。

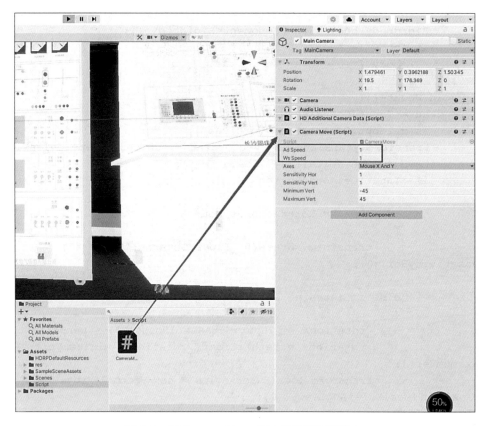

图 8.9　将 CameraMove 脚本绑定到摄像机上

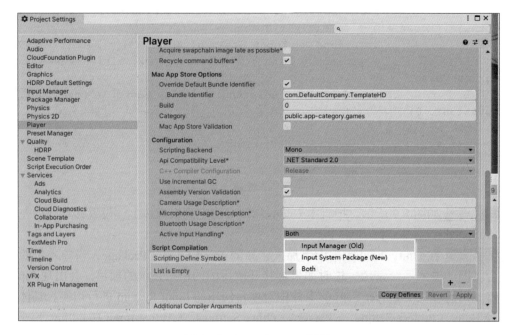

图 8.10　Input System 切换

步骤7 运行可以体验功能，即按 WASD 按钮可以前后移动摄像机，按住鼠标右键移动鼠标可以旋转摄像机角度。

步骤8 创建 UI 界面，首先创建一个画布 Canvas，再在画布中添加一个 Image，用于做上方导航栏背景。如图 8.11 所示，选择图片为 UI3。

步骤9 Image 大小修改成 Width=1920 像素、Height=120 像素，并把 Image 移到顶部。如图 8.12 显示的效果，图片被明显拉伸，我们需要用到九宫格功能进行调整图片。

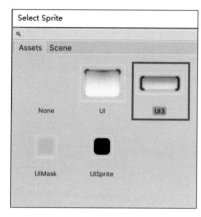

图 8.11　选择 Sprite

图 8.12　图标被拉伸的效果

步骤10 在导航栏中找到 Windows → Package Manager，如图 8.13 所示，右上角搜索 2D Sprite，单击右下角安装该插件，用于编辑 UI 九宫格。

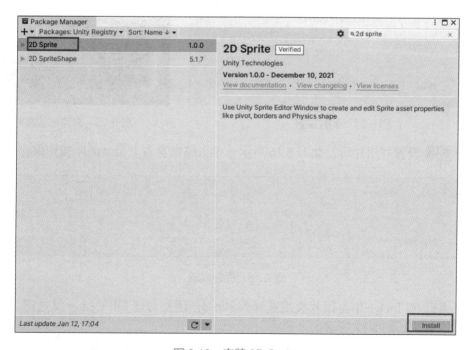

图 8.13　安装 2D Sprite

步骤 11 选中一张图片对其进行 UGUI 九宫格纹理拉伸优化。在工程中的 Assets/res 文件夹下选择 UI3 图片，如图 8.14 所示，选择图片类型 Texture Type 为 Sprite（2D and UI），单击 Sprite Editor 进行编辑。

步骤 12 如图 8.15 所示，在图片精灵编辑器中设置 Sprite 的边界。其中蓝色线为可用图片边界，绿色线则为九宫格的裁剪线，初始时，蓝色和绿色重叠，鼠标放在下图中绿色节点上即可编辑九宫格裁剪线，表示四根绿色线外范围不会被拉伸。

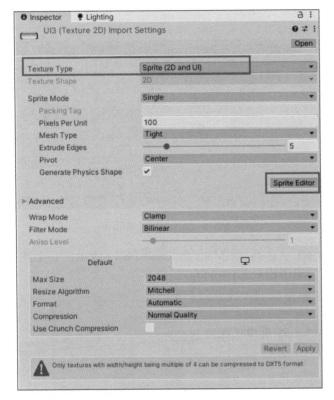

图 8.14　图片设置

图 8.15　九宫格的裁剪

步骤 13 设置好图片后，如图 8.16 所示，单击编辑器右上角 Apply 按钮保存。

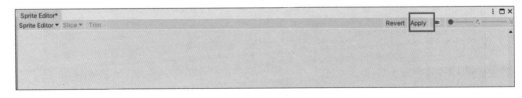

图 8.16　保存编辑

步骤 14 在 Image 中将图片类型选择为 sliced，还要勾选 Fill Center 复选框。拉伸效果被优化，效果如图 8.17 所示。

步骤 15 添加三个 UI 的下拉框 Dropdown 到导航栏中，各下拉框有其子实验选项。选择第一个下拉框添加子实验科目内容，如图 8.18 所示。

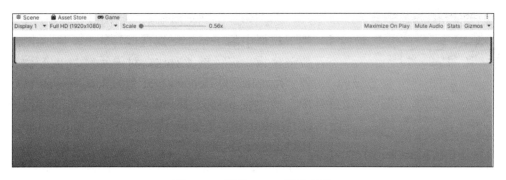

图 8.17 设置 Image 组件参数

图 8.18 设置 Image 组件参数

步骤16 选择下拉框 Dropdown 下的 Label 文本，如图 8.19 所示。修改字体大小 Font Size 为 35，居中对齐。

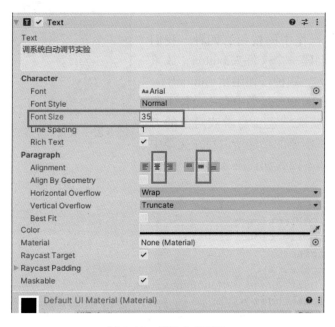

图 8.19 修改文字属性

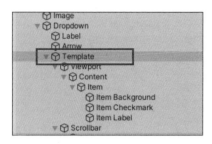

图 8.20　下拉框中的模板 Template

步骤 17 如图 8.20 所示的结构设置游戏对象结构，把下拉框中的 Template 复选框勾选上，显示出默认下拉框模板，进行参考对比，对子元素大小进行修改设置：Template 的 Height=275；Template/Viewport/Content 中的 Height=65；Template/Viewport/Content/Item 中的 Height=60；Template/Viewport/Content/Item/Item Background 的 Image 图片选择 UI3；Template/Viewport/Content/Item Label 中字体大小设置为 32，字体颜色为白色；取消勾选 Template/Viewport/Content/Item/Item Checkmark 复选框，不显示。修改完成后先取消勾选 Template 复选框，修改好的下拉框显示效果如图 8.21 所示。

图 8.21　修改好的下拉框显示效果

步骤 18 在需要操作的按钮位置上做好碰撞监测，把预制体 KongZhiCeng 拖入场景中。我们把需要操作的碰撞体的游戏对象用数字作为名字，即数字 1~30，方便代码逻辑判断，如图 8.22 所示。

步骤 19 实验操作中的按钮有四种，我们在 Script 文件夹中创建一个文件夹 button，放置不同功能按钮的脚本。四种按钮继承 ButtonBase 类方便后期管理，ButtonBase 类中有一个按下函数，当鼠标按下后获取绑定自身游戏对象的名字，这是所有按钮都需要的功能所以写在父类中共用。ButtonBase 脚本内容如代码 8.5 所示。

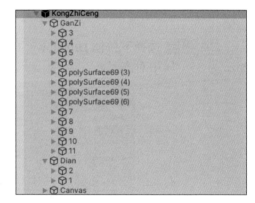

图 8.22　碰撞体的游戏对象用数字作为名字

【代码 8.5】

```
using System.Collections;
using System.Collections.Generic;
using UnityEngine;
using UnityEngine.UI;
public class ButtonBase : MonoBehaviour{
    public float index = 0f;
    protected virtual void OnMouseDown()
    {
```

```
        DataManager.MyBtn btn = DataManager.Instance.PeekButtonData
    (gameObject.name);
        if (btn!=null){
            index = btn.num;
        }
    }
}
```

步骤20 在 Script 文件夹中创建 DataManager 脚本,用于整理工程中需要统计的数据,做到统一管理。DataManager 类设计成单例模式,这样方便其他脚本调用,并且处理按钮的一些统一属性和管理。逻辑实现如代码 8.6 所示。

【代码 8.6】

```
using System.Collections;
using System.Collections.Generic;
using UnityEngine;
public class DataManager : MonoBehaviour
{
    #region 这是个单例
    public static DataManager Instance { get; private set; }
    void Awake()
    {
        if (Instance == null){ Instance = this; }
    }
    #endregion
    /// <summary>
    /// 按钮字典
    /// </summary>
    public Dictionary<string, MyBtn> dictionary;
    /// <summary>
    /// dictionary 的值
    /// </summary>
    public class MyBtn
    {
        public EnumButtonType type;// 按钮类型
        public float num;// 存储数据2
        public GameObject obj;
    }
    /// <summary>
    /// 三种按钮类型
    /// </summary>
    public enum EnumButtonType
    {
        RedGreen, // 红绿按钮
        ButtonType, // 两个按钮性
        WSDTriType, // 上下左
        AddSpeed, // 增磁按钮
```

```
    }
    /// <summary>
    /// 判断是否有这个元素
    /// </summary>
    public MyBtn PeekButtonData(string str)
    {
        if (dictionary != null && dictionary.ContainsKey(str))
        {
            return dictionary[str];
        }
        return null;
    }
    /// <summary>
    /// 添加按钮统一管理
    /// </summary>
    public void AddButton(EnumButtonType type, ButtonBase buttonBase,
GameObject objing)
    {
        if (dictionary == null)
        {
            dictionary = new Dictionary<string, MyBtn>();
        }
        if (!dictionary.ContainsKey(buttonBase.gameObject.name))
        {
            MyBtn btn = new MyBtn();
            btn.type = type;
            btn.num = 0;
            btn.obj = objing;
            dictionary.Add(buttonBase.gameObject.name, btn);
        }
    }
    /// <summary>
    /// 给 Dictionary 词典添加 ButtonBase
    /// </summary>
    public void UpdateButton(EnumButtonType type, ButtonBase buttonBase,
int index, GameObject objing)
    {
        Debug.Log("UpdateButton:"+ objing+ ", index:" + index);
    }
}
```

步骤21 上下扳动按钮如图 8.23 所示，这种按钮只有上下扳动两种状态，可用于动画制作，并且可以用代码控制状态。

在 button 文件夹中创建 ButtonTypeChild 脚本，ButtonType-Child 类继承 ButtonBase，实现逻辑如代码 8.7 所示。

图 8.23　上下扳动按钮开关

【代码 8.7】

```
using System.Collections;
using System.Collections.Generic;
using UnityEngine;
public class ButtonTypeChild : ButtonBase
{
    private void Start()
    {
        DataManager.Instance.AddButton(DataManager.EnumButtonType.
ButtonType, this, gameObject);
    }
    protected override void OnMouseDown()
    {
        if (GameManager.Instance.index == 0)
        {
            return;
        }
        base.OnMouseDown();
        DataManager.Instance.UpdateButton(DataManager.EnumButtonType.
ButtonType, this, 1, gameObject);
    }
}
```

步骤 22　在 Script 文件夹中新建一个脚本 GameManager 管理关卡状态，0 表示非运行状态。输入代码 8.8 所示内容。

【代码 8.8】

```
using System.Collections;
using System.Collections.Generic;
using UnityEngine;
public class GameManager : MonoBehaviour
{
    #region 这是个单例
    public static GameManager Instance { get; private set; }
    #endregion
    /// <summary>
    /// 关卡序号
    /// </summary>
    public int index;
    void Awake(){
        if (Instance == null){
            Debug.Log("GameManager awake");
            Instance = this;
        }
    }
}
```

217

步骤23 如图 8.24 所示，单击 Add Component 按钮查找 ButtonTypeChild 组件，把其添加到 3 游戏对象上。

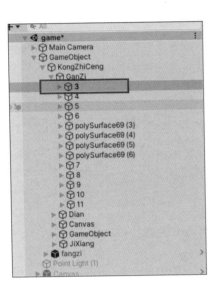

图 8.24　把 ButtonTypeChild 组件绑定到 3 碰撞体

步骤24 如图 8.25 所示，把 GameManager 和 DataManager 两个脚本代码拖入摄像机的 Inspector 面板中。

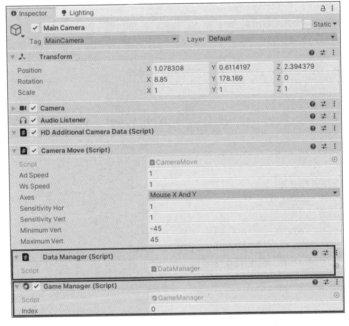

图 8.25　将 GameManager 和 DataManager 拖入摄像机的 Inspector 面板中

步骤 25 运行调试。由于 UpdateButton( ) 函数只是写了一个 Debug 日志，所以我们先在 Console 日志窗口中观察交互情况。单击旋转开关模型，就会调用一次 UpdateButton( ) 函数，index 值为 1，效果如图 8.26 所示。

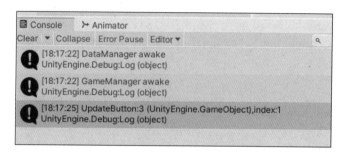

图 8.26 UpdateButton() 函数调用日志

步骤 26 实现旋转开关功能，单击开关后，切换开关状态。在 UpdateButton( ) 函数中添加如代码 8.9 所示的内容。

【代码 8.9】

```
/// <summary>
/// 给 Dictionary 词典添加 ButtonBase
/// </summary>
public void UpdateButton(EnumButtonType type, ButtonBase buttonBase, int
index, GameObject objing)
{
    Debug.Log("UpdateButton:"+ objing+ ", index:" + index);
    switch (dictionary[buttonBase.gameObject.name].type)
    {
        case EnumButtonType.ButtonType://两个按钮型按钮
        if (dictionary[buttonBase.gameObject.name].num == 1)
        {
            dictionary[buttonBase.gameObject.name].num = 0;
        }
        else
        {
            dictionary[buttonBase.gameObject.name].num = 1;
        }
        ChangeToggle(buttonBase.gameObject.transform.Find("Gan"), 1.0f,
DataManager.Instance.PeekButtonData(buttonBase.gameObject.name).num);
        break;
    }
}
```

其中，开关状态切换的逻辑在 ChangeToggle( ) 函数中实现：num 参数值为 0 表示开关向上、1 表示向下、2 表示向右，实现如代码 8.10 所示内容。

【代码 8.10 】

```
/// <summary>
/// 旋转开关
/// </summary>
/// <param name="num">0 上，1 下，2 右</param>
public void ChangeToggle(Transform tran, float speed, float num)
{
    if (num == 0)
    {
        while (tran.rotation != Quaternion.Euler(37, 0, 0))
        {
            tran.rotation = Quaternion.Lerp(tran.rotation, Quaternion.
Euler(37, 0, 0), speed);
        }
    }
    else if (num == 1)
    {
        while (tran.rotation != Quaternion.Euler(-31, 0, 0))
        {
            tran.rotation = Quaternion.Lerp(tran.rotation, Quaternion.
Euler(-31, 0, 0), speed);
        }
    }
    else if (num == 2)
    {
        while (tran.rotation != Quaternion.Euler(0, -40, 0))
        {
            tran.rotation = Quaternion.Lerp(tran.rotation, Quaternion.
Euler(0, -40, 0), speed);
        }
    }
}
```

步骤 27 运行测试，单击按钮后会上下切换，效果如图 8.27 所示。

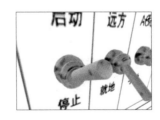

图 8.27　按钮切换效果

步骤 28 如图 8.28 所示，由于按钮 1、2、3、4、7、8、9、12、13 是同一种按钮，所以把 Button Type Child 脚本拖到以上名字的按钮中，使得它们有上下切换的交互和效果。

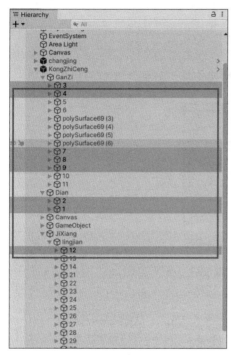

图 8.28 添加 ButtonTypeChild 脚本

步骤29 同理处理其他开关，如图 8.29 所示，5 号按钮也是旋转开关，但是有三种状态及三种动画（向上、向下、向右）。

在 button 文件夹中新建脚本并命名为 WSDChild，实现逻辑如代码 8.11 所示。编写完成后把 WSDChild 脚本拖入 5 号按钮属性面板中。

图 8.29 三种状态的旋转开关

【代码 8.11】

```
using System.Collections;
using System.Collections.Generic;
using UnityEngine;
public class WSDChild : ButtonBase
{
    private void Start()
    {
        DataManager.Instance.AddButton(DataManager.EnumButtonType.
WSDTriType, this, gameObject);
    }
    protected override void OnMouseDown()
    {
        base.OnMouseDown();
```

221

```
        DataManager.Instance.UpdateButton(DataManager.EnumButtonType.
WSDTriType, this, 1, gameObject);
    }
}
```

步骤30 如图 8.30 所示，14 号按钮是灯光切换按钮，红绿两个灯只能同时亮一盏。

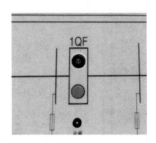

图 8.30 红绿灯切换按钮

在 button 文件夹中新建脚本并命名为 ButtonRedGreen，实现该功能控制如代码 8.12
所示，编写完成后把 ButtonRedGreen 脚本拖入 14 号按钮属性面板中即可实现该效果。

【代码 8.12】

```
using System.Collections;
using System.Collections.Generic;
using UnityEditor;
using UnityEngine;
public class ButtonRedGreen : ButtonBase
{
    private void Start()
    {
        DataManager.Instance.AddButton(DataManager.EnumButtonType.
RedGreen, this, gameObject);
    }
    protected override void OnMouseDown()
    {
        if (DataManager.Instance.PeekButtonData("1") != null &&
DataManager.Instance.PeekButtonData("1").num == 1 &&
            DataManager.Instance.PeekButtonData("2") != null &&
DataManager.Instance.PeekButtonData("2").num == 1 &&
            DataManager.Instance.PeekButtonData("12") != null &&
DataManager.Instance.PeekButtonData("12").num == 1 )
        {// 判断电源是否打开了
            base.OnMouseDown();
            DataManager.Instance.UpdateButton(DataManager.
EnumButtonType.RedGreen, this, 1, gameObject);
        }
    }
}
```

步骤31 如图 8.31 所示，6 号按钮是增减速度值的按钮，并且需要把数值显示到左边显示屏中。

图 8.31　增减速度按钮

在 button 文件夹中新建脚本并命名为 AddSpeedChild，实现该功能控制如代码 8.13 所示。

【代码 8.13】

```csharp
using System.Collections;
using System.Collections.Generic;
using UnityEngine;
using UnityEngine.UI;
public class AddSpeedChild : ButtonBase
{
    public Text UG;
    private void Start()
    {
        DataManager.Instance.AddButton(DataManager.EnumButtonType.
AddSpeed, this, gameObject);
    }
    private void LateUpdate()
    {
        if (DataManager.Instance.PeekButtonData(gameObject.name) != null)
        {
            UG.text = DataManager.Instance.PeekButtonData
(gameObject.name).num.ToString();
        }
    }
    // 当鼠标指针停留在 GUIElement 或碰撞体上时每帧都调用 OnMouseOver
    private void OnMouseOver()
    {
        if (Input.GetMouseButton(0))
        {
            if (DataManager.Instance.PeekButtonData("1") != null &&
DataManager.Instance.PeekButtonData("1").num == 1 &&
                DataManager.Instance.PeekButtonData("2") != null &&
DataManager.Instance.PeekButtonData("2").num == 1)
```

```
        {
            if (gameObject.name == "6" || gameObject.name == "11")
            {
                DataManager.Instance.UpdateButton(DataManager.
    EnumButtonType.AddSpeed, this, (int)(Time.deltaTime * 100),
    gameObject);
            }
            else
            {
                DataManager.Instance.UpdateButton(DataManager.
    EnumButtonType.AddSpeed, this, (int)(Time.deltaTime * -100),
    gameObject);
            }
        }
    }
}
```

步骤32 在 DataManager 脚本 UpdateButton（）函数的 switch 中，添加其他按钮的逻辑状态切换和实现逻辑，因此更新 UpdateButton（）函数内容如代码 8.14 所示。

【代码 8.14】

```
private Renderer[] renderers1;
private Material mat;
Color red = new Color(1f, 0f, 0f);
Color green = new Color(0f, 1f, 0f);
/// <summary>
/// 给 Dictionary 词典添加 ButtonBase
/// </summary>
/// <param name="type"></param>
/// <param name="buttonBase"></param>
/// <param name="index"></param>
public void UpdateButton(EnumButtonType type, ButtonBase buttonBase, int
index, GameObject objing)
{
    Debug.Log("UpdateButton:"+ objing+ ", index:" + index);
    if (dictionary == null)
    {
        dictionary = new Dictionary<string, MyBtn>();
    }
    if (!dictionary.ContainsKey(buttonBase.gameObject.name))
    {
        MyBtn btn = new MyBtn();
        btn.type = type;
        btn.num = 0;
        btn.obj = objing;
```

```
            dictionary.Add(buttonBase.gameObject.name, btn);
        }
    switch (dictionary[buttonBase.gameObject.name].type)
    {
        case EnumButtonType.ButtonType://两个按钮类型按钮
        if (dictionary[buttonBase.gameObject.name].num == 1)
        {
            dictionary[buttonBase.gameObject.name].num = 0;
            ChangeToggle(buttonBase.gameObject.transform.Find("Gan"),
1.0f, PeekButtonData(buttonBase.gameObject.name).num);
        }
        else
        {
            dictionary[buttonBase.gameObject.name].num = 1;
            ChangeToggle(buttonBase.gameObject.transform.Find("Gan"),
1.0f, PeekButtonData(buttonBase.gameObject.name).num);
        }
        break;
        case EnumButtonType.WSDTriType://上下左类型按钮
        dictionary[buttonBase.gameObject.name].num++;
        if (dictionary[buttonBase.gameObject.name].num >= 3)
        {
            dictionary[buttonBase.gameObject.name].num = 0;
        }
        ChangeToggle(buttonBase.transform.Find("Gan"), 1.0f,
PeekButtonData(buttonBase.gameObject.name).num);
        break;
        case EnumButtonType.RedGreen://红绿灯切换类型
        if (dictionary[buttonBase.gameObject.name].num == 1)
        {
            renderers1 = buttonBase.gameObject.GetComponentsInChildren<
Renderer>();
            mat = new Material(Shader.Find("HDRP/Lit"));
            ButtonColor(renderers1, mat, red, green,
PeekButtonData(buttonBase.gameObject.name).num);
            dictionary[buttonBase.gameObject.name].num = 0;
        }
        else
        {
            renderers1 = buttonBase.gameObject.
GetComponentsInChildren<Renderer>();
            mat = new Material(Shader.Find("HDRP/Lit"));
            ButtonColor(renderers1, mat, red, green,
PeekButtonData(buttonBase.gameObject.name).num);
            dictionary[buttonBase.gameObject.name].num = 1;
        }
```

```
        break;
        case EnumButtonType.AddSpeed://增减砺磁
        dictionary[buttonBase.gameObject.name].num += index;
        break;
    }
}
```

在 DataManager 脚本中还需要添加切换颜色的逻辑，用于代码 8.14 代码的调用，内容如代码 8.15 所示。

【代码 8.15】

```
/// <summary>
/// 切换颜色高亮
/// </summary>
public void ButtonColor(Renderer[] renderers, Material mat, Color red,
Color green, float num)
{
    if (num > 0)
    {
        renderers[1].material = mat;
        renderers[1].material.SetColor("_BaseColor", green);
        renderers[1].material.SetColor("_EmissiveColor", green);
        renderers[1].material.SetFloat("_EmissiveExposureWeight", 0);
        renderers[0].material.SetFloat("_EmissiveExposureWeight", 1);
    }
    else{
        renderers[0].material = mat;
        renderers[0].material.SetColor("_BaseColor", red);
        renderers[0].material.SetColor("_EmissiveColor", red);
        renderers[0].material.SetFloat("_EmissiveExposureWeight", 0);
        renderers[1].material.SetFloat("_EmissiveExposureWeight", 1);
    }
}
```

步骤33 如图 8.32 所示，为 10 号按钮绑定 WSD Child 脚本（5 号按钮操作一样）。运行测试后可看到它的三种状态：向上、向下、向右。

步骤34 把 Add Speed Child 绑定到 6 号按钮，给公共变量 UG 赋值，把画布中 ShangImage 名为 speednum 的文本拖曳到 UG 中，如图 8.33 所示。由于代码限制，运行后一定要先把左边柜子下面的两个电源打开（即按钮 1、2）才有效果，显示效果是屏幕上数字增减。

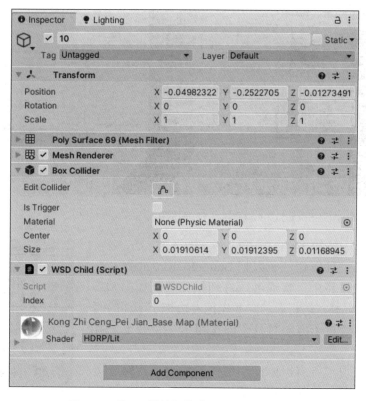

图 8.32 为 10 号按钮绑定 WSD Child 脚本

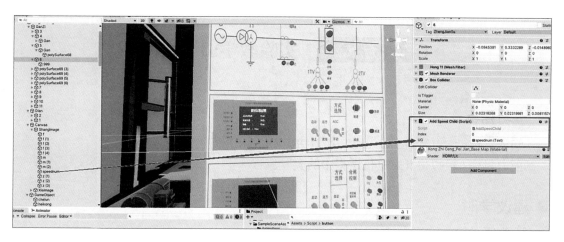

图 8.33 Add Speed Child 绑定到 6 号按钮

步骤35 把 Add Speed Child 绑定到 11 号按钮，给公共变量 UG 赋值，把画布中 ShangImage 的名为 speednum 的文本拖曳到 UG 中，如图 8.34 所示。同理由于代码限制，运行后一定要先把左边柜子下面的两个电源打开（即按钮 1、2）才有效果，显示效果是屏幕上数字增减。

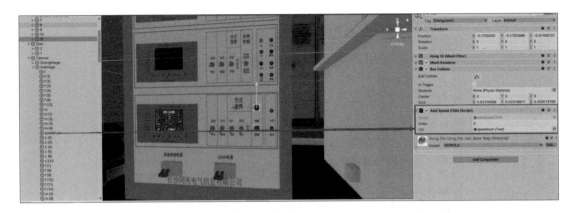

图 8.34 Add Speed Child 绑定到 11 号按钮

步骤36 由于按钮 14、21、22、23、24、25、26、27、28、29、30 是同一种按钮，所以把 ButtonRedGreen 脚本绑定到以上名字的按钮中，实现红绿灯切换，效果如图 8.35 所示。由于代码限制，运行后一定要先把左边柜子下面的两个电源打开、右边柜子电源打开（即按钮 1、2、12）才有效果。

以上基本实现了所有需要操作的按钮的交互逻辑，运行后即可体验。下一个任务将介绍如何引导用户正确操作学习。

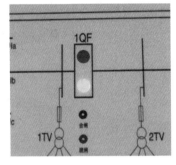

图 8.35 14 号红绿灯亮效果

任务 8.2　实验教学引导实现

■ 学习目标

知识目标：学习字典 Dictionary 和 HDRP-Outline 的综合运用。

能力目标：模拟仿真发电机课程中的实验流程。

■ 建议学时

4 学时。

■ 任务要求

该任务在任务 8.1 的基础上，增加了教学引导。按实验流程引导用户跟随学习发电机的单机带负荷实验。我们可以按步骤依次把需要交互的按钮做外边框闪烁提示，当用户把按钮调制到正确状态再提示下一步操作，从而完成该实验教学指导过程。

知识归纳

1. 字典 Dictionary

Dictionary<[key], [value]> 是 C# 语言中的一个泛型，Dictionary 是一种变种的 HashTable，表示键和值的集合，有以下几个特点：

- 必须包含名空间 System.Collection.Generic；
- Dictionary 里面的每一个元素都是一个键值对，即由两个元素键和值组成；
- 键必须是唯一的，而值不需要唯一；
- 键和值都可以是任何类型（如 string、int、自定义类型等）；
- 通过一个键读取一个值的时间是接近 O（1）；
- 键值对之间的偏序可以不定义。

常用的使用方法，如代码 8.16 所示。

【代码 8.16】

```
// 定义字典
Dictionary<string, string> openWith = new Dictionary<string, string>();
// 添加元素
openWith.Add("txt", "notepad.exe");
openWith.Add("bmp", "paint.exe");
openWith.Add("dib", "paint.exe");
openWith.Add("rtf", "wordpad.exe");
// 取值
Debug.Log(openWith["rtf"]);
// 更改值
openWith["rtf"] = "winword.exe";
Debug.Log(openWith["rtf"]);
// 遍历 key
foreach (string key in openWith.Keys)
{
    Console.WriteLine("Key = {0}", key);
}
```

2. HDRP-Outline 插件

HDRP 轮廓资源可以帮助用户画出不同物体的轮廓，方法如下。

（1）首先下载该插件。如图 8.36 所示，在 Project Settings 需要设置 After Post Process 插件。

（2）在需要边框发亮的游戏对象上添加 Outline Object 组件，如图 8.37 所示。

（3）新建一个高清渲染管线的材质球，并拖曳到对象上。如图 8.38 所示，添加材质球。

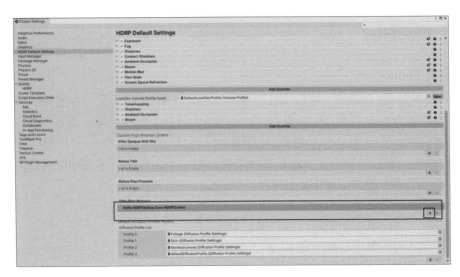

图 8.36　Project Settings 设置

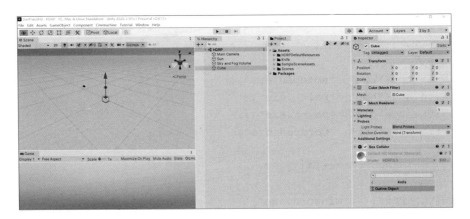

图 8.37　游戏对象上添加 Outline Object 组件

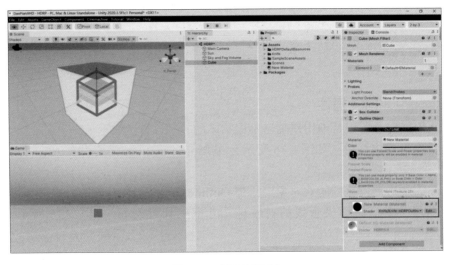

图 8.38　添加材质球

（4）最后在 Volume 里单击 Add Override 添加 HDRP Outline，如图 8.39 所示。

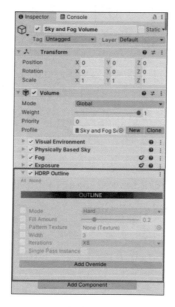

图 8.39 Volume 添加 HDRP OutLine 组件

■ 任务实施

步骤 1 在 GameManager 脚本中添加一个字典成员变量，用于存放实验步骤的参数。例如，单负载单回线实验一共有 22 个步骤，每一步需要控制的按钮存放到字典中。然后在 Start 函数中添加调用语句"One（）；"，使得初始化函数被调用，如代码 8.17 所示。

实验教学
引导实现

【代码 8.17】

```
/// <summary>
/// 第一关字典
/// </summary>
public Dictionary<string, float> oneZiDian;
#region 这是给关卡字典赋值
/// <summary>
/// 字典 one 存储 1.1 实验的所有步骤 key 为第几步，value 为对应的按钮状态
/// </summary>
private void One()
{
    if (oneZiDian == null)
    {
        oneZiDian = new Dictionary<string, float>();
    }
    for (int i = 1; i <= 30; i++)
    {
```

```
        if (i >= 1 && i <= 3 || i == 7 || i == 10 || i == 12 || i == 14 ||
i == 21 || i == 23 || i == 25 || i >= 27 && i <= 29)
        {
            oneZiDian.Add((i).ToString(), 1);
        }
        else if (i == 4 || i >= 8 && i <= 9 || i == 13 || i == 22 || i ==
24 || i == 26 || i == 30)
        {
            oneZiDian.Add((i).ToString(), 0);
        }
        else if (i == 5)
        {
            oneZiDian.Add((i).ToString(), 2);
        }
    }
}
private void Start()
{
    One();
}
```

步骤2 导入外部插件 HDRPOutLine.unitypackage，用于高清渲染管线下外边框高光闪烁的效果，使得实验操作时作为提示当前需要操作的位置。

导入插件后，如图 8.36 所示，在 Project Settings 里设置后处理 After Post Process 添加插件。

在 Hierarchy 窗口中选择 Volume → Sky and Fog Volume 选项，如图 8.40 所示，隐藏其他功能，单击 Add Override 添加 HDRP Outline。

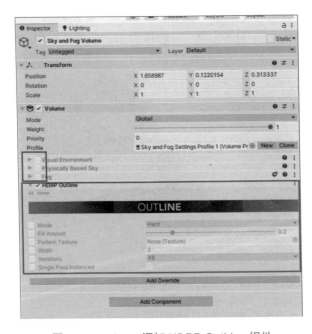

图 8.40　Volume 添加 HDRP OutLine 组件

如图 8.41 所示，给所有 1~30 号按钮添加外边框效果 Outline Object 组件。并在 res 文件找到 red 材质球进行添加（只要是高清渲染管线的材质球即可），color 设置为绿色标识闪烁外边框为绿色。

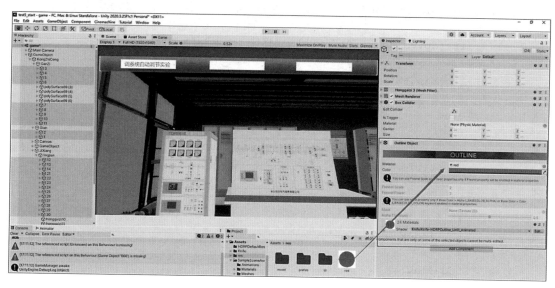

图 8.41　为按钮添加 Outline Object 组件

步骤 3　在 GameManager 脚本头部添加命名空间"using Knife.HDRPOutline. Core;"，用于调用插件中功能类。在 GameManager 中添加实验学习模式的逻辑，脚本更新后内容如代码 8.18 所示。

【代码 8.18】

```
using System.Collections;
using System.Collections.Generic;
using UnityEngine;
using Knife.HDRPOutline.Core;
using UnityEngine.UI;
public class GameManager : MonoBehaviour
{
    #region 这是个单例
    public static GameManager Instance { get; private set; }
    #endregion
    /// 关卡序号
    public int index;
    void Awake(){
        if (Instance == null){
            Debug.Log("GameManager awake");
            Instance = this;
        }
    }
    private void Start()
    {
```

```
        One();
    }
    /// 开始学习模式
    public void SetStudyLevel(Dropdown dp)
    {
        if (dp.value == 0)// 实验总名称被选择时没有实验流程则隐藏提示文字
        {
            tipText.gameObject.SetActive(false);
        }
        else
        {
            tipText.gameObject.SetActive(true);
            tipText.text = " 实验开始 ";
        }
        if (dp.gameObject.name == "Dropdown")
        {
            index = dp.value;
        }
        StudyPlay();
    }
    /// <summary>
    /// 提示
    /// </summary>
    public Text  tipText;
    /// <summary>
    /// 第一关字典
    /// </summary>
    public Dictionary<string, float> oneZiDian;
    /// 字典 one 存储 1.1 实验的所有步骤 key 为按钮名称
    private void One()
    {
        if (oneZiDian == null)
        {
            oneZiDian = new Dictionary<string, float>();
        }
        for (int i = 1; i <= 30; i++)
        {
            if (i >= 1 && i <= 3 || i == 7 || i == 10 || i == 12 || i ==
14 || i == 21 || i == 23 || i == 25 || i >= 27 && i <= 29）
            {
                oneZiDian.Add((i).ToString(), 1）;
            }
            else if (i == 4 || i >= 8 && i <= 9 || i == 13 || i == 22 ||
i == 24 || i == 26 || i == 30)
            {
```

```
                oneZiDian.Add((i).ToString(), 0);
            }
            else if (i == 5)
            {
                oneZiDian.Add((i).ToString(), 2);
            }
        }
    }
    /// 指引按钮，单击按钮时测试是否下一步
    public void StudyPlay()
    {
        if (index == 0)// 实验1.1
        {
            return;
        }
        int i = 0;
        Dictionary<string, float> zidian=new Dictionary<string, float>();
        switch (index)
        {
            case 1:
                zidian = oneZiDian;
                break;
        }
        foreach (var item in zidian)
        {
            if (DataManager.Instance.PeekButtonData(item.Key).num ==
item.Value)// 实验状态完成，外边框闪烁取消
            {
                DataManager.Instance.PeekButtonData(item.Key).obj.
GetComponent<OutlineObject>().enabled = false;
                i++;
            }
            else// 提示需要操作的按钮
            {
                DataManager.Instance.PeekButtonData(item.Key).obj.
GetComponent<OutlineObject>().enabled = true;
                switch (index)
                {
                    case 1:
                        tipTextOne(int.Parse(item.Key));
                        OneOne(int.Parse(item.Key));
                        break;
                }
                return;// 找到需要提示的按钮后，则查询结束
            }
```

```
        }
        if (oneZiDian.Count == i)// 所有步骤完成
        {
            tipText.text = " 恭喜，实验完成！ ";
            index = 0;
        }
    }
    /// <summary>
    /// 设备启动步骤
    /// </summary>
    private void tipTextOne(int index)
    {
        switch (index)
        {
            case 1:
                tipText.text = " 打开 220V 电源 ";
                break;
            case 2:
                tipText.text = " 打开励磁电源 ";
                break;
            case 3:
                tipText.text = " 启动调数装置 ";
                break;
            case 4:
                tipText.text = " 工作方式设置为就地 ";
                break;
            case 5:
                tipText.text = " 工作方式设置为自动 ";
                break;
            case 7:
                tipText.text = " 启动励磁装置 ";
                break;
            case 8:
                tipText.text = " 工作方式设置为就地 ";
                break;
            case 9:
                tipText.text = " 工作方式设置为恒 Qf";
                break;
            case 10:
                tipText.text = " 工作方式设置为恒 UG";
                break;
            case 12:
                tipText.text = " 打开试验台的总电源 ";
                break;
```

```
        case 14:
            tipText.text = "合上控制屏上的一号断路器";
            break;
        }
    }
    /// <summary>
    /// 单负载单回合实验步骤
    /// </summary>
    /// <param name="index"></param>
    private void OneOne(int index)
    {
        switch (index)
        {
            case 21:
                tipText.text = "合上实验台上的 1 号断路器";
                break;
            case 23:
                tipText.text = "合上实验台上的 3 号断路器";
                break;
            case 25:
                tipText.text = "合上实验台上的 5 号断路器";
                break;
            case 27:
                tipText.text = "合上实验台上的 7 号断路器";
                break;
            case 28:
                tipText.text = "合上实验台上的 8 号断路器";
                break;
            case 29:
                tipText.text = "合上实验台上的 9 号断路器";
                break;
        }
    }
}
```

步骤4 在 Canvas 画布上添加提示信息的文本，如图 8.42 所示。创建一个空的 GameObject，里面再创建一个 Text，取名 tip，用于显示提示信息。FontSize 设置为 50，Color 为白色。

步骤5 如图 8.43 所示，选择摄像机，对其组件 GameManager 显示的 TipText 参数进行赋值，把刚刚创建的 Text 拖入对应位置。默认隐藏 Tip 运行后，单击学习选项时再激活显示。

步骤6 选择 Dropdown 下拉框，实现监听下拉框值的改变，即当下拉框选项被修改时调用指定函数。如图 8.44 所示。把 Main Camera 拖入并且选择 GmaeManager 脚本中的 StudyPlay（）函数。

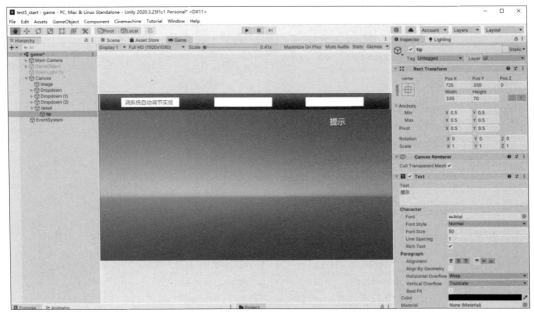

图 8.42　添加文本提示

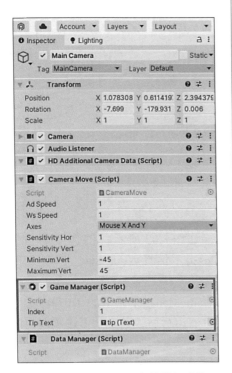

图 8.43　对 TipText 参数进行赋值

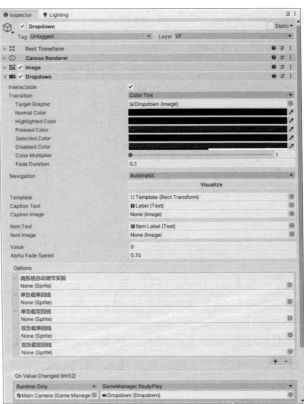

图 8.44　Dropdown 下拉框值修改监听函数

步骤7 在 DataManager 脚本的 UpdateButton 函数中添加调用 StudyPlay 函数的代码。当单击任意按钮时，监测和调整当前实验步骤提示的按钮，实现内容如代码 8.19 所示。

【代码 8.19】

```
public void UpdateButton(EnumButtonType type, ButtonBase buttonBase, int
index, GameObject objing)
{
    Debug.Log("UpdateButton:"+ objing+ ", index:" + index);
    switch (dictionary[buttonBase.gameObject.name].type)
    {
        //上方已实现内容，这里略写
    }
    GameManager.Instance.StudyPlay();//修改按钮后监测是否影响实验步骤
}
```

步骤8 实验流程基本完成，但要考虑再次单击实验或者单击其他实验流程时，能恢复所有按钮状态，需要在 DataManager 脚本中添加清除数据信息的功能代码，具体内容如代码 8.20 所示。

【代码 8.20】

```
/// <summary>
/// 清除所有按钮的状态
/// </summary>
public void ClearDictionary()
{
    foreach (MyBtn item in dictionary.Values)
    {
        item.num = 0;
        switch (item.type)
        {
            case EnumButtonType.ButtonType://两个按钮型按钮
                ChangeToggle(item.obj.transform.Find("Gan"), 1.0f, 0);
                break;
            case EnumButtonType.WSDTriType://上下左类型按钮
                ChangeToggle(item.obj.transform.Find("Gan"), 1.0f, 0);
                break;
            case EnumButtonType.RedGreen://红绿灯切换按钮
                renderers1 = item.obj.GetComponentsInChildren<Renderer>();
                mat = new Material(Shader.Find("HDRP/Lit"));
                renderers1[1].material = mat;
                renderers1[1].material.SetColor("_BaseColor", green);
                renderers1[1].material.SetColor("_EmissiveColor", green);
                renderers1[1].material.SetFloat("_
EmissiveExposureWeight", 1);
                renderers1[0].material = mat;
```

```
                renderers1[0].material.SetColor("_BaseColor", red);
                renderers1[0].material.SetColor("_EmissiveColor", red);
                renderers1[0].material.SetFloat("_
EmissiveExposureWeight", 1);
                break;
            case EnumButtonType.AddSpeed://增减砺磁
                break;
        }
        item.obj.GetComponent<OutlineObject>().enabled = false;
    }
}
```

并且还需要在 DataManager 脚本上方添加命名空间，内容如代码 8.21 所示。

【代码 8.21】

```
using Knife.HDRPOutline.Core;
```

然后在 GameManager 脚本中的 SetStudyLevel 函数中对 ClearDictionary 函数进行调用，内容如代码 8.22 所示。

【代码 8.22】

```
/// <summary>
/// 开始学习模式
/// </summary>
public void SetStudyLevel(Dropdown dp)
{
    tipText.gameObject.SetActive(true);
    if (dp.gameObject.name == "Dropdown")
    {
        index = dp.value;
    }
    DataManager.Instance.ClearDictionary();// 所有按钮状态回位
    StudyPlay();
}
```

步骤 9　考虑选择实验之前，用户按任意按钮不允许其交互。则在 UpdateButton 函数中，做按钮处理前判断 GameManager.Instance.index 的值，如果值为 0 则抛弃这次操作，并且要求没有选择实验时，按钮不能被触发交互。以上功能实现内容如代码 8.23 所示。

【代码 8.23】

```
public void UpdateButton(EnumButtonType type, ButtonBase buttonBase, int
index, GameObject objing)
{
    Debug.Log("UpdateButton:"+ objing+ ", index:" + index);
    if (GameManager.Instance.index == 0)// 无实验不能操作按钮
```

```
    {
        return;
    }
    switch (dictionary[buttonBase.gameObject.name].type){
        // 上方已实现内容，这里略写
    }
}
```

步骤10 运行程序即可跟着操作提示学习电力操作实验，实验效果如下图 8.45 所示。

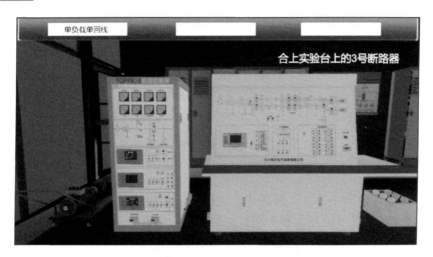

图 8.45　电子操作实验运行效果

本次任务实施完成，读者可以自行运行并检查效果。

■ 项目小结

虚拟仿真实验可在实际实验教学中发挥巨大作用。涉及大量工科设备工作原理的课程，仅凭简单的课堂讲解或平面多媒体辅助教学，很难让学生对比较抽象的一些设备有更清晰的了解；而通过虚拟仿真技术，将管道、阀门、调节器、泵、换热器、塔设备、发电机等设备直观地呈现在学生面前，让学生在接近真实工业环境的虚拟现场看到各种设备的运转过程，会极大地调动学生的学习积极性和主动性，收到事半功倍的学习效果。

本项目是以发电机教学为例，通过 Unity 3D 制作一款模仿操作电力发电机的实验，主要是通过代码与 3D 按钮、UI、材质外框闪烁插件有机结合，实现虚拟仿真效果。该实验只是初步实现了一个实验的功能，可以沿用该实验步骤对后续实验进行扩充。当然该实验还需要依据真实的实验流程展开后续内容，丰富实验内容将是一件很有意义的事情。

项目自测

1. 基于以上项目内容增加一个新的实验，实验名字是下拉框中第二个子实验"单负载双回线"，请实现该实验功能。实验步骤如下：

```
/// 第二关字典
public Dictionary<string, float> twoZiDian;
/// 字典 two
private void Two(){
    if(twoZiDian == null){
        twoZiDian = new Dictionary<string, float>();
    }
    for(int i = 1; i <= 30; i++){
        if (i >= 1 && i <= 3 || i == 7 || i == 10 || i == 12 || i == 14 ||
i >= 21 && i <= 25 || i >= 27 && i <= 29）{
            twoZiDian.Add((i).ToString(), 1f);
        }
        else if(i == 4 || i >= 8 && i <= 9 || i == 13 || i == 24 || i== 30){
            twoZiDian.Add((i).ToString(), 0f);
        }
        else if(i == 5）{
            twoZiDian.Add((i).ToString(), 2f);
        }
    }
}
```

2. 赛题:《垃圾分类小卫士》环保生态主题。随着现代社会突飞猛进的进步, 人们的生活大大提高, 社会产生的垃圾种类和数量也是前所未有的多。我们在生产、生活中产生的大量垃圾, 正在严重侵蚀我们的生存环境, 垃圾分类是实现垃圾减量、资源化、无害化, 避免"垃圾围城"的有效途径。近年来, 随着国家智慧生态、美丽中国等政策倡导的落地, 垃圾分类也成了热门的社会主题, 本任务要求围绕该主题制作一个环保生态主题的交互项目。

（1）分类垃圾桶外观参考图 8.46 所示建模。

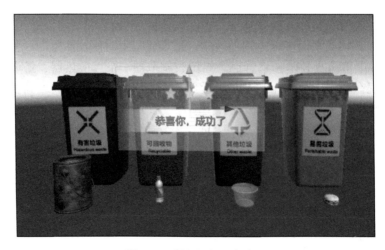

图 8.46　垃圾桶外观参考图

（2）场景中须包括四种类型（可回收垃圾、易腐垃圾、有害垃圾、其他垃圾）的三维垃圾模型，调节材质，模型在场景中的摆放位置或出现形式可由选手自行设计。场景中必须有灯光效果和阴影效果。可在要求内容的基础上添加其他元素增加场景效果。

（3）在交互开始前，在视线前方播放导引视频，如图8.47效果，视频上单击按钮切换播放和暂停状态。

图8.47　视频播放参考图

（4）为场景中垃圾桶添加单击交互：单击垃圾桶盖，盖子会打开；为场景中的垃圾模型添加相应的交互，使其可以被拖放到垃圾桶内，并具备基本的碰撞体和刚体效果。

（5）编写脚本实现固定时间内对垃圾分类的结果的判断，并显示成功或失败的提示。可在要求内容上自行创新添加其他脚本实现更丰富的功能，例如，倒计时显示功能、错误提示功能等。

第四篇

设备交互篇

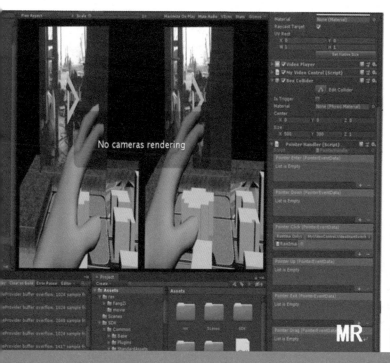

工欲善其事，必先利其器

——春秋 孔子

基于Vuforia插件的AR项目开发

项目导读

AR 技术的起源，可追溯到 Morton Heilig 在二十世纪五六十年代所发明的 Sensorama Stimulator。Morton Heilig 是一名电影制作人兼发明家，他利用多年电影拍摄的经验设计出了一台名为 Sensorama Stimulator 的机器。Sensorama Stimulator 同时使用了图像、声音、香味和震动，让人们能够感受在纽约布鲁克林街道上骑着摩托车风驰电掣的场景。这个发明在当时非常超前。以此为契机，AR 也展开了它的发展史。

Vuforia 平台是一个创建 AR 应用程序软件平台。开发人员可以轻松地将先进的计算机视觉功能添加到任何应用程序中，允许它识别图像和对象，或在现实世界中重建环境。

学习目标

- 了解增强现实开发的技术原理。
- 掌握 Vuforia 在 Unity 3D 中的开发流程及使用方法。
- 掌握 Vuforia 中图片识别、圆柱识别、对象识别的参数设置及使用。

职业素养目标

- 通过 Vuforia 平台项目培养当代大学生在制作项目上的工匠精神。
- 培养学生具备掌握 Vuforia 平台在 AR 开发方向的专业技能。
- 利用所学专业知识能够独立创作出新世界的创新能力。

职业能力要求

- 具有清晰的 AR 项目开发思路。
- 学会 Vuforia 平台中各项技术的使用方法。
- 加强自主学习能力以及团结协作意识。

知识重难点

项目内容	工 作 任 务	建议学时	技 能 点	重 难 点	重要程度
基于 Vuforia 插件的 AR 项目开发	任务 9.1　Vuforia 开发环境配置	2	Vuforia 平台的使用	增强现实技术原理	★★★☆☆
				Vuforia 平台简介	★★★★☆
	任务 9.2　Vuforia 项目开发	6	运用 Vuforia 实现 AR 项目制作	图片扫描	★★★★★
				对象识别	★★★★★

任务 9.1　Vuforia 开发环境配置

■ 学习目标

知识目标：安装 JDK 环境、SDK 环境以及 Vuforia 插件导入与设置。

能力目标：Vuforia 的 AR 项目开发环境的搭建。

■ 建议学时

2 学时。

■ 任务要求

本任务主要进行 Vuforia 环境的搭建、导入及设置。

熟悉 Vuforia 插件，掌握安装 AR 运行环境、安装 JDK 环境、安装 SDK 环境、Vuforia 插件导入与设置以及了解 Vuforia Object Scanner 扫描对象软件。

 知识归纳

1. AR 技术原理

与在现实生活中不同，AR 是将虚拟事物在现实中呈现，而交互就是帮助虚拟事物在现实中更好地呈现做准备，因此想要得到更好的 AR 体验，交互就是其中的重中之重。

AR 设备的交互方式主要分为以下三种。

（1）选取现实世界中的点位来进行交互是最为常见的一种交互方式。如 AR 贺卡和毕业相册就是通过图片位置来进行交互的。

（2）将空间中的一个或多个事物的特定姿势或者状态加以判断，这些姿势都对应着不同的命令，使用者可以任意改变和使用命令来进行交互。如用不同的手势表示不同的指令。

（3）使用特制工具进行交互。如谷歌地球就是利用类似于鼠标一样的东西进行一系列的操作，从而满足用户对于AR互动的要求。

AR的目标是将虚拟信息与输入的现实场景无缝结合在一起。为了增加AR使用者的现实体验，要求AR产品具有很强的真实感。为了达到这个目标，不仅要考虑虚拟事物的定位，还要考虑虚拟事物与真实事物之间的遮挡关系，以及是否具备四个条件：几何一致、模型真实、光照一致和色调一致。这四者缺一不可，任何一种的缺失都会导致AR效果的不稳定，从而严重影响AR产品的体验。

AR系统在功能上主要包括四个关键部分：图像采集处理模块、注册跟踪定位系统、虚拟信息渲染系统和虚实融合显示系统。其中，图像采集处理模块是采集真实环境的视频，然后对图像进行预处理；注册跟踪定位系统是对现实场景中的目标进行跟踪，根据目标的位置变化来实时求取相机的位姿变化，从而为将虚拟对象按照正确的空间透视关系叠加到真实场景中提供保障；虚拟信息渲染系统是在清楚虚拟对象在真实环境中的正确放置位置后，对虚拟信息进行渲染；虚实融合显示系统是将渲染后的虚拟信息叠加到真实环境中再进行显示。

一个完整的AR系统是由一组紧密联结、实时工作的硬件部件与相关软件系统协同实现的，有以下三种常用的组成形式。

1）基于计算机显示器

在基于计算机显示器的AR实现方案中，摄像机摄取的真实世界图像输入计算机中，与计算机图形系统产生的虚拟景象合成，并输出到计算机屏幕显示器，用户从屏幕上看到最终的增强场景图片。这种实现方案简单。

2）光学透视式

头盔式显示器被广泛应用于AR系统中，用于增强用户的视觉沉浸感。根据具体实现原理划分为两大类：基于光学原理的穿透式HMD（Optical See-through HMD）和基于视频合成技术的穿透式HMD（Video See-through HMD）。

光学透视式AR系统具有简单、分辨率高、没有视觉偏差等优点，但它同时也存在着定位精度要求高、延迟匹配难、视野相对较窄和价格高等问题。

3）视频透视式

视频透视式AR系统采用的是基于视频合成技术的穿透式HMD（Video See-through HMD）。

2. Vuforia平台

Vuforia是创建AR应用程序的软件平台，能够非常方便、快捷地帮助开发者打造虚拟世界物品与真实世界物品之间的互动，实时识别跟踪本地或者云端的识别图以及简易的三维对象。Vuforia是业内领先、应用最为广泛的AR平台，支持Android、iOS、UWP

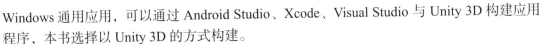

Windows 通用应用，可以通过 Android Studio、Xcode、Visual Studio 与 Unity 3D 构建应用程序，本书选择以 Unity 3D 的方式构建。

（1）Vuforia 是一个静态链接库，作为客户端封装到最终的 App 中，用来进行最主要的识别功能，支持 iOS、Android 和 UWP，并且根据不同的平台开放出了不同的 SDK，可以根据需要从 Android Studio、Xcode、Visual Studio 以及 Unity 3D 中任选一种作为开发工具。因为 Unity 3D 本来就是个游戏引擎，对 3D 模型的导入以及控制非常方便，非常适合开发 AR 程序，所以本书以 Unity 3D 为开发工具。

（2）Vuforia 提供了一系列的工具，用来创建对象、管理对象数据库以及管理程序的 licenses。Target Manager 是一个网页程序，开发者在里面创建和管理对象数据库，并且可以生成一系列的识别图像，用在 AR 设备以及云端上。Licenses Manager 用来创建和管理程序的 licenses，因为每一个 AR 程序都有唯一的 licenses。Vuforia Object Scanner 是 Vuforia 近期新出的工具，用于实物扫描，但遗憾的是，目前只支持某些 Android 设备。

（3）当 AR 程序需要识别数量庞大的图片对象，或者对象数据库需要经常更新，可以选择 Vuforia 的云识别服务。Vuforia Web Services 可以让开发者很轻松地管理数量庞大的对象数据库，并且建立自动的工作流。

（4）在选择 Unity 组件时，勾选 "Android Build Support" "Android SDK&NDK Tools" "OpenJDK"，进行 AR 环境的安装，如图 9.1 所示。

图 9.1　选择 AR 环境需要的组件

（5）在 Vuforia 官网下载 Unity 3D 专用版本，如图 9.2 所示。
将下载的包导入项目中，导入成功后如图 9.3 所示。

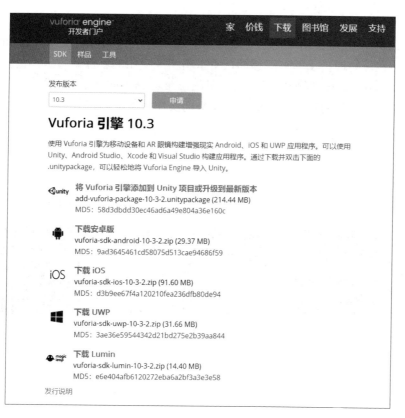

图 9.2　下载 Unity 版 Vuforia 引擎

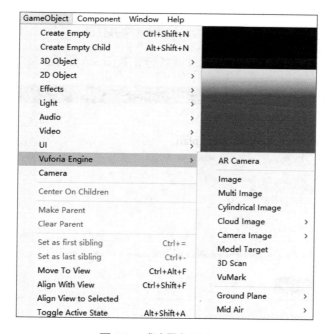

图 9.3　成功导入 Vuforia

利用 Vuforia 插件将自己的对象作为标记物，需要使用 Vuforia Object Scanner 软件扫描对象，然后在 Vuforia 网站中构建对象，并导入 Unity 3D 中进行使用。Vuforia 扩增实境软件开发工具包是高通推出的针对移动设备扩增实境应用的软件开发工具包，它利用计算机视觉技术实时识别和捕捉平面图像或简单的三维对象（如盒子），然后允许开发者通过照相机取景器放置虚拟对象并调整对象在镜头前实体背景上的位置。

Vuforia
开发环
境配置

■ 任务实施

步骤 1 进入 Vuforia 官网，创建一个自己的账号并登录，如图 9.4 所示。

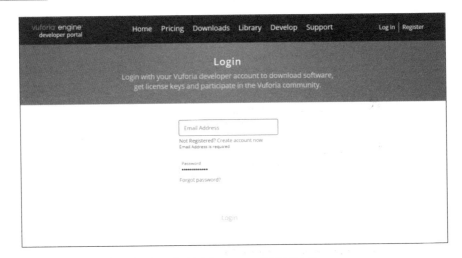

图 9.4　创建 Vuforia 账号并登录

步骤 2 创建一个许可证，输入许可证名称，如图 9.5 所示。

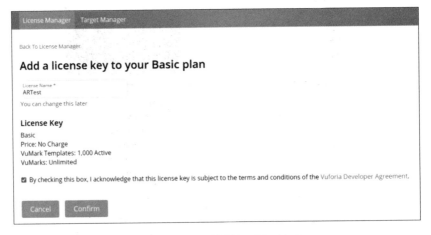

图 9.5　创建许可证

创建后可以在许可证管理器中查看，如图 9.6 所示。

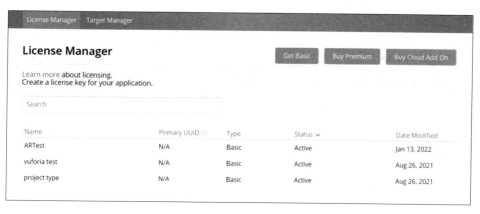

图 9.6 创建好的许可证信息

步骤 3 在图 9.6 中，单击需要用到的许可证名称如 ARTest，将会进入 ARTest 的许可证密钥，复制里面的一长串的许可证密钥，对应的是后面会在 Unity 需要写入的 Key 数据，如图 9.7 所示。

License Manager > ARTest

ARTest Edit Name Delete License Key

License Key   Usage

Please copy the license key below into your app

AdWTcMr/////AAABmYSPHyyWk0eqhV9ZfBSZ7sNSVCTQuD53TeUvTukPlt0f+q/6hvPaNsOCk0/o09qOQIMGJbsqoiJ1DUQDjmaovXH
pwBQLPPuxbYb5LeKKxckq4unf5szcTLkshkN3czRbXNc+3Inf0Yu1ixKmzSV+WdL+noa+CVc3v7gseWgoiT72HpDvNDgCGes2bTX9pN
0pBjfrtp9Lj7/RDDAEsdMYHKzkkNhjF11Rw6CmDI1qMWAXdX51rzFWntBQ+2cFO6e7Zr7DBmQsOnvCpijaA60onNtJMoTEksm32I9NT
EWMpR6BncW2UyyReD8s+bZ31rHBtdaCVJ8ITaTCWRbb1Rqv9/5in/Tn4dJx/sN+aUGT4b+8

Plan Type: Basic
Status: Active
Created: Jan 13, 2022 22:58
License UUID: 2f7a00b4e9334fe28e7d08ccd449301e

Permissions:
- Advanced Camera
- External Camera
- Model & Area Targets
- Watermark

History:
License Created - Today 22:58

图 9.7 许可证数据

步骤 4 在图 9.6 中单击 Target Manager 进入许可证管理界面单击 Add Database 按钮添加 Database，添加对象，然后生成数据库，如图 9.8 所示。

步骤 5 选择需要添加物体的类型，Single Image 及图片，Cuboid 及长方形物体，Cylinder 圆柱形或圆锥形物体，3D Object 及其他 3D 物体。然后单击 Add Target 添加一张识别的图片，如图 9.9 所示。

上传的图片识别率越高星级也越高，如图 9.10 所示。

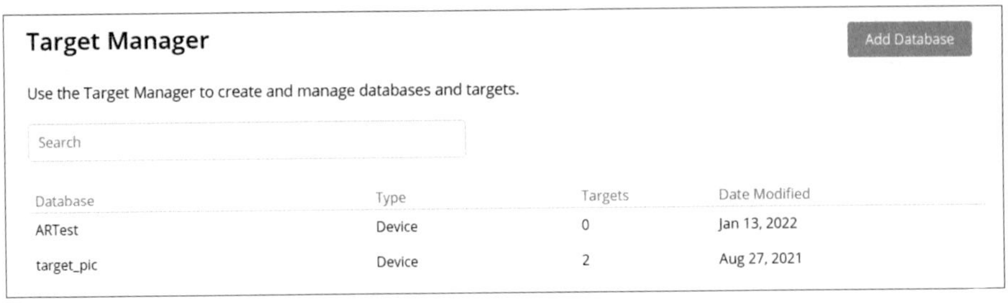

Target Manager   Add Database

Use the Target Manager to create and manage databases and targets.

Search

Database	Type	Targets	Date Modified
ARTest	Device	0	Jan 13, 2022
target_pic	Device	2	Aug 27, 2021

图 9.8　生成数据库

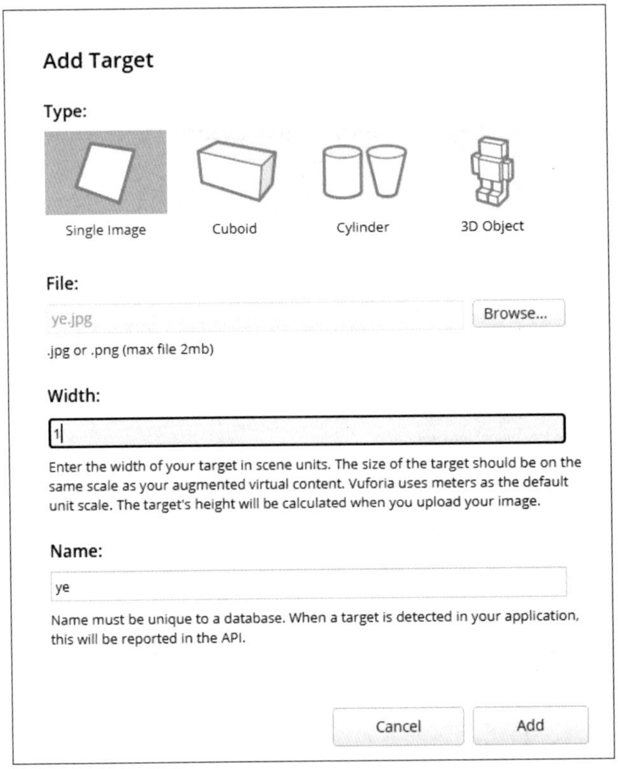

Add Target

Type:

Single Image   Cuboid   Cylinder   3D Object

File:

ye.jpg   Browse...

.jpg or .png (max file 2mb)

Width:

1

Enter the width of your target in scene units. The size of the target should be on the same scale as your augmented virtual content. Vuforia uses meters as the default unit scale. The target's height will be calculated when you upload your image.

Name:

ye

Name must be unique to a database. When a target is detected in your application, this will be reported in the API.

Cancel   Add

图 9.9　添加识别图片

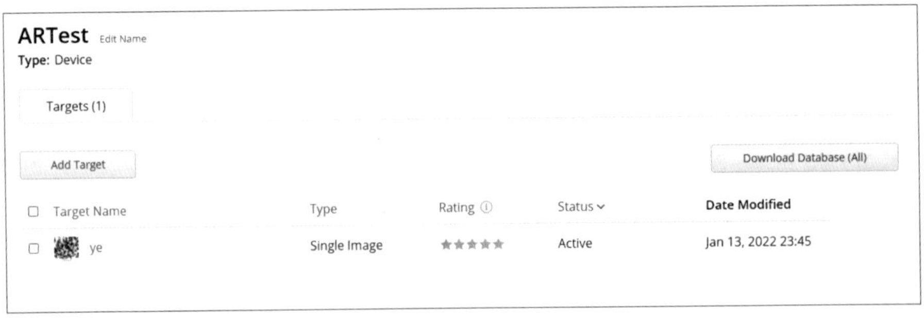

ARTest Edit Name
Type: Device

Targets (1)

Add Target   Download Database (All)

☐ Target Name	Type	Rating ⓘ	Status ⌄	Date Modified
☐ ye	Single Image	★★★★★	Active	Jan 13, 2022 23:45

图 9.10　图片的识别评级

步骤6 单击 Download Database（All）按钮，选择 Unity Editor 进行下载，如图 9.11 所示。

步骤7 将下载的文件导入 Unity 3D，如图 9.12 所示。

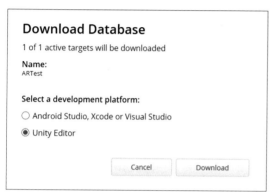

图 9.11 下载文件

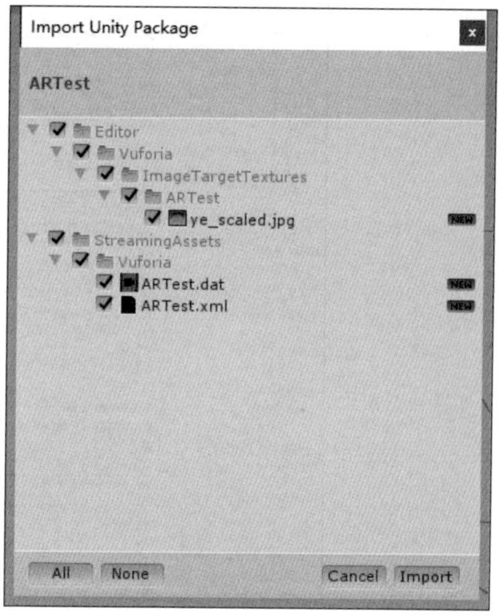

图 9.12 把文件导入 Unity 3D

步骤8 在 Hierarchy 窗口中右击创建 AR Camera，如图 9.13 所示。

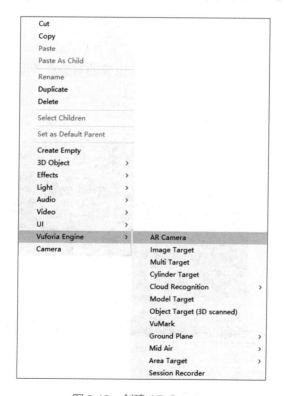

图 9.13 创建 AR Camera

步骤9 在 Inspector 窗口中找到 Vuforia Behaviour，如图 9.14（a）所示。单击 Open Vuforia Engine Configuration。如图 9.14（b）所示，在 Add Library Article 中添加之前生成好的密钥。

(a) 单击Open Vuforia Engine Configuration   (b) 添加生成好的密钥

图 9.14　添加密钥

步骤10 创建一个 ImageTarget，并把需要生成的对象作为子对象，设置其位置，如图 9.15 所示。

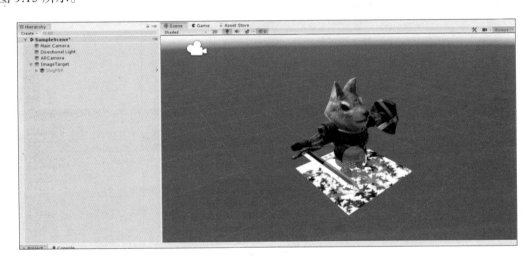

图 9.15　创建 ImageTarget 并添加对象

步骤11 依次单击 File → Build Settings → Android → Switch Platform，将平台切换至

Android 平台，如图 9.16 所示。

步骤 12 单击 Build，生成 APK 安装包导入手机进行调试，运行效果如图 9.17 所示。

图 9.16 切换发布平台   图 9.17 运行效果

本次任务实施完成，读者可以自行运行并检查效果。

任务 9.2　Vuforia 项目开发

■ 学习目标

知识目标：学习安装 JDK 环境、SDK 环境以及 Vuforia 插件导入与设置。

能力目标：完成 Vuforia 的 AR 项目开发环境的搭建。

■ 建议学时

6 学时。

■ 任务要求

本任务是学习了解虚拟现实的基本概念、基本特征以及分类，学习 VR、AR、MR 技术并且最终学会区分 VR、AR、MR 技术以及它们之间的关系。

💻 **知识归纳**

目前世界上主流的 AR SDK 提供厂商，国外的主要是 Vuforia、Metaio，国内的主要是 EasyAR。其中，Metaio 在 2015 年 5 月已被 Apple 收购，之后就没有再对外公开过 SDK。经过两年的封闭开发，Apple 已经打造出强大的 ARKit，能够基于庞大的 iOS 和 iPad 设备生产出各种惊艳的 AR 产品。Vuforia 也在 2015 年 11 月被 PTC 公司收购，但是后续一直在更新并提供 SDK。在 ARKit 普及之前，Vuforia 由于具有功能众多以及高质量的识别技术，良好的跨平台性和兼容性（兼容目前主流的 PC、Android、iOS 平台）等优点，所以 Vuforia 早已深入人心，一直是开发者最青睐的 AR SDK，也是开发者学习 AR 应用开发的必备技能。

1. 扫描图片（Image Target）

Vuforia SDK 可以对图片进行扫描和追踪。通过摄像机扫描图片时，在图片上方出现一些设定的 3D 对象，这种情况适用于媒体印刷的海报以及部分产品的可视化包装等。虚拟按钮、用户自定义图片以及扫描多目标等技术都以扫描图片技术为基础。

图 9.18　五星级识别图

用户需要设计目标图片，然后上传到 Vuforia 目标管理进行处理和评估。评估结果有五个星级，不同的星数代表相应的星级，如图 9.18 所示，星级越高表示图片的识别率也就越高。为获得较高的星级数，在选择被扫描的图片时应该注意以下几点。

（1）选择图片时建议使用 8bit 或 24bit 的 .JPG 和只有 RGB 通道的 .PNG 图像及灰度图，且每张图片的大小不能超过 2MB。

（2）图片目标最好是无光泽、较硬材质的卡片，因为较硬的材质不会有弯曲和褶皱的地方，可以使摄像机在扫描图片时更好地聚焦。

（3）图片要包含丰富的细节、较高的对比度以及无重复的图片，如街道、人群、运动场的场景图片，重复度较高图片的评估星级往往会比较低，甚至没有星级。

被上传到官网的整幅图片的 8% 宽度被称为功能排斥缓冲区，因为该 8% 的区域不会被识别。

轮廓分明、有棱有角的图片评级就会越高，其追踪效果和识别效果也就越好。在扫描图片时，环境也是十分重要的因素。图片目标应该在漫反射灯光照射的适度明亮的环境中，图片表面被均匀照射，这样图片的信息才会被更有效地收集，更加有利于 Vuforia SDK 的检测和追踪。对于不规则图片可以将其放在白色背景下，在图像编辑器中（如 Photoshop）将白色背景图和不规则图像渲染成一张图片，然后将其上传到官网，这样就可以将不规则图片作为目标图片。

2. 圆柱体识别（Cylinder Targets）

Cylinder Targets 能够使应用程序识别并追踪卷成圆柱或者圆锥形状的图片。它也支持识别和追踪位于圆柱体或圆锥体顶部和底部的图片。开发者需要在 Vuforia 官网上创建

Cylinder Targets，创建时需要使用到圆柱体的边长、顶径、底径以及想要识别的图片。具体操作时需要注意以下两点。

1）图片标准

Cylinder Targets 支持的图片格式和 Image Targets、Multi Targets 相同，均为使用 RGB 或 GrayScale（灰度）模式的 .PNG 和 .JPG 格式图片，大小在 2MB 以下。上传到官网上之后，系统会自动将提取出来的图片识别信息存储在一个数据集中，供开发者下载使用。

2）如何获取实际对象的具体参数

现实中能够经常看到类圆柱体的物件，但很少有非常完美、标准的圆柱体，如生活中的水瓶、水杯、易拉罐，其形态都不是十分标准，但都十分接近圆柱体，所以开发者可以使用它们进行增强现实的开发。

商标是展现在圆柱体上的一种图案。有些商标可能只覆盖了对象的一部分，如红酒瓶、矿泉水瓶；有些商标则能够将整个圆柱体覆盖住，如易拉罐。通常个人手中并没有这些对象的具体数据和商标的标准数字图片，需要手动测量其具体的参数。

3. 对象识别（Object Recognition）

前面内容介绍了标记框架、扫描图片、多目标等技术，细心的读者会发现这些技术都是基于图片实现的。但是现实生活中有很多 3D 对象，如玩具车、电子产品以及生活用品等。Vuforia 也提供了一套实现与 3D 对象交互的技术。

1）可识别对象

官方提供了一款扫描 App—Vuforia 扫描仪，利用该软件可以扫描并收集 3D 物体表面的物理信息。该 App 所识别的 3D 对象是不透明、不变形的，并且其表面应该有明显的特征信息，这样有利于 App 去收集目标物体表面的特性信息。

2）下载 Vuforia 扫描 App

进入 Vuforia Developer Portal 官网，在 Downloads 下的 Tools 页面中有一个 Download APK 字样单击进行下载。

3）扫描 3D 对象步骤

下载并安装 Vuforia 扫描仪后，就可以利用该 App 对 3D 对象进行扫描。扫描完成后会产生一个 *.od 文件，该文件包含了 3D 对象表面的物理信息，将其上传至官网打包下载数据源即可。

■ 任务实施

步骤 1 同任务 9.1 步骤 1~8 相同操作，将下载的文件导入 Unity 3D 项目中去。

步骤 2 创建一个 ImageTarget 游戏对象用于识别图片，如图 9.19 所示。

Vuforia项目开发

步骤 3 在 ImageTarget 识别图片下，创建一个模型作为子对象并设置好位置 Position，如图 9.20 所示。

步骤 4 设置 Render Texture。在 Project 窗口中创建一个 Render Texture，然后把 Render Texture 拖入 Main Camera 中的 Target Texture 中，并按如图 9.21 所示进行设置。

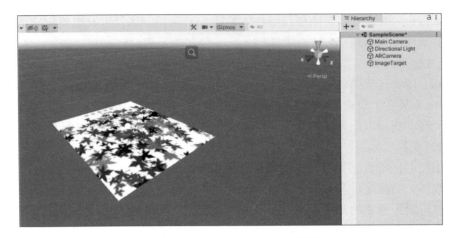

图 9.19　添加 ImageTarget 识别图片

图 9.20　添加模型并设置成 ImageTarget 的子对象

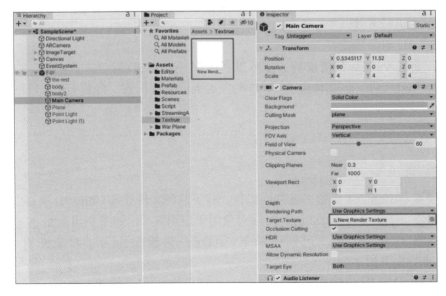

图 9.21　设置 Render Texture

步骤 5　在 Hierachy 窗口中创建一个 Plane，将 Render Texture 拖曳到 Plane 上，然后在 Inspector 窗口中依次单击 ShaderLegacy → Shader → Thansparent → Diffuse 命令，把 Main Camera 中的 Clear Flags 设置为 Solid Color、Culling Mask 设置为 plane、Position 设置为（0，4，0.0）、Rotation 设置为（90，0，0），如图 9.22 所示。

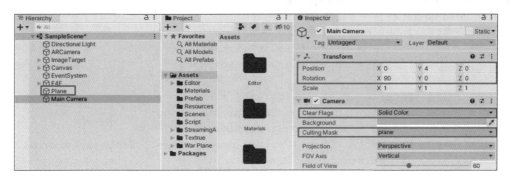

图 9.22　设置 Camera 参数

步骤 6　选中飞机，依次单击 Hierachy 窗口中的 Layer → Add Layer... 命令，在 User Layer8 处输入 plane，然后将飞机的 Layer 设置成 plane 层，如图 9.23 所示。

步骤 7　把 Plane 和 Main Camera 拖曳到飞机的下面作为子对象，然后把飞机拖入 Project 中的 Prefab 文件夹中作为预制体，最后删除 Hierachy 窗口中的飞机，如图 9.24 所示。

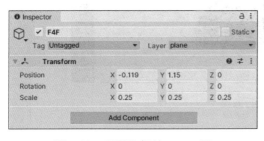

图 9.23　设置飞机的 Layer 层

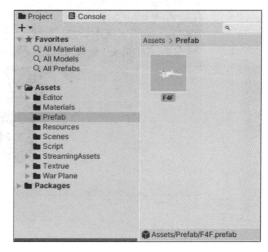

图 9.24　将飞机作为预制体

步骤 8　创建一个 Rotate 脚本，将它挂载在飞机上，如代码 9.1 所示。

【代码 9.1】

```
using System.Collections;
using System.Collections.Generic;
using UnityEngine;
```

```
public class Rotate : MonoBehaviour{
    private Vector3 startPos;
    private Vector3 endPos;
    private Vector3 offset;
    private Vector3 finalOffset;
    void Update(){
        if (Input.GetMouseButtonDown(0)){
            startPos = Input.mousePosition;
            endPos = Input.mousePosition;
        }
        if (Input.GetMouseButton(0)){
            offset = Input.mousePosition - endPos;
            endPos = Input.mousePosition;
            transform.Rotate(Vector3.Cross(offset, Vector3.forward).
normalized, offset.magnitude, Space.World);
        }
    }
}
```

步骤9 单击运行按钮，扫描到识别图片后会生成飞机模型，滑动屏幕可以控制飞机旋转，运行效果如图 9.25 所示。

本次任务实施完成，读者可以自行运行并检查效果。

图 9.25　运行效果

■ 项目小结

本项目学习了通过使用 Vuforia 和 Unity 3D 开发 AR 项目，包括 AR 环境的安装、Vuforia 插件的导入及设置、创建密钥、创建数据库、添加识别图、下载导入数据库添加 AR Camera、添加密钥、数据库导入与设置、添加 AR Image、添加对象、打包测试等知识点，通过学习掌握了 Vuforia 中各个功能的使用及参数设置，明确了基于 Vuforia 开发 AR 的思路及流程。

项目自测

1. 基于以上项目内容增加一个新的实验，实验名字是"通过鼠标控制模型旋转"，请实现该实验功能。实验部分代码如下。

```
public class Rotate : MonoBehaviour{
    private Vector3 startPos;
    private Vector3 endPos;
    private Vector3 offset;
    private Vector3 finalOffset;
    void Update()
    {
        if (Input.GetMouseButtonDown(0))
        {
            startPos = Input.mousePosition;
            endPos = Input.mousePosition;
        }
        if (Input.GetMouseButton(0))
        {
            offset = Input.mousePosition - endPos;
            endPos = Input.mousePosition;
            transform.Rotate(Vector3.Cross(offset, Vector3.forward).
normalized, offset.magnitude, Space.World);
        }
    }
}
```

2. 赛题：垃圾是人类日常生活和生产中产生的固体废弃物，由于排出量大，成分复杂多样，且具有污染性、资源性和社会性，需要无害化、资源化、减量化和社会化处理。如不能妥善处理，就会污染环境，影响环境卫生，浪费资源，破坏生产生活安全，破坏社会和谐。垃圾处理就是要把垃圾迅速清除，并进行无害化处理，最后加以合理的利用。本任务围绕该主题制作一个环保生态主题的交互项目。

（1）分类垃圾车外观参考任务图示建模，如图 9.26 所示。

图 9.26　垃圾车参考图

（2）场景中需包括四种类型（垃圾场、垃圾车、工人、垃圾）的三维模型。模型及对应贴图素材已提供，在文件夹"素材"文件夹下的"模型"文件夹中。参赛选手自行创建场景，调节材质。模型在场景中的摆放形式或出现形式可由选手自行设计。场景中必须有灯光效果和阴影效果。选手可在要求内容的基础上添加其他元素增加场景效果。

（3）为场景中垃圾车添加单击交互：单击垃圾场，门会打开；为场景中的垃圾模型添加相应的交互，使其可以被装载到垃圾车，然后倒入垃圾场，并具备基本的碰撞体和刚体效果。

（4）编写脚本实现固定时间内对垃圾分类结果的判断，并显示成功或失败的提示。选手可在要求内容上自行创新添加其他脚本实现更丰富的功能，例如，倒计时显示功能、错误提示功能等。

基于Action One PRO/JIMO的MR项目制作

项目导读

  VR 是纯虚拟数字画面，而 AR 虚拟数字画面加上裸眼现实，MR 是数字化现实加上虚拟数字画面。从概念上来说，MR 与 AR 更为接近，都是一半现实一半虚拟影像，但传统 AR 技术运用棱镜光学原理折射现实影像，视角不如 VR 视角大，清晰度也会受到影响。从实现效果来看，MR 可以实现 VR、AR 的效果，VR、AR 都是 MR 的子集。从技术实现上来看，大多数 AR 采用的是光学透视，在现实画面叠加虚拟图像，当叠加的虚拟图像将人眼完全覆盖时就成了虚拟现实，因此 VR 是 AR 的一个子集，VR 是纯虚拟只借助显示屏显示虚拟模型。

  本项目将带领读者了解国产 MR 产品。Action One Pro/JIMO 是中国混合现实行业领军企业影创公司出品，本项目的任务也是围绕 Action One Pro/JIMO 眼镜进行 MR 项目开发。

学习目标

- 了解混合现实内容制作的技术原理。
- 掌握基于 MR 眼镜 SDK 的开发流程及使用方法。
- 掌握 MR 手柄交互的原理和应用。

职业素养目标

- 培养学生能够善于观察新事物新动向的能力。
- 培养学生基于所学专业知识，结合已有技术方案加以灵活创造。

职业能力要求

- 具有清晰的项目制作思路。
- 学会把引擎特性和第三方眼镜 SDK 有机结合制作项目。
- 理论知识与实际真实项目需求相结合。

项目重难点

项目内容	工作任务	建议学时	技能点	重 难 点	重要程度
基于 Action One PRO/JIMO 的 MR 项目制作	任务 10.1 MR 的环境设置	4	使用影创 MR 眼镜并搭建环境	影创 MR 眼镜类型与 SDK	★★★☆☆
				Android 环境安装	★★★☆☆
	任务 10.2 工业园区区域展示 MR	4	基于影创 MR 眼镜模拟虚拟沙盘交互	视频播放	★★★★★
				MR SDK 常用组件介绍	★★★★★

任务 10.1　MR 的环境设置

■ 学习目标

　　知识目标：主要学习安卓环境配置和 MR SDK 的下载安装。
　　能力目标：独立完成 MR 项目开发前环境设置和资源准备工作。

■ 建议学时

　　4 学时。

■ 任务要求

　　本项目基于 ACTION ONE PRO/JIMO 眼镜开发。该 MR 眼镜不需要连接计算机的一体机，在 Unity 3D 制作完功能后需要导出 APK 并传入眼镜中，因此开发环境需要 Android 环境设置。开发 MR 需要设置 Android 环境配置（Android SDK 和 JDK），Unity 3D 中也需要有对应设置。

 知识归纳

　　随着科技的不断发展，智能眼镜也逐渐变成现实。早在 2014 年，就涌起过一阵智能眼镜的大潮。各家科技厂商纷纷推出智能眼镜，常见的有谷歌的 Google Glass、微软的 MR 眼镜 HoloLens 和影创 MR 眼镜等。

1. 影创 MR 眼镜类型

　　影创 MR 眼镜是国产 MR 的佼佼者，其公司主打 Action One Pro、即墨（JIMO）、鸿鹄（HONG HU）MR 眼镜，每款都有其特点，目前都在售卖中。

　　（1）Action One 是影创 2018 年发布的，但其配置依然可做参考。该眼镜 FOV 为 45°，使用时，眼前 3 米左右的距离有一块将近 100 英寸（1 英寸 ≈2.54 厘米）的巨大屏幕，且十分清晰。同时，它具有十分稳定的 Inside-out SLAM 空间定位系统，搭载强大的高通骁龙 835 处理器，可以直接使用手势进行操作。4000 毫安的电池和 330 克的重量，让用户可以连续使用近 4 小时，仍能感到舒适。更为重要的是，Action One 使用了影创科技自主开发的全息操作系统，使得用户在使用设备时，像使用计算机一样轻松：首先，Action One 不需要任何外部辅助设备，其本身就是一台完整的计算机；其次，它的兼容性很强，可兼容大部分 Android 应用，如微信、微博、Microsoft Office 套件等，这些应用都可以作为窗口摆放在任意位置并可实现多任务运行，如图 10.1 所示。

（2）即墨（JIMO）是 2019 年发布的产品，采用一体机设计，搭载高通骁龙 845 处理器，视场角高达 55°，配备了三颗摄像头，可以实现完整的 6 DoF 追踪。即墨（JIMO）的分辨率为 1920×1080，PPI（Pixels Per Inch）为 3400，PPD（Pixels Per Degree）达到了 35。当 PPD 超过 30 时，用户就看不见任何像素点，因此也不会有纱窗效应，实现了 Retina 级别的显示效果。另外，即墨（JIMO）采用了可替换磁吸电池这一创造性设计，使整机重量保持在 150 克的同时续航时间可长达 2 小时。该眼镜采用可替换磁吸电池这一创造性设计，使眼镜重量保持在 120 克，是全球最轻的一款 MR 眼镜，如图 10.2 所示。

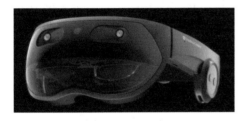

图 10.1 影创 Action One Pro 眼镜

图 10.2 即墨（JIMO）眼镜

（3）鸿鹄（Hong Hu），在 2020 年 10 月发布，是首批搭载高通骁龙 XR2 平台的 MR 设备，采用全自由度手势操作，可实现世界级空间定位，为用户创造更"本能"、更"真实"的交互体验。系统提供的六自由度信息可满足数十平方米、数百平方米、数千平方米乃至整个世界的 MR 空间中人与虚拟场景、人与人、人与现实世界对象的交互。同时，鸿鹄也是全球首款具备头手 6DoF 功能的 MR 分体机，将带来极致的 MR 体验。值得一提的是，鸿鹄同时还提供了裸手手部交互功能，实现多种手势与虚拟对象的交互，如图 10.3 所示。

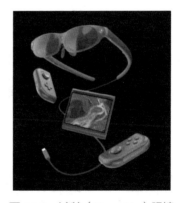

图 10.3 鸿鹄（Hong Hu）眼镜

混合现实眼镜，被认为是 5G 时代最显著的应用场景之一，也有很多人畅想未来的手机将被这些混合现实眼镜所取代。不过消费级 MR 眼镜还有很长的一段路要走，企业目前发力的重点主要应用在医疗、工业、教育、文旅领域的高端产品。

2. 影创 MR SDK 插件

在影创眼镜上开发 MR 项目，首先离不开眼镜平台提供的 SDK。影创 SDK 支持 Unity 3D 引擎、UE4 引擎和 Native 引擎。本书以 Unity 3D 引擎中开发为例，读者可利用 Unity SDK（后续统称为 "SDK"）开发 MR 设备应用。此 SDK 将帮助读者自动为 MR 设备开发环境配置，提供丰富的 3D 交互功能与常用的功能模块集合，并对外提供设备底层的各数据接口。在降低开发难度的同时，提高了开发效率与质量。

在构建 MR 应用中，读者也可以去影创开放平台阅读相关的 API 文档，网址为 https://developer.shadowcreator.com/file#Unity_SDK。这些文档将为读者介绍并解释该 SDK 是如何在 Unity 3D 中构建可在设备中正常工作的应用，将引导读者进入一个丰富多彩的世界。

3. Unity 3D 的 Android 环境安装

开发者想把制作完成的项目安装到 Android 系统中，就需要用到 Unity 3D 的跨平台技术。Unity 3D 跨平台原理的核心在于对指令集 CIL（Common Intermediate Language，通用中间语言）的应用。Unity 中的 Mono 是基于通用语言架构（Common Language Infrastructure，CLI）和 C# 的 ECMA 标准实现的，与微软的 .NET 框架有着诸多类似之处。因此，分析 Unity 3D 的跨平台性，本质即为分析 .NET 框架下 C# 语言从编译到运行的过程。

跨平台的知识我们了解即可，由于 Unity 3D 已经做好了分装，我们主要做以下两个步骤即可在计算机中安装 Android SDK。

（1）安装 Unity 3D 内的 Android 平台（在 Unity Hub 中选择安装 Android 平台包即可）。

（2）Unity 3D 中设置 Android SDK 路径。

具体操作请看下面的任务实施步骤。

MR 的环境设置

■ 任务实施

步骤 1 Android SDK 的获取。

MR 的开发需要设置 Android 应用安装环境配置，即安装 Android SDK 和 JDK。Unity 3D 在界面提供了下载，如果没有则需要在官网上自行下载。进入链接 https://www.androiddevtools.cn，单击 android-sdk_r24.4.1-windows.zip，如图 10.4 所示进行下载，如图 10.5 下载后将得到的压缩包进行解压即可。

SDK Tools

版本	平台	下载	大小	SHA-1校验码	官方SHA-1校验码截图
3859397	Windows	sdk-tools-windows-3859397.zip	132 MB	7f6037d3a7d6789b4fdc06ee7af041e071e9860c51f66f7a4eb5913df9871fd2	查看
	Mac OS X	sdk-tools-darwin-3859397.zip	82 MB	4a81754a760fce88cba74d69c364b05b31c53d57b26f9f82355c61d5fe4b9df9	
	Linux	sdk-tools-linux-3859397.zip	130 MB	444e22ce8ca0f67353bda4b85175ed3731cae3ffa695ca18119cbacef1c1bea0	
24.4.1	Windows	installer_r24.4.1-windows.exe	144 MB	f9b59d72413649d31e633207e31f456443e7ea0b	查看
		android-sdk_r24.4.1-windows.zip	190 MB	66b6a6433053c152b22bf8cab19c0f3fef4eba49	
	Mac OS X	android-sdk_r24.4.macosx.zip	98 MB	85a9cccb0b1f9e6f1f616335c5f07107553840cd	
	Linux	androiddk_r24.4.1-linux.tgz	311 MB	725bb360f0f7d04eaccff5a2d57abdd49061326d	

图 10.4　官网下载选项

图 10.5 下载后的压缩包

步骤 2 JDK 的获取与安装。

进入下载链接: https://www.oracle.com/java/technologies/downloads 后，单击下方导航栏中 Windows，单击 "x64 Compressed Archive" 后的 "https://download.oracle.com/java/17/latest/jdk-17_windows-x64_bin.zip（sha256）" 链接，下载后直接解压即可，如图 10.6 所示。

图 10.6 JDK 下载选项

步骤 3 JDK 的环境变量配置。

（1）右击桌面上 "我的电脑" → "属性"，在弹出的页面上单击 "高级系统设置"，如图 10.7 所示。在弹出的 "系统属性" 窗口中 "高级" 标签页下单击 "环境变量" 按钮，如图 10.8 所示。

图 10.7 JDK 的环境变量配置

（2）在系统变量中单击 "新建" 按钮，如图 10.9 所示，新建 JAVA_HOME 变量并确定保存。

· 变量名: JAVA_HOME。

- 变量值：C:\Program Files\Java\jdk1.8.0_162（JDK 的安装路径，以自己的安装路径为准）。

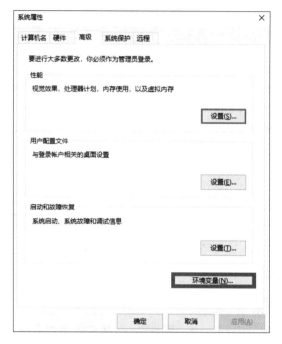

图 10.8　系统属性窗口

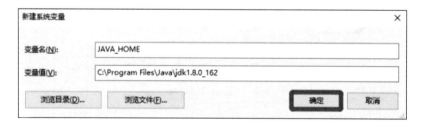

图 10.9　新建系统变量

（3）在系统变量中再次单击"新建"按钮，如图 10.10 所示，新建 CLASSPATH 变量。

- 变量名：CLASSPATH。
- 变量值：.;%JAVA_HOME%\lib;%JAVA_HOME%\lib\tools.jar。

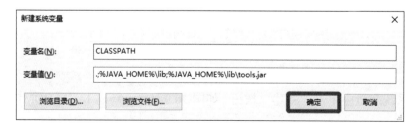

图 10.10　系统变量设置

（4）在系统变量中找到 Path 变量，单击编辑或双击 Path 进入，如图 10.11 所示。

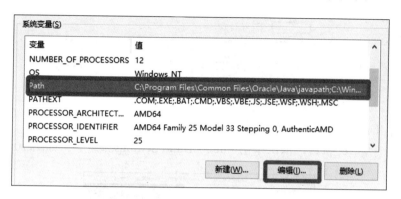

图 10.11　修改系统变量 Path

（5）单击"新建"按钮，输入"∶%JAVA_HOME%\bin"，单击确定即可，如图 10.12所示。

图 10.12　系统变量 Path 中新建新的路径

步骤4　影创 SDK 的获取。

登录影创科技官网，进入 SDK 选项卡页面，导航栏中单击 Unity SDK，在页面中可看到下载 SDK 的按钮，这里单击下载 SDK 即可，如图 10.13 所示。下载完成后，会获得一个 SDK 4.1.4 的压缩包，里面放有两个 Unity 3D 的安装包：SDK.Examples.unitypackage和 SDK.Foundation.unitypackage，并将压缩包解压。

图 10.13　下载 SDK

步骤5　Unity 3D 引擎内部环境设置。

（1）创建一个 3D 项目，依次单击 File → Build Settings... 命令，如图 10.14 所示。

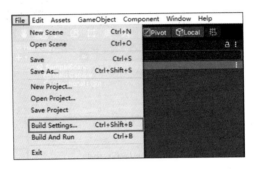

图 10.14　单击 Build Settings...

（2）进入 Build Settings 界面单击 Switch Platform 切换到 Android 平台，如图 10.15 所示。

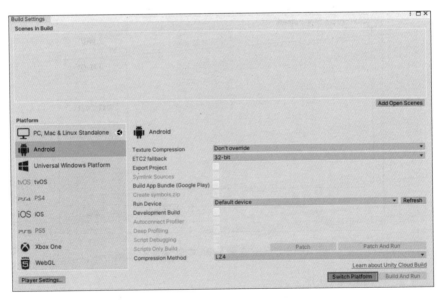

图 10.15　Build Settings 设置窗口

（3）如果弹出如图 10.16（左图）的对话框请单击 Apply 按钮设置 SDK。当所有设置为绿色 Applied 则设置成功，如图 10.16（右图）所示。

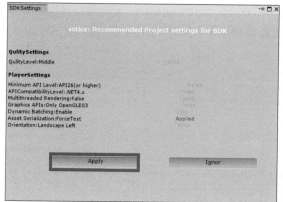 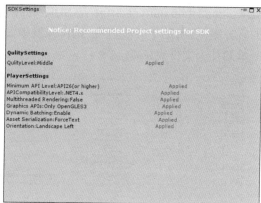

图 10.16　SDK Settings 窗体

（4）回到主界面依次单击 Edit → Preferences → External Tools 命令，如图 10.17 所示。

图 10.17　选择 External Tools

（5）将 JDK 和 Android SDK 的存放路径分别填入对应的框内，如图 10.18 所示。

（6）将下载的影创 SDK 解压后，分别把 SDK.Foundation.unitypackage 和 SDK.Examples.unitypackage 拖入 Unity 3D 中，加载完毕后单击 Import 按钮即可，如图 10.19 所示。其中

SDK.Foundation.unitypackage 是 SDK 资源包，SDK.Examples.unitypackage 是该 SDK 带有的官方案例，有助于开发者在 SDK 开发中做参考资料。导入资源后工程中将出现如图 10.20 所示的几个文件夹资源。

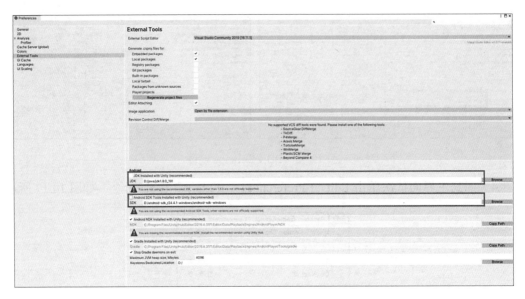

图 10.18　JDK 和 Android SDK 路径配置

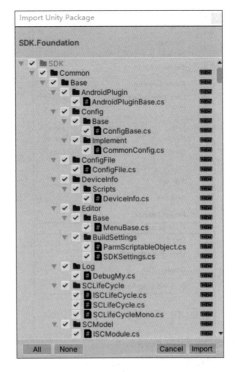

图 10.19　SDK 解压后内容导入 Unity 3D

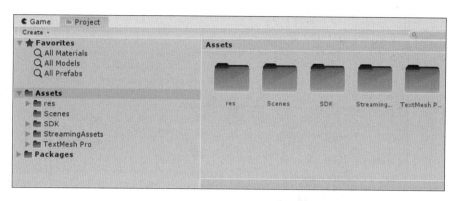

图 10.20 导入资源后的文件夹

步骤6 导出 SDK 的 Demo 的 .apk 包，并运行到设备中。

（1）在工程窗口中打开 Assets → SDK → Examples → HandTracking → scenes 文件夹，双击 00_InteractionExample.unity 场景，这是 SDK 官方案例场景。单击运行 ▶ 按钮，可以看到如图 10.21 中的效果。

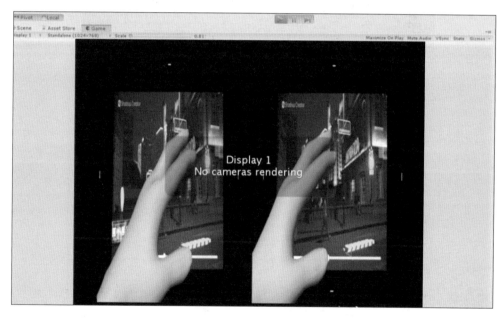

图 10.21 官方案例效果

（2）关闭 ▶ 运行按钮。单击导航栏 File → Build Settings 命令，打开 Build Settings 窗体，单击 Add Open Scenes 按钮添加当前场景，如图 10.22 所示，并单击 Build 按钮导出 APK，APK 取名为 test.apk，如图 10.23 所示。

（3）打开 JIMO 眼镜的开关（在眼镜右上角），通过数据线与电脑相连接。把 test.apk 通过计算机拖入眼镜的文件夹中，在眼镜中单击 APK 进行安装执行，安装完成后的运行效果如图 10.24 所示。

本次任务实施完成，读者自行操作并检查效果。

图 10.22 Build Settings 窗体设置

图 10.23 导出 APK

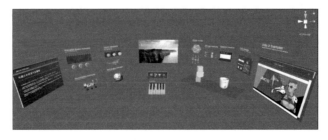

图 10.24 运行效果

任务 10.2　**工业园区区域展示 MR**

■ **学习目标**

知识目标：主要学习 MR SDK 中视频播放，模型控制交互组件。

能力目标：基于 MR 眼镜下，实现交互模拟沙盘，播放视频功能。

■ **建议学时**

4 学时。

■ **任务要求**

通过第三方 SDK，采用 SDK 摄像头、游戏组件通过手柄实现与模拟沙盘的交互，并播放对应区域的视频介绍。

🖥 **知识归纳**

1. 视频播放组件

视频播放（Video Player）组件取代之前的 Movie Texture。虽然还是 alpha 版本的功能，但是在视频导入编辑和播放等功能上，比之前的 Movie Texture 已经好上很多。当然 Unity 还是保留了 Movie Texture 以防出现一个不可用的情况，这里就不做补充。

1）Unity 3D 提供了多种生成 Video Player 组件的方式

- 新建一个空白的 Video Player。依次选择菜单栏的 GameObject → Video → Video Player 命令，或者在 Hierarchy 窗口上选择 Create → Video → Video Player 命令，或者右击 Hierarchy 窗口空白处选择 Video → Video Player 命令。
- 直接将导入的 VideoClip 拖入场景或者 Hierarchy 窗口中，生成的 Video Player 组件的 VideoClip 将会自动被赋值。如果场景中存在 MainCamera，Camera 也会被自动赋值为 MainCamera。
- 将导入的 VideoClip 拖入场景中的 Camera 对象上，生成的 Video Player 组件的 VideoClip 和 MainCamera 将会自动被赋值，模式默认选择 Camera Far Plane。
- 将导入的 VideoClip 拖入场景中的 2D 或者 3D 对象上，生成的 Video Player 组件的 VideoClip 和 Renderer 将会自动被赋值，模式默认选择 Material Override。
- 将导入的 VideoClip 拖入场景中的 UI 对象上，生成的 Video Player 组件的 VideoClip 将会自动被赋值，模式默认选择 Render Texture。

2）下面是一些比较大众化的设置

- Play On Awake：脚本载入时自动播放。

- Wait For First Frame：决定是否在第一帧加载完成后才播放，只有在 Play On Awake 被勾选时才有效。可以防止视频最前几帧被跳过（使用过程中发现勾选后视频无法自动播放，原因不明）。
- Loop：循环。
- Playback Speed：播放速度。

2. MR SDK 常用组件

以下内容是一些关于 SDK 在 Unity 3D 平台上的开发中的常用组件，具体更多内容可以参考官方网站的使用说明文档：https://developer.shadowcreator.com/file#SC_SDK。

1）Pointer Handler 组件

Pointer Handler 组件在于提供将 Unity 3D 中的一些常用的事件整合的接口供开发者使用，包括 IPointerExitHandler、IPointerEnterHandler、IPointerDownHandler、IPointerClickHandler、IPointerUpHandler、IDragHandler。

SDK 为开发者提供了 PointerHandler 脚本，位于 SDK\Modules\Module_Interaction\PointerHandler\Scripts 路径下，开发者可以直接使用或重写其中的虚方法。如果近处手势想要触发 PointerHandler 中的事件，向 3D 游戏对象上挂载 BoxCollider 组件和 NearInteractionTouchable 组件，并将 Events To Receive 的值设为 Touch。如果是 UGUI 对象，向游戏对象上挂载 NearInteractionTouchableUnityUI 组件，并将 Events To Receive 的值设为 Pointer。

2）BoundingBox 组件

BoundingBox 可以通过头显、蓝牙手柄、自由手势及游戏控制器对虚拟对象进行动态编辑的组件，修改虚拟对象的 Poistion、Rotate、Scale 等属性。此组件的部分参数如下。

- Rotate Start/Stop Audio：旋转开始和结束时的音效。
- Scale Start/Stop Audio：缩放开始和结束时的音效。
- Rotate Started/Stopped：用于注册和注销旋转开始和结束的事件。
- Scale Started/Stopped：用于注册和注销缩放开始和结束的事件。

3）PressableButton 组件

PressableButton 提供了在使用射线的情况下（包括头控射线、手柄射线、手势射线、游戏控制器射线），按钮被按下、抬起、单击、进入、退出等事件，同时还提供了按钮被单击和抬起时的动画和音效。此组件的部分参数如下。

- Press Audio：按钮被按下时发出的音效。
- Release Audio：按钮抬起时发出的音效。
- Visual Move：赋值的游戏对象的 Z 坐标会在按钮按下抬起时发生变化。
- Visual Scale：赋值的游戏对象的缩放会在按钮和抬起时发生变化。
- Min Compress Percentage：按钮按下的幅度，如当前值为 0.25 时，Z 坐标移动 / 缩放到当前值的 25%。
- Add New Event Type：按钮的使用方法同 UGUI 中的 Event Trigger 组件的使用方法相同，选择相应的事件名称，添加对应的事件触发方法。

278

任务实施

步骤1 导入模型和视频资源。

（1）新建一个工程取名为 test10，将解压后的 SDK.Foundation.unitypackage 和 SDK.Examples.unitypackage 依次拖入 Unity 3D 中，加载完毕后单击 Import 按钮即可。

（2）把视频和模型的资源包导入工程中。如图 10.25 所示，选择文件夹 res 下 Neighbourhood 模型资源，选择该模型需要设置 Material 下的 Location 为 Use External Materials（Legacy）单击 Apply 按钮应用，将会加载模型的贴图。

工业园区
区域展示
MR

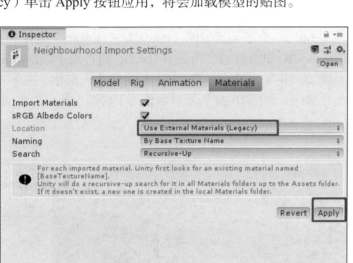

图 10.25　设置模型贴图使用方式

步骤2 新建场景和添加 SDK 摄像头。

（1）新建场景取名为 game。MR 眼镜需要专用的摄像头游戏对象，因此需要删除场景中默认的摄像头。如图 10.26 所示，单击 Unity 3D 导航栏中的 SDK，再在其下拉框中单击 SDK System 即可在场景中添加 SDK System，SDK System 里带有摄像头。

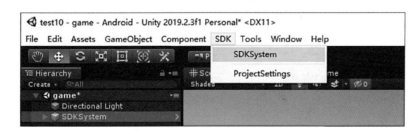

图 10.26　添加 SDK 摄像头

（2）确认 SDK System 坐标是（0，0，0），否则运行后显示会有问题。然后将导入进 Unity 3D 中的 Neighbourhood 模型拖入进场景中，将 Neighbourhood 的 Transform 组件中的 Position 改为（0，−6，20），将 Scale 调为（0.005，0.005，0.005），如图 10.27 所示。

步骤3 为需要交互的模型添加对应所需组件。

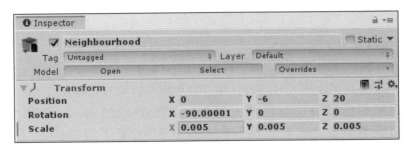

图 10.27　沙盘模型的坐标和大小

选中模型中"组 001,"中子元素五个（Box001 ~ Box005）五个模型房子,为其添加 Box collider 和 Pointer Handler 组件。Pointer Handler 组件用于监督鼠标 / 手柄发出的射线是否碰撞到该对象上,并区分了当前输入设备行为是进入事件、按下事件、单击事件、抬起事件,还是离开事件,如图 10.28 所示。如果为了后期手柄单击范围大,可以适度将 Box Collider 调整到合适大小。

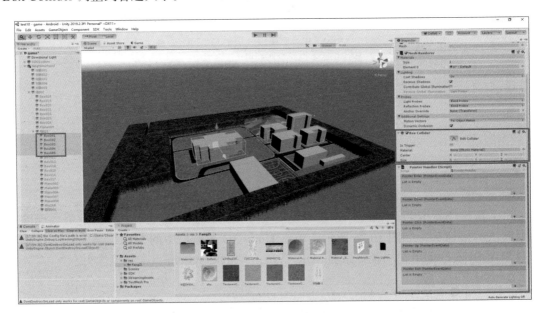

图 10.28　为可交互的房子添加相应组件

步骤 4 在场景中添加视频。

（1）在 Hierarchy 窗口下右击新建一个 RawImage 游戏对象,为其添加 Video Player 组件,如图 10.29 所示。

（2）在 Project 窗口中 Asset 下新建 Render Texture,并命名为 Movie。将 Movie 的 Size 调整成 480 像素 ×270 像素,如图 10.30 所示。

注意：RenderTexture 的大小依据视频实际宽高。

（3）如图 10.31 所示,将 Render Texture 拖入以下两个地方。

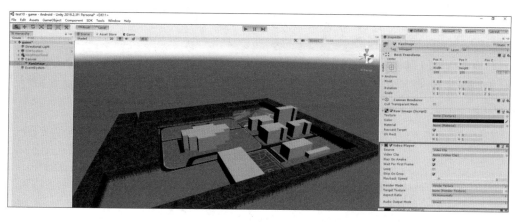

图 10.29　新建 RawImage 游戏对象并添加相应组件

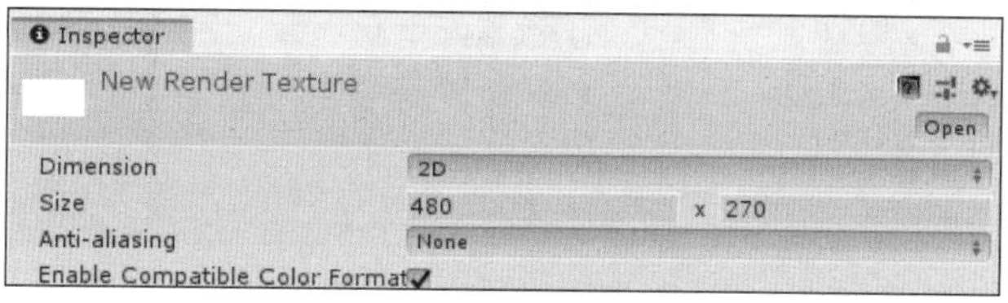

图 10.30　新建 RawImage 游戏对象并添加相应组件

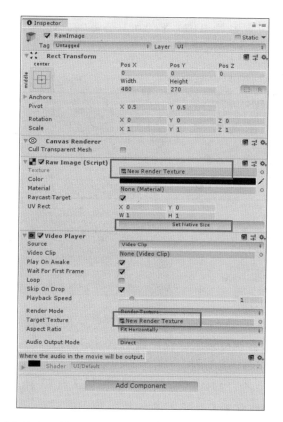

图 10.31　将 RenderTexture 与 RawImage 绑定关系

① 拖入 RawImage 游戏对象下的 RawImage 组件中的 Texture 中，再单击 Set Native Size 按钮使 RawImage 适配视频尺寸。

② 拖入 Video Player 组件中的 TargetTexture 中。

（4）如图 10.32 所示，将 res 文件夹下的 movie.mp4 视频拖入到 Video Player 组件中的 VideoClip 中。

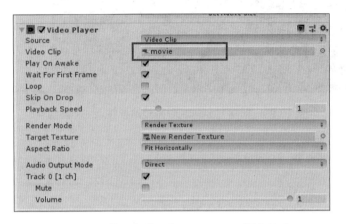

图 10.32　将视频资源与 RawImage 绑定关系

（5）修改视频的画布渲染模式为 World Space。设置画布的坐标 Pos X=0，Pos Y=0，Pos Z=67。画布的 Scale 设置为 X=0.02，Y=0.02，Z=0.02，如图 10.33 所示。

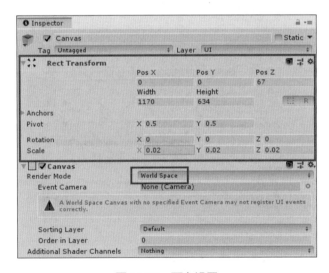

图 10.33　画布设置

（6）单击运行按钮查看执行效果，效果如图 10.34 所示。

步骤5　实现控制视频播放功能。

（1）新建一个脚本命名为 MyVideoControl .cs，输入代码 10.1，将 MyVideoControl.cs 脚本添加到 RawImage 游戏对象上。

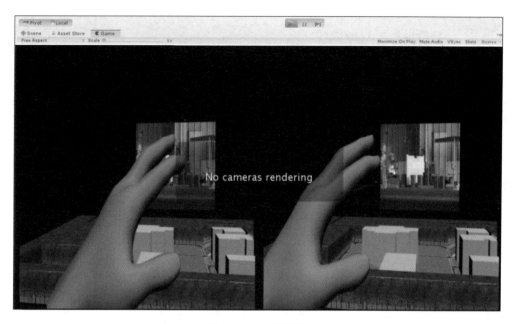

图 10.34　效果展示

【代码 10.1】

```
using System.Collections;
using System.Collections.Generic;
using UnityEngine;
using UnityEngine.Video;
using System;
public class MyVideoControl : MonoBehaviour{
    public GameObject Icon; //生成一个暂停按钮对象
    public Material material;//生成材质变量
    bool isStart = true; //布尔值 用于判断是否播放视频
    public VideoPlayer videoPlayer;//生成视频播放器变量
    public Animator animator;
    Vector3[] mArr;
    [Serializable]//接口
    public class VideoInfo{
        public VideoClip video;
        public int index;//标签
    }
    public List<VideoInfo> videoList;//生成一个 VideoInfo 类型的链表
    void Start(){
        mArr = new Vector3[3];
        mArr[0] = new Vector3(-122, -90, -2399);
        mArr[1] = new Vector3(220, -123, -2473);
        mArr[2] = new Vector3(442, -92, -2332);
    }
    public void VideoStartSwitch(){
        isStart = videoPlayer.isPlaying;
```

```
        isStart = !isStart;
        Icon.SetActive(!isStart);// 激活或关闭暂停按钮显示
        if (isStart){
            videoPlayer.Play();// 播放视频
        }else{
            videoPlayer.Pause();// 暂停视频
        }
    }
    void play(int index){
        if (videoPlayer == null) return;
        foreach (var item in videoList){ // 遍历链表
            if (item.index == index){
                videoPlayer.clip = item.video;
                videoPlayer.Play();// 播放视频
                Icon.SetActive(false);// 关闭暂停按钮显示
                break;
            }
        }
    }
    public void PlayVideo(int index){
        this.transform.localPosition = mArr[index];
        play(index);
    }
}
```

（2）展开 Video Control 组件中的 Video List，Size 的数值改为 3（根据要播放的视频数量进行相应调整），如图 10.35 所示。将准备的视频分别拖入 Element 0~ Element 3，再将 index 从高到低分别调整成 0~2。

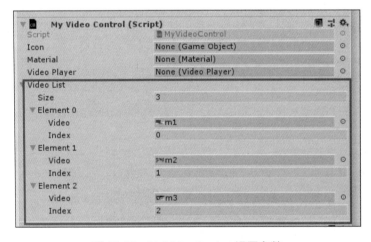

图 10.35　MyVideoControl 设置参数

（3）制作一个暂停的按钮图标。在 res 文件夹中找到 Play 图标。修改其 Inspector 窗口中贴图类型 Texture Type 为 Sprite（2D and UI），并单击 Apply 按钮，如图 10.36 所示。

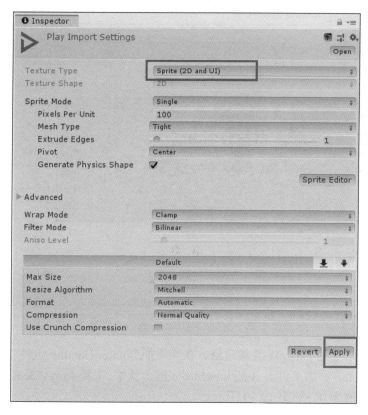

图 10.36　设置图片类型参数

（4）如图 10.37 所示，添加一个暂停图标。在视频 RawImage 下新建 Image 图片，命名为 icon，并选择 Play 图片。

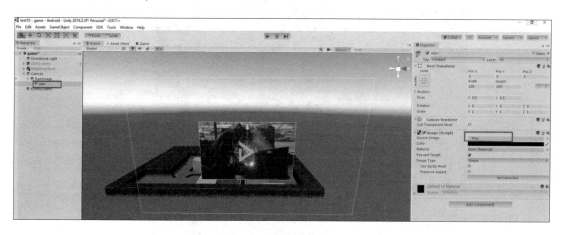

图 10.37　添加暂停图片

（5）展开 RawImage 下的 VideoControl 脚本组件，分别向 Icon 和 VideoPlayer 拖入指定对象，如图 10.38 所示。

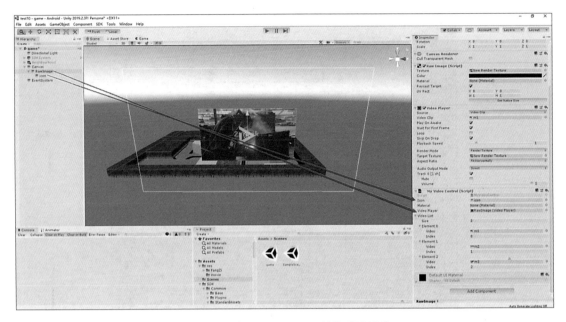

图 10.38　为 VideoControl 其他成员赋值

（6）单击场景中的 Box001 游戏对象，在其添加 Pointer Handler 组件中的 Pointer Enter（Pointer Event Data）添加事件。并把 RawImage 拖入其中，选择 MayVideoControl.PlayVideo 函数，输入传参值为 0，如图 10.39 所示。

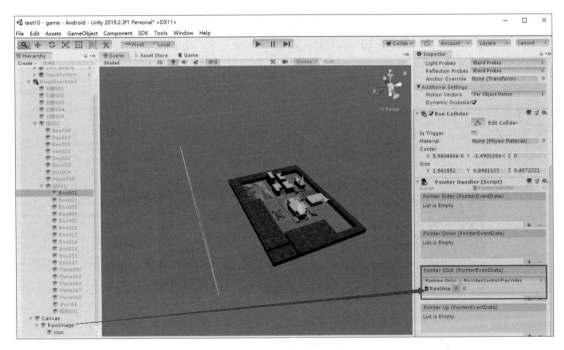

图 10.39　为 Box001 的 Pointer Handler 组件中添加交互关系

（7）单击场景中的 Box003 游戏对象，在其添加 Pointer Handler 组件中的 Pointer Enter

（Pointer Event Data）添加事件。并把 RawImage 拖入其中，选择 MayVideoControl.PlayVideo 函数，输入传参值为 1，如图 10.40 所示。

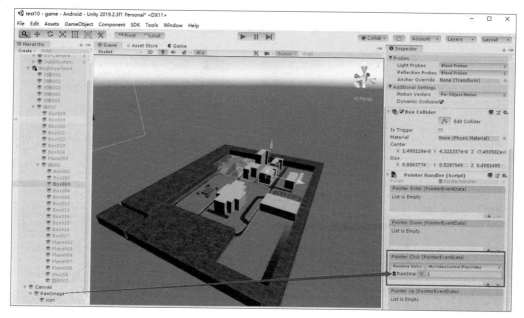

图 10.40 为 Box003 的 Pointer Handler 组件中添加交互关系

（8）单击场景中的 Box004 游戏对象，在其添加 Pointer Handler 组件中的 Pointer Enter （Pointer Event Data）添加事件。并把 RawImage 拖入其中，选择 MayVideoControl.PlayVideo 函数，输入传参值为 2，如图 10.41 所示。

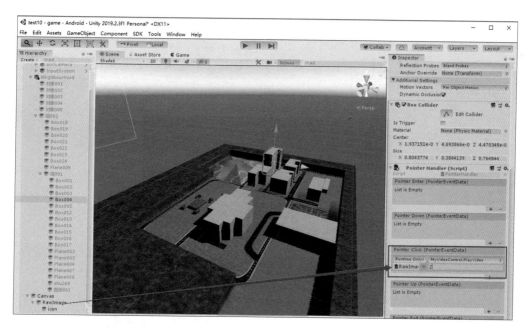

图 10.41 为 Box004 的 Pointer Handler 组件中添加交互关系

（9）为 RawImage 添加交互功能，使手柄单击画布时可以实现暂停和播放的切换。首先，添加 BoxCollider 组件并且修改其 Size 为（500，300，1），如图 10.42 所示。其次，添加 Pointer Handler 组件，并添加 PointerClick 事件，如图 10.43 所示，把 RawImage 拖入，并选择 MayVideoControl.VideoStartSwitch 函数实现功能。

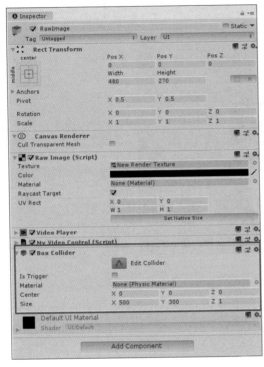

图 10.42　为 RawImage 添加碰撞体

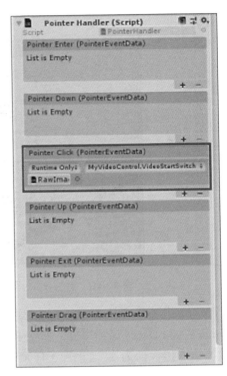

图 10.43　为 RawImage 添加 Pointer Handler 及设置

步骤 6　运行测试效果。如图 10.44 所示，单击三个建筑会在建筑上方显示对应介绍该厂区的宣传视频。

图 10.44　运行效果

步骤7　发布 APK 包。

（1）关闭 运行按钮，保存当前场景。单击导航栏 File → Build Settings 命令，打开 Build Settings 窗口，删除之前的场景，单击 Add Open Scenes 按钮添加当前场景，如图 10.45 所示。单击 Build 按钮导出 APK，APK 取名为 test.apk，如图 10.46 所示。

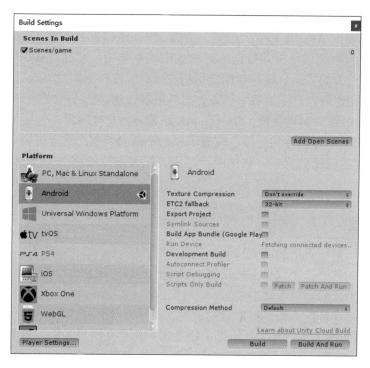

图 10.45　Build Settings 窗体设置

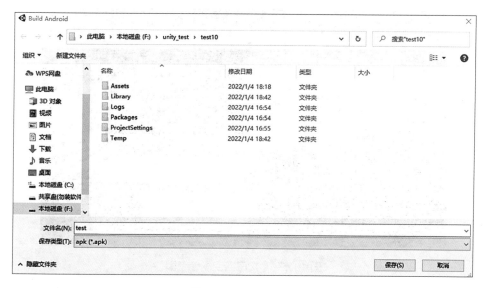

图 10.46　导出 APK

（2）打开 JIMO 眼镜的开关（在眼镜右上角），通过数据线与计算机相连接。把 test.apk 通过计算机拖入眼镜的文件夹中，在眼镜中单击 APK 进行安装执行，安装完成。

本次任务实施完成，读者可以自行运行并检查效果。

◼ 项目小结

混合现实代表了 AR/VR 和 IoT 趋势。借助 MR，虚拟世界和现实世界可以一起创建新的环境，数字和物理对象及其数据可以在其中共存并相互交互。MR 改变了参与方式，允许更多自然和行为的界面。这些界面使得用户可以沉浸在虚拟世界或"沙箱"中，同时感受由传感器和相连资产产生的数字智能并对其采取行动。

本项目基于影创的 MR 眼镜，学习在 MR 眼镜进行交互开发。包括如何搭建 Android 环境，应用 SDK 第三方插件的组件，实现眼镜的手柄和模型的交互逻辑等，并结合碰撞、视频、UI 等元素实现模型交互。眼镜的组件还有很多很好的用法，读者可以进一步深入学习。

项目自测

1. 基于以上项目内容增加以下功能：

（1）增加动画功能，实现更多科技感。单击厂房后视频是由小变大的过程展示到用户面前，同时视频消失时是由大变小。

（2）实现视频循环两次播放。播放完成后，视频自动消失。

2. 赛题：《文房四宝》智慧中国历史文化主题 MR 交互项目。任务要求如下。

（1）创建文房四宝模型（笔、墨、纸、砚），参考图 10.47 设计场景和模型。构建文房四宝展示场景，调节坐标、大小、灯光等操作进行场景集成。

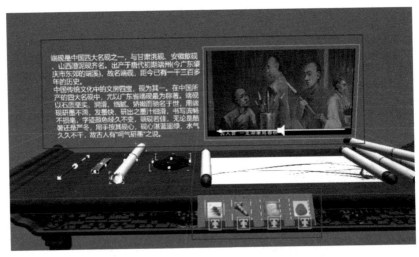

图 10.47 《文房四宝》参考图

（2）在场景内添加控制按钮界面、文本信息界面、视频信息界面，通过单击按钮介绍当前按钮对应物品（笔、墨、纸、砚）的介绍信息，介绍信息包含文本介绍、视频介绍。

（3）通过单击按钮或模型（如使用按钮可自行添加，使用模型可单击场景内画卷模型）关闭介绍信息界面。

（4）添加模型交互功能，对（笔、墨、纸、砚）模型进行（模型拖曳、模型放大缩小、模型旋转）等功能的添加。

项目11

基于HTC VIVE的VR项目制作

项目导读

VIVE 作为全球最受欢迎的 VR 头戴设备之一，在全球市场占有重要的地位。作为 VR 开发人员，非常有必要对其了解。本项目首先会介绍 VIVE 设备、VIVE 的安装方式及配置开发环境。接着将学习使用 Unity 3D 开发能在 VIVE 头盔中使用的 VR 程序，其中会介绍两个常用的插件：开发必备的 SDK——Steam VR Plugin 和 VIVE 程序快捷开发工具——VRTK-Virtual Reality Toolkit。最后将针对这两款插件进行讲解，再以案例的方式对整个制作流程进行详细的说明。

学习目标

- 熟悉 HTC VIVE 的基本结构及特点。
- 掌握 HTC VIVE 室内场景制作流程。
- 掌握利用手柄对室内对象的拾取。
- 掌握利用手柄对室内进行开关操作。
- 掌握项目的打包发布。

职业素养目标

- 培养学生能够独立完成项目制作的发布工作。
- 能以创新思维将软件内容与硬件相结合的能力。

职业能力要求

- 熟悉 HTC VIVE 的基础知识。
- 掌握人物行走、拾取交互、UI 的交互等相关专业知识。
- 具有良好的自主学习能力，以及举一反三的能力。

 **项目重难点** ··

项目内容	工 作 任 务	建议学时	技 能 点	重 难 点	重要程度
基于 HTC VIVE 的 VR 项目制作	任务 11.1　HTC VIVE 设备安装调试	2	VIVE 设备的介绍和使用	VIVE 设备的特点	★★☆☆☆
				VIVE 的硬件	★★★☆☆
				VIVE 开发环境配置	★★★★★
	任务 11.2　HTC VIVE 案例制作	4	结合 VRTK 插件制作 VIVE 项目	VRTK 插件介绍	★★☆☆☆
				VRTK 插件常用的组件	★★★★★

任务 11.1　HTC VIVE 设备安装调试

■ 学习目标

知识目标：了解 HTC VIVE 配件，如定位器、手柄、头盔的组成部分，灵活掌握 HTC VIVE 基本的操作方法，为项目的成功发布做好准备。

能力目标：熟练安装和使用 HTC VIVE 设备。

■ 建议学时

2 学时。

■ 任务要求

本任务主要对 HTC VIVE 进行介绍，掌握头盔、位器、手柄、头盔的结构，学会 HTC VIVE 设备的使用方法。

 知识归纳 ---

1. VIVE 设备的特点

（1）SteamVR 技术支持：房间规模体验、绝对定位、Chaperone 导护系统及 Steam 本身，均将来到虚拟现实中。

（2）房间规模：两个定位器提供了 360° 的精密动作捕捉，让使用者能够随意在空间内移动并探索一切，使用者会是虚拟世界的中心点。

（3）头戴显示器：拥有 32 个定位感应器、110° 的视场、2160 像素 ×1200 像素的分辨率、90 Hz 的刷新频率。

（4）无线控制器：有两个可充电的无线控制器，搭载了二段式扳机、多功能触摸板和 HD 触感反馈。

（5）Chaperone：在虚拟世界中替使用者留意现实环境的限制，而前置镜头能在需要时将现实带入虚拟世界。

（6）电信服务：在游玩的同时也能接通来电、收取短信以及查看日程表与代办事项。

（7）Vive Home：定制化的个人空间，让使用者能在虚拟与现实中转换，并探索新的体验内容。

2．VIVE 的硬件

（1）VIVE 头戴设备。头戴设备是进入虚拟现实环境的窗口，而且设备上具有可被定位器追踪的感应器。感应器非常灵敏（请勿遮挡或刮擦感应器镜头），包括距离感应器，不可单独购买。具体功能按钮在图 11.1 中的四个图中的不同角度下可以查看。

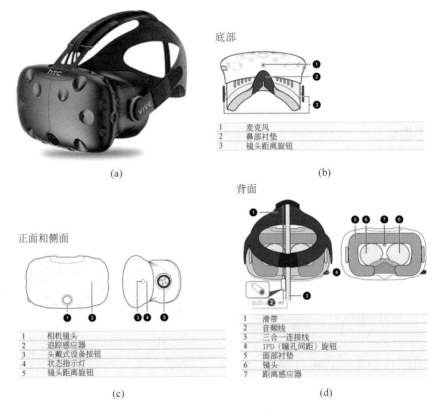

图 11.1　VIVE 头戴设备说明

- 可以通过 IPD 旋钮来调整瞳孔间距，瞳孔间距是指双眼瞳孔中心之间的距离，如图 11.1（d）所示，标记为 4 的硬件按钮。一种快速估算的方法是对着镜子，然后用毫米尺测量眉毛。使用此测量值作为指导来调整头戴式设备镜头之间的距离，以便获得更好的观看体验。

- 如果佩戴尺寸较大的验光眼镜或者睫毛较长，可能需要增加镜头与面部的距离。仅在需要时增加此距离，因为镜头距离眼睛越近，在佩戴头戴式设备时的视野越好。

- 配件包括头盔、三合一连接线、音频线、耳塞式耳机、面部衬垫两个、镜头清洁布。

（2）VIVE操控手柄，如图11.2所示。使用操控手柄时可与虚拟现实世界中的对象进行互动。其中配备了24个感应器、多功能触摸板、双阶段触发器、高清触觉反馈和可充电电池，电池容量为960毫安时。

要启动或关闭操控手柄，请按下系统按钮直至听到"哗"的一声。退出SteamVR应用程序时，操控手柄将自动关闭（操控手柄也会在闲置一段时间后自动关闭）。

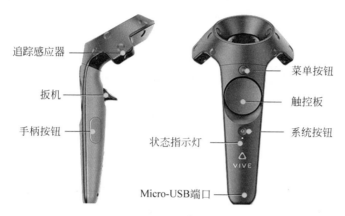

图11.2　VIVE操控手柄介绍

VIVE操控手柄的配件包括操控器两支、电源适配器两个、挂绳两根、Micro-USB数据线两条。

（3）VIVE定位器，如图11.3所示。定位器将信号发射到头戴式设备和操控手柄，实现空间定位，具备无线同步功能。请勿让任何对象遮住前窗口。定位器开启后，可能会影响附近的某些红外感应器，如电视机红外遥控器使用的感应器。定位器配件包括定位器两个、电源适配器两个、安装工具包（两个支架、四颗螺丝和四个锚固螺栓）。

图11.3　VIVE定位器说明

（4）VIVE串流盒，如图11.4所示。串流盒是头戴式设备与计算机之间的连接渠道，让虚拟现实成为可能。

其中配件包括电源适配线、HDMI连接线、USB连接线和固定贴片。

若要将串流盒固定于某处，则可撕掉固定贴片上的贴纸，再将有黏性的一面牢牢贴于串流盒底部，然后将串流盒固定到所需的区域，如图11.5所示。

图 11.4　串流盒

图 11.5　固定串流盒

3. 游玩区设定

游玩区设定的 VIVE 虚拟边界，与虚拟现实对象的互动都将在游玩区中进行。VIVE 设计用于房间尺度设置，但也可用于站姿和坐姿体验。

在选择设置前，要确保有足够的空间。房间尺度设置需要至少为 2 米 × 1.5 米的游玩区。房间尺度设置示例如图 11.6 所示。

坐姿和站姿体验没有空间大小要求。坐姿、站姿设置示例如图 11.7 所示。

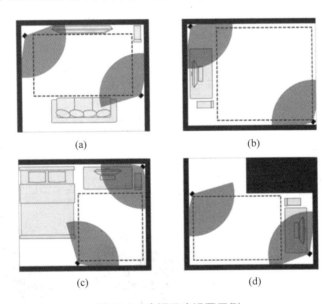

图 11.6　房间尺度设置示例

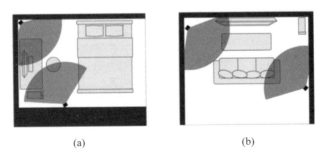

图 11.7　坐姿、站姿设置示例

4. VIVE 开发环境配置

（1）VIVE 开发所需的硬件设施如下。

① 处理器：IntelR i5-4590/AMD FX 8350 同等或更高配置。

② 显卡：NVIDIAR GeForce GTX 1060/ AMD Radeon TRX 480 同等或更高配置。

③ 内存：4G 及以上。

④ Video 视频输出：HDMI 1.4 或者 DisplayerPort 1.2 或更高版本。

⑤ USB 端口：1×USB 2.0 或更高版本的端口。

⑥ 操作系统：Windows 7 SP1、Windows 10、Windows 11.1 或更高版本。

我们也可以通过 VIVE 官方提供的小软件 ViveCheck.exe，测试自己的计算机是否达到标准，如图 11.8 所示。此软件可以通过官方网站进行下载，地址为 https://www.vive.com/cn/ready。

（2）在确认计算机配置之后，必须安装一个名为 SteamVR 的软件，用以启动硬件。若是初次使用，需要从 Steam 客户端获取 SteamVR（Steam 客户端可以从官方网站下载，地址为 https://store.steampowered.com/about/）；若已经使用 Steam，则可以直接前往 SteamVR 的页面获取。这里以已有 Steam 客户端为例进行介绍，单击开始游戏，如图 11.9 所示。

ViveSetup.exe

图 11.8 计算机配置检测

图 11.9 VIVE SteamVR 获取

① Steam 客户端有商城页面，用户可以通过该页面下载很多精彩的游戏，如 The Lab。

② SteamVR 软件，用于调试与启动 VIVE 的硬件，如图 11.10 所示。

若首次使用该软件，则需要进行房间设置，如图 11.11 所示。

根据不同需求进行不同的配置。配置的方法按照软件的提示一步步进行，软件本身已经将配置方法讲得非常详细，这里就不再重复说明。若房间布局发生改变，需要重新进行设置时，则可以通过 SteamVR 软件进行设置。

图 11.10　SteamVR 软件

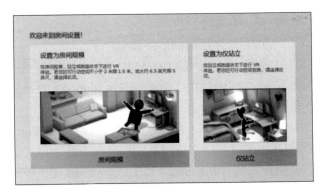

图 11.11　房间设置

■ 任务实施

VIVE 设备除了选择上门安装之外，也可以自行安装，安装方法如下。

步骤 1 将头戴式设备连接到计算机。

步骤 2 将电源适配器连接线连接到串流盒上对应的端口，然后将另一端插入电源插座以开启串流盒，如图 11.12 所示。

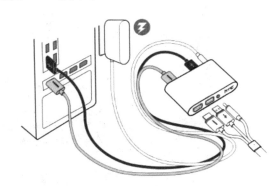

图 11.12　连接串流盒

步骤 3 将 HDMI 连接线插入串流盒上的 HDMI 端口，然后将另一端插入计算机显卡上的 HDMI 端口。

步骤 4 将 USB 数据线插入串流盒上的 USB 端口，然后将另一端插入计算机的 USB 端口。

步骤 5 将头戴式设备三合一连接线（HDMI、USB 和电源）对准串流盒上的橙色面，然后插入。

步骤 6 按以下流程安装定位器。

（1）在安装定位器之前，先决定好要设置房间尺度，是坐姿还是站姿。

（2）将定位器安装在房间内的对角位置。安装定位器时，也可使用三脚架、灯架或吊杆，或安放在稳固的书架上，避免使用不牢固的安装方式或容易振动的表面，如图 11.13 所示，步骤安装如下。

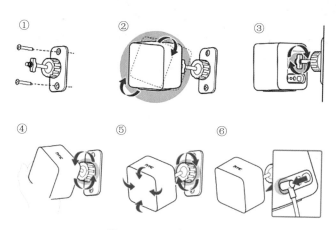

图 11.13 固定定位器

① 在墙壁上标好要安装各个支架的位置，然后旋紧螺丝将支架装好。在混凝土或板墙上安装时，先钻 /4 英寸（1 英寸 =2.54 厘米）的安装孔，插入锚固螺栓，然后旋紧螺丝，将支架装好。

② 转动定位器，将其旋入螺纹球形接头。请勿一直往里旋入定位器，只需确保足够稳定、朝向正确即可。

③ 将翼形螺母旋入定位器，使其固定就位。

④ 要调整定位器的角度，先拧松夹紧环，同时小心拿住定位器以免掉落。

⑤ 转动定位器角度，使其朝向游玩区，确保与另一个定位器之间的视线不受阻挡。

⑥ 每个定位器的视场为 120°，应当将其向下倾斜 30°～45°，要固定定位器的角度，需拧紧夹紧环。

（3）为每个定位器接上电源线，然后分别插入电源插座以开启电源，状态指示灯应显示绿色，如图 11.14 所示。

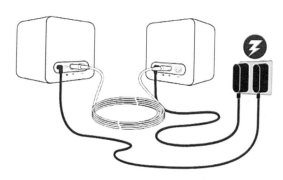

图 11.14 为每个定位器接上电源线

（4）连接定位器并设置频道。

① 不使用同步数据线。按下定位器背面的频道按钮，将一个定位器设为频道 "B"，另一个设为频道 "C"。

② 使用同步数据线（可靠性增强选件）。按下定位器背面的频道按钮，将一个定位器设为频道 "A"，另一个设为频道 "B"。

注意：请勿在定位器开启后移动位置或调整角度，因为这可能会中断追踪过程，否则可能需要重新设置游玩区。

任务 11.2　HTC VIVE 案例制作

■ 学习目标

知识目标：学会资源导入，掌握场景烘焙和美化的方法，完成人物角色在场景中的自由行走，了解拾取对象的方法，能够实现使用手柄打开门、打开抽屉等功能。

能力目标：能够使用 HTC VIVE 独立制作项目的能力。

■ 建议学时

4 学时。

■ 任务要求

本任务是一个基于 VIVE 的虚拟现实实战案例。本任务旨在用最少的代码实现在实际开发过程中会遇到的常用功能点，快速地搭建一个让用户有直观感受的解决方案。这个过程离不开 VRTK 插件的强大功能，读者需要实现用户通过按下手柄按钮在室内行走、利用手柄对室内对象的拾取，以及利用手柄对三维 UI 的处理方式等工序。

 知识归纳

在科技突飞猛进的今天，越来越多的先进技术被应用在民用领域。例如，在家居行业中，从静态帧效果图到预定路线的建筑漫游动画，再到 PC 端的虚拟现实程序展示，以及本任务要提及的基于 VIVE 的虚拟现实程序展示。我们可以看到一些有趣的规律：

- 用户自由度越来越高；
- 用户体验的沉浸感越来越强；
- 用户参与交互的方式越来越多样化。

VRTK 的全称是 Virtual Reality Toolkit，前身是 SteamVR Toolkit，由于后续版本开始支持其他 VR 平台的 SDK，如 Oculus、Daydream、GearVR 等，故改名为 VRTK，它是使用 Unity 3D 进行 VR 交互开发的利器。

1. VRTK 的示例

示例是第三方 SDK 最好的学习知识，VRTK 插件提供了很多场景示例，示例有助于项目开发时，作为很好的参考教学知识，这里就不一一赘述了。

2. VRTK 插件常用的组件

（1）VR Simulator 默认操作方法如下。

- "W、S、A、D"四个键控制相机的移动。
- 按住键盘的 Alt 键，可以在鼠标控制相机角度和鼠标控制手柄移动之间切换。
- 按住键盘的 Tap 键，可以切换为左右手柄的控制。
- 按住键盘的 Shift 键，可以让鼠标控制手柄的移动变成鼠标控制手柄的旋转。
- 按住键盘的 Ctrl 键，可以让鼠标控制手柄在 XZ 轴上移动转变成在 XY 轴上移动。
- 鼠标左键，可以模拟手柄上的 Grip 键。
- 鼠标右键，可以模拟手柄上的 Trigger 键。
- 键盘的 Q 键，模拟手柄上的 Touchpad 键。
- 键盘的 E 键，模拟手柄上的 Button One 键。
- 键盘的 R 键，模拟手柄上的 Button Two 键。
- 键盘的 F 键，模拟手柄上的 Menu 键。

（2）VRTK_PolicyList 组件（见图 11.15）。

- Operation 指定为 Include。
- Check Types 指定为 Layer。
- Size 设置为 2，一层用于人物行走，另一层为 UI 界面层。
- Element 0 输入可行走对象的 Layer，即 Move。
- Element 1 输入 UI 界面层 UI。若不指定 UI 层，则 UI 交互时射线为红色。

（3）VRTK_Position Rewind 脚本组件（见图 11.16）。

- Rewind Delay：延时。
- Pushback Distance：退回的距离。

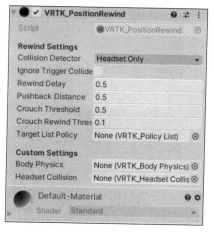

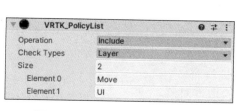

图 11.15　VRTK_PolicyList 组件　　　　图 11.16　设置 VRTK Position Rewind 脚本组件

（4）VRTK_InteractGrab 脚本组件（图 11.17）。

- Controller Attach Point：指定被拾取的对象附加在哪个对象上，默认是附加到手柄的圆环处。

- Grab Precognition：提前预判拾取对象。对于某些运动的对象，用户可能要提前按下抓取键才能抓取。数值越大，提前拾取时间越长。
- Create Rigid Body When Not Touch：当碰到对象时才创建刚体。

（5）VRTK_Interactable Object 脚本组件（图 11.18）。

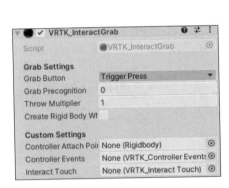

图 11.17　添加"VRTK_InteractGrab"脚本组件　　图 11.18　添加 VRTK_Interactable Object 脚本组件

- Allowed Touch Controller：指定哪只手柄可以触碰本对象。
- Is Grabbable：本对象是否可以被拾取。
- Hold Button To Grab：是否需要一直按着键才能拾取，对象不掉落。
- Stay Grabbed On Teleport：当角色传送时仍然抓住对象。若不勾选，则角色传送时对象将掉落。
- Valid Drap：有效的放下方式。有三种选项：No_Drop 为不放下；Drop_Anywhere 为任何地方都可以被放下；Drop_Valid Snap Drop Zone 为对齐放下区域放下。
- Grab Override Button：重新指定抓取的按钮。
- Allowd Grab Controller：指定哪个手柄可以拾取本对象。
- Grab Attach Mechanic Script：被拾取对象的附加机制。
- Secondary Grab Action Script：二次拾取时触发的脚本。
- Is Usable：是否可以使用。
- Hold Button To Use：长按按钮才能使用。

- Use Only If Grabbed：当拾取时才能被使用。
- Pointer Activates Use Action：若勾选此项，则当手柄发出的射线落到本对象上并且 Hold Button To Use 没有勾选时可以使用本对象；若 Hold Button To Use 被勾选，则需要使用按键才能使用本对象。
- Use Override Button：重新指定按键。
- Allowed Use Controllers：指定手柄。

■ 任务实施

步骤 1　开发环境配置。

（1）进入 Unity Asset Store 获取 VRTK，如图 11.19 所示。

HTC VIVE
案例制作

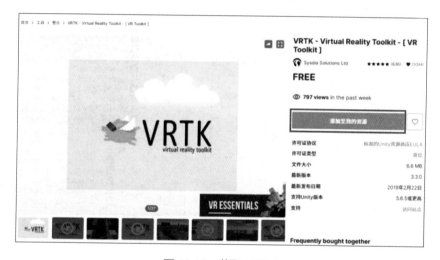

图 11.19　获取 VRTK

（2）在 Unity 的 PackageManager 中下载并导入 VRTK，如图 11.20 所示。

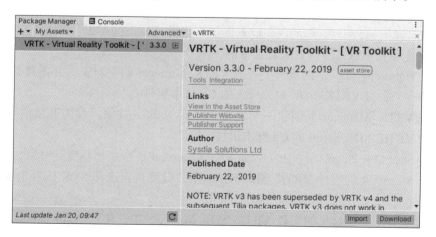

图 11.20　在 PackageManager 中的 VRTK 下载与导入

（3）导入成功后，在 Hierarchy 窗口中打开 VRTK → README，单击红色框线的位置获取与 VRTK 3.3.0 对应版本的 SteamVR Plugin，如图 11.21 所示。

（4）双击打开文件，可以看到包中的资源信息，单击 All 按钮选择全部，再单击 Import 即可导入 SteamVR Plugin 的所有资源，如图 11.22 所示。

图 11.21　获取 SteamVR Plugin

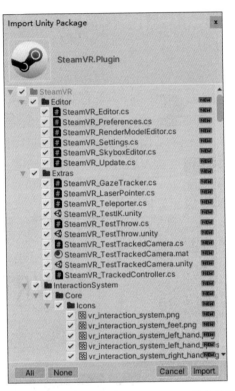

图 11.22　SteamVR Plugin Package 的文件与导入

（5）导入过程中会出现 API 更新提示，选择"I Made a Backup，Go Ahead!"选项，如图 11.23 所示。

（6）导入完成后会出现 SteamVR 设置提示，选择"Accept ALL"如图 11.24 所示。

步骤2　设置 HTC、VIVE 头显与手柄。

（1）在 Hierarchy 窗口中创建一个名为 VRTK_Manager 的空对象，并重置其 Transform 属性，添加一个名为 VRTK_SDK Manager 的 C# 脚本组件。

（2）在 VRTK_Manager 下创建一个名为 SteamVR 的空对象，设为非激活状态，并添加一个名为 VRTK_SDK Setup 的 C# 脚本组件。

（3）将 Steam VR Plugin插件中的 SteamVR 与 CameraRig 预制体拖曳到对象 SteamVR 下。

（4）在 SteamVR 的组件 VRTK_SDK Setup 中，设置快速选择 SDK 内容为 Steam VR，如图 11.25 所示。

（5）在 VRTK_Manager 的组件 VRTK_SDK Manager 中，单击 Auto Populate，自动添加 Setup，如图 11.26 所示。

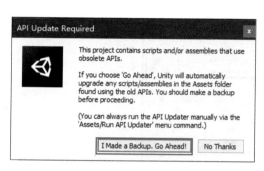

图 11.23　API 更新提示

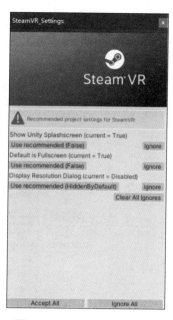

图 11.24　SteamVR Plugin

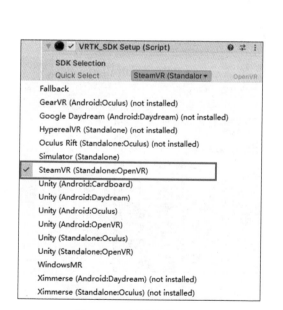

图 11.25　快速设置 SDK

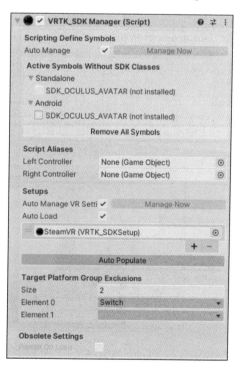

图 11.26　VRTK_SDK Manager 自动设置

（6）在 Hierarchy 窗口中创建一个名为 VRTK_Scripts 的空对象，并重置其 Transform 属性。

（7）在对象 VRTK_Scripts 下创建两个空对象，重置其 Transform 属性，分别命名为 LeftController 与 RightController。

（8）在 VRTK_Manager 的组件 VRTK_SDK Manager 中，把创建的两个对象挂在到 Script Aliases 中，如图 11.27 所示。

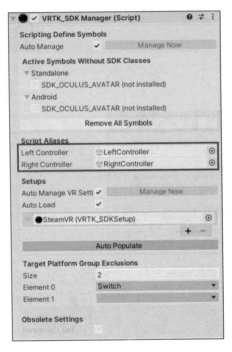

图 11.27　Script Aliases 的设置

步骤 3 使控制器能够拾取对象。

（1）给对象 LeftController 和 RightController，依次添加 VRTK_ControllerEvents、VRTK_ InteractGrab、VRTK_InteractTouch C# 脚本组件，如图 11.28 所示。

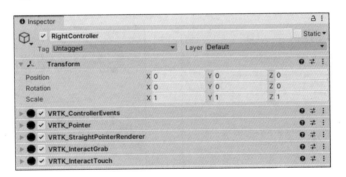

图 11.28　添加的脚本

（2）把对象 LeftController 与 RightController 中脚本 VRTK_InteractGrab 的 Grab Button 设定为 Trigger Press，如图 11.29 所示。这样扣下手柄的扳机就能实现抓取对象的功能。

（3）还需要给被抓取的对象添加脚本组件，在 Hierarchy 窗口中创建一个 Cube 作为被抓取对象。选中所创建 Cube，单击 Window → VRTK → Setup Interactable Object 选项，如图 11.30 所示。

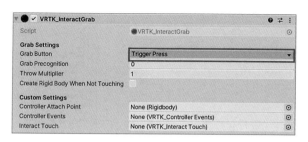

图 11.29　设置抓取按键

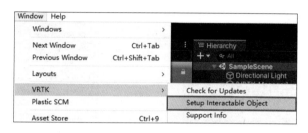

图 11.30　调用快速添加交互对象窗口

（4）进入设置窗口，如图 11.31 所示。勾选 Hold Button To Grab 并单击 Setup selected object（s）添加脚本。

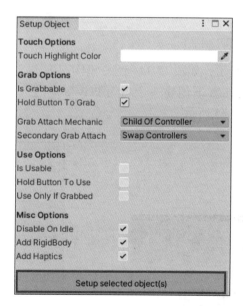

图 11.31　交互对象脚本添加窗口

（5）这样就可以进行交互了，效果如图 11.32 所示。

步骤4　射线与传送功能实现。

（1）给对象 LeftController 添加 VRTK_Pointer、VRTK_BezierPointerRenderer 脚本。

（2）将 VRTK_BezierPointerRenderer 拖曳到 VRTK_Pointer 的 Pointer Renderer，如图 11.33 所示。

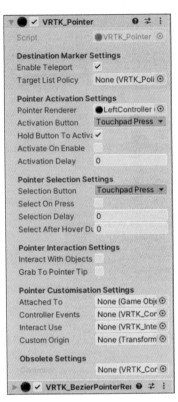

图 11.33　设置 Pointer Renderer

图 11.32　对象抓取展示图

（3）这样就能放出射线了，如图 11.34 所示，但还不能进行传送。

（4）在对象 VRTK_Scripts 下创建一个名为 PlayArea 的空对象，并添加 VRTK_Basic Teleport 脚本组件，如图 11.35 所示。

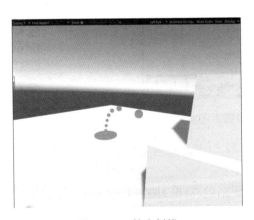

图 11.34　放出射线

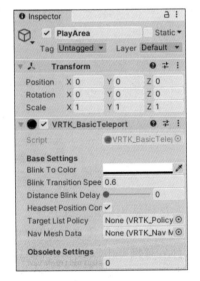

图 11.35　添加 VRTK_BasicTeleport

（5）这样就能按压触摸盘传送了，如图 11.36 所示。

图 11.36 按住触摸盘进行传送

（6）设置不可传送区域，为对象 PlayArea 添加 VRTK_PolicyList 脚本组件，并将 Element 0 设为 ExcludeTeleport，如图 11.37 所示。

（7）将对象的 Tag 设为 ExcludeTeleport，如图 11.38 所示。

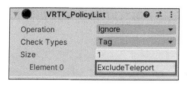

图 11.37 添加并设定 VRTR_Policy List 属性

图 11.38 设置对象 Tag

（8）将对象 LeftController 的 VRTK_Pointer 的属性 Target List Policy 设为 PlayArea，如图 11.39 所示。

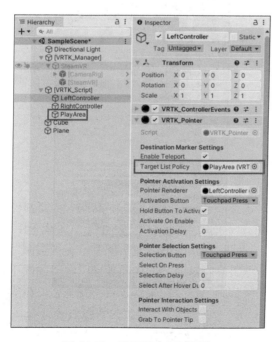

图 11.39 设置禁止区域属性

（9）不可传送区域效果如图11.40所示。

图 11.40　不可传送区域效果

步骤5　3D 对象交互。

（1）给对象 RightController 添加 VRTK_Pointer、VRTK_StraightPointerRenderer 脚本，如图 11.41 所示，并将 RightController 的 VRTK_StraightPointerRenderer 脚本拖曳至 VRTK_Pointer 的 Pointer Renderer。

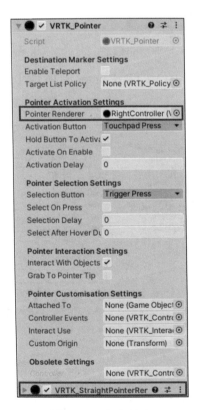

图 11.41　添加脚本

（2）在 Project 窗口的 Scripts 文件夹中创建一个名为 Inter 的 C# 脚本，双击该脚本进行编辑，内容如代码 11.1 所示。

【代码 11.1】

```
using UnityEngine;
using VRTK;
public class Inter : MonoBehaviour{
    public bool showHoverState = false;
    public VRTK.VRTK_ControllerEvents vRTK_ControllerEvents;
    private void Start() {
        if (GetComponent<VRTK_DestinationMarker>() == null){
            VRTK_Logger.Error(VRTK_Logger.GetCommonMessage(VRTK_Logger.
CommonMessageKeys.REQUIRED_COMPONENT_MISSING_FROM_GAMEOBJECT, "VRTK_
ControllerPointerEvents_ListenerExample", "VRTK_DestinationMarker", "the
Controller Alias" ));
            return;
        }
        GetComponent<VRTK_DestinationMarker>().DestinationMarkerEnter +=
new DestinationMarkerEventHandler(DoPointerIn);
        if (showHoverState){
            GetComponent<VRTK_DestinationMarker>().DestinationMarkerHover +=
new DestinationMarkerEventHandler(DoPointerHover);
        }
        GetComponent<VRTK_DestinationMarker>().DestinationMarkerExit +=
new DestinationMarkerEventHandler(DoPointerOut);
        GetComponent<VRTK_DestinationMarker>().DestinationMarkerSet +=
new DestinationMarkerEventHandler(DoPointerDestinationSet);
    }
    private void DebugLogger(uint index, string action, Transform
    target, RaycastHit raycastHit, float distance, Vector3 tipPosition){
        string targetName = (target ? target.name : "<NO VALID TARGET>" );
        string colliderName = (raycastHit.collider ? raycastHit.
collider.name : "<NO VALID COLLIDER>" );
        VRTK_Logger.Info("Controller on index '" + index + "' is " +
action + " at a distance of " + distance + " on object named [ " +
targetName + "] on the collider named [ " + colliderName + "] - the
pointer tip position is/was: " + tipPosition);
    }
    private void DoPointerIn(object sender, DestinationMarkerEventArgs e){
        DebugLogger(VRTK_ControllerReference.GetRealIndex(e.
controllerReference), "POINTER IN", e.target, e.raycastHit, e.distance,
e.destinationPosition);
    }
    private void DoPointerOut(object sender, DestinationMarkerEventArgs e)
    {
        DebugLogger(VRTK_ControllerReference.GetRealIndex(e.
controllerReference), "POINTER OUT", e.target, e.raycastHit, e.distance,
e.destinationPosition);
    }
```

```
    private void DoPointerHover(object sender, DestinationMarkerEventArgs e) {
        if (vRTK_ControllerEvents.triggerPressed)      {
            e.target.GetComponent<MeshRenderer>().material.color = new
Color(1, 0, 1);
        }
    }
    private void DoPointerDestinationSet(object sender,
    DestinationMarkerEventArgs e) {
        DebugLogger(VRTK_ControllerReference.GetRealIndex(e.
controllerReference), "POINTER DESTINATION", e.target, e.raycastHit,
e.distance, e.destinationPosition);
    }
}
```

（3）给对象 RightController 添加 Inter 脚本，将 VRTK_ControllerEvents 拖曳至 Inter 的 VRTK_ControllerEvents 中，并勾选 show Hover State，如图 11.42 所示。

（4）当按下触摸盘激活射线，再同时按下扳机，被射线所指向的对象就会变紫，效果如图 11.43 所示。

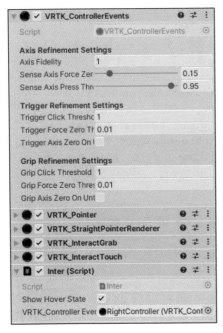

图 11.42　Inter 脚本设置

图 11.43　射线所指对象按下扳机颜色变换

■ 项目小结

如果把 VR 看作一个人，软件是其灵魂，硬件就是其身体，身体和灵魂缺一不可。本项目讲解了基于被广泛应用的 HTC VIVE 眼镜，如何开发配置环境，并将之前的 Unity 3D 开发知识在 VIVE 头戴设备中应用。本项目先是对 VIVE 设备的组成部分、安装方式及配置开发环境展开介绍，接着学习使用 Unity 3D 和 VIVE 头戴设备实现虚拟现实交互操作。通过本项目的学习读者将了解到使用 VIVE 首先必须掌握头盔、手柄、定位器的使用方法，理解了 VIVE 开发还会受到配置的影响，同时还能实现拾取、传送、对象交互的交互功能。

项目自测

1. 简述 VIVE 包含的部件有哪些?

2. 在实现传送功能时如何设定传送点?

3. 赛题:"静夜思"古诗 VR 项目设计与制作，任务要求如下:

（1）硬件环境 HTC VIVE，软件环境 Unity 3D。

（2）对话框关闭后，窗户明灭闪烁，此时用准星瞄准窗户，待准星进度条读取完毕后，窗户打开，等待窗户完全开启后继续运行下一个步骤。

（3）李白转身，转身动作完成后出现文字"床前明月光"，显示文字同时响起朗读该文字的配音。

（4）显示文字"疑是地上霜"，显示文字同时出现低头捻须的动作，显示文字同时响起朗读该文字的配音。

（5）李白移动到指定位置（同时转身），站定后显示文字"举头望明月"，显示文字同时做抬头捻须动作，显示文字同时响起朗读该文字的配音。

（6）李白小转身，站定后显示文字"低头思故乡"，显示文字同时做低头捻须动作，显示文字同时响起朗读该文字的配音。

（7）当使用准星瞄准墙上宝剑、桌上书籍时会触发准星进度条进行读条操作，准星进度条读取完毕后，对象旁边会显示相关的文字说明。

参 考 文 献

[1] 赵沁平，吴威，等 . 分布式虚拟环境 DVENET 研究进展 [J]. 系统仿真学报，2003，15（增刊）：1-4.

[2] 栾悉道，谢毓湘，吴玲达，等 . 虚拟现实技术在军事中的新应用 [J]. 系统仿真学报，2003，15（14）：604-607.

[3] 史寿乐 . 虚拟现实在教育中的应用 [J]. 教育现代化，2017（32）:205-206，209.

[4] 钟洁，陈哲，常培俊，等 . 虚拟现实技术在教育领域的发展思考 [J]. 企业科技与发展，2017（12）:101-103.

[5] 吴迪，黄文骞 . 虚拟现实技术的发展过程及研究现状多 [J]. 海洋测绘，2002，22（6）：15-17.

[6] 向春宇 .VR、AR 与 MR 项目开发实战 [M]. 北京 : 清华大学出版社，2018.

[7] 范丽亚，张克发，骈渊，等 .AR/VR 技术与应用 [M]. 北京 : 清华大学出版社，2020.